21世纪高等学校计算机
专业实用规划教材

Linux操作系统
应用与开发教程

◎ 邱铁 编著

清华大学出版社
北京

内 容 简 介

本书针对学习者如何快速掌握 Linux 应用、开发、内核编程与高级编程，以最新的 Linux 内核版本 3.0.x~3.19.x 为依据，设计典型实例，并对开发场景进行详细讲解。在内容设计上，本书采取了循序渐进的原则，对 Linux 系统知识进行精心策划，使 Linux 初学者能够以 "Linux 应用基础→编程开发→内核源码与场景分析→高级编程" 为主线，以阶梯式前进的方式进行学习。

本书立足于基础，实例经典，深入实践。读者可以在较低起点下进行高效的理论与实践学习，为 Linux 系统应用与开发打下坚实的基础。本书可作为高等院校计算机、信息类大学生、研究生进行操作系统学习和开发的教材或参考书，也可作为 Linux 开发人员参考用书和广大的 Linux 爱好者自学教程。

本书封面贴有清华大学出版社防伪标签，无标签者不得销售。
版权所有，侵权必究。举报：010-62782989，beiqinquan@tup.tsinghua.edu.cn。

图书在版编目（CIP）数据

Linux 操作系统应用与开发教程/邱铁编著. —北京：清华大学出版社，2016 (2023.9重印)
21 世纪高等学校计算机专业实用规划教材
ISBN 978-7-302-44032-1

Ⅰ. ①L… Ⅱ. ①邱… Ⅲ. ①Linux 操作系统－高等学校－教材 Ⅳ. ①TP316.89

中国版本图书馆 CIP 数据核字（2016）第 127827 号

责任编辑：魏江江　赵晓宁
封面设计：刘　健
责任校对：胡伟民
责任印制：刘海龙

出版发行：清华大学出版社
　　　网　　址：http://www.tup.com.cn, http://www.wqbook.com
　　　地　　址：北京清华大学学研大厦 A 座　　　邮　编：100084
　　　社 总 机：010-83470000　　　邮　购：010-62786544
　　　投稿与读者服务：010-62776969，c-service@tup.tsinghua.edu.cn
　　　质量反馈：010-62772015，zhiliang@tup.tsinghua.edu.cn

印 装 者：三河市龙大印装有限公司
经　　销：全国新华书店
开　　本：185mm×260mm　　　印　张：24.75　　　字　数：615 千字
版　　次：2016 年 8 月第 1 版　　　印　次：2023 年 9 月第 8 次印刷
印　　数：6301~6800
定　　价：49.50 元

产品编号：064844-01

出版说明

随着我国改革开放的进一步深化,高等教育也得到了快速发展,各地高校紧密结合地方经济建设发展需要,科学运用市场调节机制,加大了使用信息科学等现代科学技术提升、改造传统学科专业的投入力度,通过教育改革合理调整和配置了教育资源,优化了传统学科专业,积极为地方经济建设输送人才,为我国经济社会的快速、健康和可持续发展以及高等教育自身的改革发展做出了巨大贡献。但是,高等教育质量还需要进一步提高以适应经济社会发展的需要,不少高校的专业设置和结构不尽合理,教师队伍整体素质亟待提高,人才培养模式、教学内容和方法需要进一步转变,学生的实践能力和创新精神亟待加强。

教育部一直十分重视高等教育质量工作。2007年1月,教育部下发了《关于实施高等学校本科教学质量与教学改革工程的意见》,计划实施"高等学校本科教学质量与教学改革工程(简称'质量工程')",通过专业结构调整、课程教材建设、实践教学改革、教学团队建设等多项内容,进一步深化高等学校教学改革,提高人才培养的能力和水平,更好地满足经济社会发展对高素质人才的需要。在贯彻和落实教育部"质量工程"的过程中,各地高校发挥师资力量强、办学经验丰富、教学资源充裕等优势,对其特色专业及特色课程(群)加以规划、整理和总结,更新教学内容、改革课程体系,建设了一大批内容新、体系新、方法新、手段新的特色课程。在此基础上,经教育部相关教学指导委员会专家的指导和建议,清华大学出版社在多个领域精选各高校的特色课程,分别规划出版系列教材,以配合"质量工程"的实施,满足各高校教学质量和教学改革的需要。

本系列教材立足于计算机专业课程领域,以专业基础课为主、专业课为辅,横向满足高校多层次教学的需要。在规划过程中体现了如下一些基本原则和特点。

(1) 反映计算机学科的最新发展,总结近年来计算机专业教学的最新成果。内容先进,充分吸收国外先进成果和理念。

(2) 反映教学需要,促进教学发展。教材要适应多样化的教学需要,正确把握教学内容和课程体系的改革方向,融合先进的教学思想、方法和手段,体现科学性、先进性和系统性,强调对学生实践能力的培养,为学生知识、能力、素质协调发展创造条件。

(3) 实施精品战略,突出重点,保证质量。规划教材把重点放在公共基础课和专业基础课的教材建设上;特别注意选择并安排一部分原来基础比较好的优秀教材或讲义修订再版,逐步形成精品教材;提倡并鼓励编写体现教学质量和教学改革成果的教材。

(4) 主张一纲多本,合理配套。专业基础课和专业课教材配套,同一门课程有针对不同层次、面向不同应用的多本具有各自内容特点的教材。处理好教材统一性与多样化,基本教材与辅助教材、教学参考书,文字教材与软件教材的关系,实现教材系列资源配套。

(5) 依靠专家,择优选用。在制定教材规划时要依靠各课程专家在调查研究本课程教材建设现状的基础上提出规划选题。在落实主编人选时，要引入竞争机制，通过申报、评审确定主题。书稿完成后要认真实行审稿程序，确保出书质量。

　　繁荣教材出版事业，提高教材质量的关键是教师。建立一支高水平教材编写梯队才能保证教材的编写质量和建设力度，希望有志于教材建设的教师能够加入到我们的编写队伍中来。

21 世纪高等学校计算机专业实用规划教材
联系人：魏江江 weijj@tup.tsinghua.edu.cn

前 言

在 IT 文化繁荣的今天，Linux 操作系统作为源码开放的自由软件，是迄今为止，由网络黑客参与开发的规模、性能完善的操作系统。从它的产生、发展和不断完善的历程中，凝聚了众多 IT 人对最优方案的不懈努力。时至今日，Linux 内核版本发展到了 3.x 版本以后，其版本更新速度相对以前逐渐趋于缓慢。这也正是 Linux 内核走向成熟化的标志之一。

Linux 的设计参照了流行的网络操作系统 UNIX，具有很强的兼容性和稳定性。Linux 还是自由软件项目 GNU 的重要组成部分。它目前广泛地应用于计算机科学研究、软件技术研究、网络服务后台系统等需要高可靠性、高复杂度的环境之中。因此，学习使用 Linux 也成为计算机专业人员所必备的技能之一。

面对庞大而复杂的 Linux 操作系统，令很多学习者无从下手。本书正是在这种背景下编写的，紧紧围绕着本书的写作主线"Linux 应用→编程开发→内核源码与场景分析→图形界面高级编程"，以当前最新的 Linux 内核源代码为依据，以软件开发人员学习的实际需要为基本，采用"理论讲解+实例解析"的方式对 Linux 进行了全面细致的讲解。主要分为以下 4 大部分：

- 基于流行的 Ubuntu 发行的 Linux 操作系统，对 Linux 常用的命令配合实例进行详细讲解；介绍了利用命令脚本进行 Shell 编程；介绍了 Linux 下文本编辑器 vi 的使用方法；介绍了 GCC 源代码安装过程以及 GNU 开发工具链的使用。
- 对常用的 Linux 中 C 函数库进行了讲解；介绍了 Linux 多进程处理与进程之间的通信；介绍了 Linux 内存资源管理函数；介绍了 Linux 中用户管理和对用户信息进行编程操作；介绍了文件和目录的处理、文件内容的处理等编程方法。
- 以当前最新的 Linux 内核源代码为依据，分析内核各功能模块原理，包括 Linux 内核裁剪与编译、模块机制与操作方式、中断上半部和下半部处理机制、系统调用机制的实现方式、内存管理、定时器管理以及向内核添加驱动程序的方法，并给出大量的场景分析和实例验证。
- 在高级编程里介绍了 QT 图形界面的开发方法、MySQL 数据库程序的开发方法，还介绍了以 CS 模式 Socket 模型为例的基于 TCP 协议的网络应用开发。

感谢所有参与本书构思、解决方案、编辑和出版工作的同事、同行和为本书编写提供灵感的同学们。于玉龙参加了代码调试和部分文档整理，陈宝超、陈宁、王云成、王逸非、王鑫等参加了代码的版本升级工作，在此向他们表示感谢。

Linux 在众多的网络黑客的参与下，其内核版本和代码结构不断更新。书中错误和不妥之处，恳请读者批评指正。

邱 铁

2015 年 10 月于大连

目 录

第 1 部分　Linux 系统应用篇

第 1 章　Linux 的安装与配置 ... 2
- 1.1 旅程开始 ... 2
- 1.2 本书使用 Linux 环境介绍 ... 2
- 1.3 Linux 的安装 ... 4
  - 1.3.1 获取 Ubuntu 14.04 ... 4
  - 1.3.2 选择安装平台 ... 4
  - 1.3.3 进入 Ubuntu 14.04 的安装程序 ... 9
  - 1.3.4 安装 Ubuntu 14.04 ... 10
- 1.4 Linux 的配置 ... 19
  - 1.4.1 认识 Gnome 桌面环境 ... 19
  - 1.4.2 Ubuntu 的配置 ... 22
  - 1.4.3 软件安装与升级 ... 24

第 2 章　Linux 常用命令训练 ... 26
- 2.1 关于 Shell ... 26
- 2.2 文件操作命令 ... 27
  - 2.2.1 调用终端控制台 ... 27
  - 2.2.2 文件浏览 ... 27
  - 2.2.3 文件复制 ... 29
  - 2.2.4 文件移动 ... 29
  - 2.2.5 文件链接 ... 30
  - 2.2.6 文件删除 ... 30
  - 2.2.7 文件压缩和备份 ... 31
  - 2.2.8 修改文件属性 ... 32
  - 2.2.9 文件搜索 ... 34
- 2.3 目录操作 ... 36
  - 2.3.1 创建目录 ... 37
  - 2.3.2 删除目录 ... 37
  - 2.3.3 修改当前目录 ... 37

2.3.4 查看当前目录 ·· 37
2.4 用户与系统操作 ··· 38
2.4.1 用户切换 ·· 38
2.4.2 用户信息修改 ·· 39
2.4.3 关闭系统 ·· 39
2.5 获得帮助 ··· 40
2.5.1 获取简要帮助 ·· 40
2.5.2 获得详细帮助 ·· 40
2.6 变量、流、管道操作 ··· 41
2.6.1 变量赋值 ·· 41
2.6.2 变量的使用 ··· 41
2.6.3 流输出 ··· 42
2.6.4 流的重定向 ··· 44
2.6.5 管道 ·· 45
2.7 进程操作 ··· 45
2.7.1 进程查看 ·· 46
2.7.2 发送信号 ·· 46
2.7.3 进程切换 ·· 47
2.8 网络操作 ··· 48
2.8.1 网络配置 ·· 48
2.8.2 ping ·· 48
2.8.3 ARP ·· 49
2.8.4 FTP ·· 50
2.9 其他命令 ··· 50
2.9.1 日历 ·· 50
2.9.2 命令历史记录 ·· 51
2.9.3 后台操作 ·· 51
2.10 思考与练习 ··· 52

第 3 章 vi/vim 编辑器的使用 ·· 53

3.1 vi 的介绍 ··· 53
3.2 vi 操作模式 ·· 53
3.3 vi 的命令 ··· 54
3.3.1 状态切换命令 ·· 54
3.3.2 文件保存与退出 ·· 54
3.3.3 光标移动 ·· 54
3.3.4 编辑操作 ·· 55
3.3.5 字符串搜索替换 ·· 55
3.3.6 撤销与重做 ··· 55

3.4 启动 vi 编辑器 56
3.5 使用 vi 进行文字录入 56
3.6 使用 vi 修改文本 57
3.7 思考与练习 58

第 4 章 Shell 程序设计 59

4.1 Shell 编程简介 59
4.2 系统变量 59
4.3 条件测试 60
    4.3.1 文件状态测试 60
    4.3.2 逻辑操作 60
    4.3.3 字符串测试 61
    4.3.4 数值测试 61
4.4 Shell 流程控制语句 61
    4.4.1 if 语句 61
    4.4.2 case 语句 62
    4.4.3 while 语句 62
    4.4.4 for 语句 63
4.5 Shell 编程中的常用命令与符号 63
    4.5.1 read 命令 63
    4.5.2 select 命令 63
    4.5.3 大括号 64
    4.5.4 引号 64
    4.5.5 注释 65
4.6 函数 65
4.7 应用实例训练 65
4.8 思考与练习 67

第 5 章 GCC 的安装 68

5.1 GCC 简介 68
5.2 解压缩工具 tar 68
5.3 在 Linux 下使用源代码安装软件的基本步骤 69
5.4 获得 GCC 软件包 70
5.5 解压缩软件包 72
5.6 对源文件进行配置 72
5.7 编译 GCC 74
5.8 安装 GCC 75
5.9 测试 GCC 安装结果 76
5.10 思考与练习 77

第 6 章　GNU 开发工具链的使用 78

- 6.1　gcc 命令的使用 78
- 6.2　调试工具 gdb 79
  - 6.2.1　gdb 简介 79
  - 6.2.2　gdb 的使用方法 79
- 6.3　代码管理 make 81
  - 6.3.1　make 简介 81
  - 6.3.2　Makefile 文件的格式 82
  - 6.3.3　Makefile 文件的一些特性 83
  - 6.3.4　make 命令的使用 85
- 6.4　实例训练 85
  - 6.4.1　编写程序 87
  - 6.4.2　调试程序 95
  - 6.4.3　编写 Makefile 98
- 6.5　思考与练习 99

第 2 部分　编程开发篇

第 7 章　Linux 常用 C 函数 102

- 7.1　使用函数库 102
- 7.2　字符操作 103
- 7.3　字符串操作 107
  - 7.3.1　数据类型转换 108
  - 7.3.2　字符串数据处理 111
- 7.4　数学计算操作 116
- 7.5　数据结构与算法操作 118
- 7.6　日期时间操作 123
- 7.7　实例训练 125
  - 7.7.1　任务分析 125
  - 7.7.2　编写程序 127
  - 7.7.3　编译、运行 134
- 7.8　思考与练习 135

第 8 章　进程操作 136

- 8.1　Linux 进程工作原理 136
- 8.2　进程操作函数 137
- 8.3　信号量 144
- 8.4　信号量操作的函数 145

8.5 应用实例训练 ··· 146
    8.5.1 问题分析 ··· 147
    8.5.2 代码编写 ··· 147
    8.5.3 编译与运行 ··· 152
8.6 思考与练习 ··· 153

第9章 信号与定时器 ··· 154

9.1 进程间通信与信号 ··· 154
9.2 Linux 系统中的信号 ··· 154
9.3 信号操作相关数据结构 ··· 155
9.4 信号操作相关函数 ··· 156
9.5 定时器操作相关函数 ··· 160
9.6 应用实例训练 ··· 161
    9.6.1 程序分析 ··· 162
    9.6.2 程序编写 ··· 163
    9.6.3 编译与运行 ··· 166
9.7 思考与练习 ··· 167

第10章 内存管理与用户操作 ··· 168

10.1 Linux 内存管理 ··· 168
10.2 内存操作相关函数 ··· 169
10.3 Linux 系统中的用户操作 ··· 175
10.4 用户管理相关数据结构 ··· 176
10.5 用户管理相关函数 ··· 177
10.6 用户组管理相关函数 ··· 182
10.7 应用实例训练 ··· 184
    10.7.1 编写代码 ··· 185
    10.7.2 编译与运行 ··· 193
10.8 思考与练习 ··· 194

第11章 文件操作 ··· 195

11.1 Linux 的文件系统 ··· 195
11.2 文件操作相关函数 ··· 197
    11.2.1 文件控制 ··· 197
    11.2.2 目录操作 ··· 200
    11.2.3 文件流读写控制 ··· 204
    11.2.4 文件读写操作 ··· 211
11.3 应用实例训练 ··· 217
    11.3.1 程序分析 ··· 217

11.3.2　程序编写 ·········· 218
　　11.3.3　编译与运行 ·········· 225
11.4　思考与练习 ·········· 225

第 3 部分　Linux 内核篇

第 12 章　Linux 内核裁剪与编译 ·········· 228

12.1　内核编译选项 ·········· 228
　　12.1.1　常规设置 ·········· 228
　　12.1.2　可加载模块支持 ·········· 229
　　12.1.3　处理器类型及特性 ·········· 229
　　12.1.4　可执行文件格式 ·········· 229
　　12.1.5　网络支持 ·········· 229
　　12.1.6　设备驱动程序选项 ·········· 230
　　12.1.7　文件系统 ·········· 231
　　12.1.8　对于其他配置选项的说明 ·········· 231
12.2　内核编译与定制 ·········· 231
　　12.2.1　获得 Linux 内核与补丁 ·········· 231
　　12.2.2　准备编译需要的工具 ·········· 233
　　12.2.3　解压内核 ·········· 234
　　12.2.4　给内核打补丁 ·········· 234
　　12.2.5　设定编译选项 ·········· 235
　　12.2.6　编译与安装内核 ·········· 237
12.3　安装引导配置 ·········· 238
　　12.3.1　创建 initramfs ·········· 238
　　12.3.2　设置 grub ·········· 239
　　12.3.3　启动选项 ·········· 239
12.4　思考与练习 ·········· 240

第 13 章　模块机制与操作 ·········· 241

13.1　关于内核编程 ·········· 241
13.2　Linux 的模块机制 ·········· 241
　　13.2.1　Linux 内核结构 ·········· 241
　　13.2.2　模块的实现 ·········· 242
　　13.2.3　Linux 模块导出符号表 ·········· 244
　　13.2.4　模块参数 ·········· 244
　　13.2.5　模块使用计数 ·········· 245
13.3　内核调试函数 printk( ) ·········· 245
13.4　应用实例训练 ·········· 247

13.4.1 编写模块源程序 247
13.4.2 Linux kernel 2.6.26 之前版本模块编译、安装及退出 251
13.4.3 Linux kernel2.6.26 以后版本模块编译、安装及退出 253
13.5 思考与练习 256

第 14 章 Linux 中断管理 257

14.1 Linux 中断原理 257
14.1.1 中断控制器 257
14.1.2 中断处理 258
14.1.3 中断处理的下半部机制 261
14.2 Tasklet 实例解析 262
14.2.1 编写测试函数 262
14.2.2 编写 Makefile 263
14.2.3 实验结果分析 263
14.3 在嵌入式 Linux 下开中断实例解析 264
14.3.1 硬件电路组成 264
14.3.2 编写中断服务模块 265
14.3.3 结果分析 267
14.4 思考与练习 268

第 15 章 系统调用 269

15.1 系统调用原理 269
15.2 系统调用函数分析 270
15.2.1 系统调用入口函数 270
15.2.2 系统调用表 273
15.3 添加系统调用实例训练 275
15.4 思考与练习 277

第 16 章 内存管理 278

16.1 关于 Linux 的内存管理 278
16.1.1 动态存储管理 279
16.1.2 页面管理 279
16.1.3 slab 分配模式 280
16.2 Linux 的内存管理函数 281
16.3 实例训练与分析 282
16.3.1 在用户空间用 valloc/malloc 分配内存 282
16.3.2 在内核空间用 kmalloc/vmalloc 分配内存 282
16.4 思考与练习 290

第17章 时钟定时管理 ... 291

17.1 内核定时器分类 ... 291
17.1.1 实时时钟 RTC ... 291
17.1.2 时间戳计数器 TSC ... 291
17.1.3 可编程间隔定时器 PIT ... 291
17.1.4 SMP 系统上的本地 APIC 定时器 ... 292
17.1.5 高精度计时器 ... 293

17.2 内核时钟管理分析 ... 293
17.2.1 时钟源及其初始化 ... 293
17.2.2 软定时器 ... 295

17.3 应用实例训练 ... 296
17.3.1 编写测试实例 ... 296
17.3.2 编写 Makefile ... 298
17.3.3 编译及运行结果 ... 298

17.4 思考与练习 ... 299

第18章 设备驱动程序的编写 ... 300

18.1 Linux 驱动程序 ... 300
18.1.1 驱动程序分类 ... 300
18.1.2 驱动程序开发的注意事项 ... 301
18.1.3 设备目录 ... 301

18.2 Linux 驱动数据结构分析 ... 302
18.2.1 Linux 驱动核心结构体 ... 302
18.2.2 设备的内核操作函数 ... 304

18.3 驱动程序实例训练 ... 306
18.3.1 以模块的方式加载驱动程序 ... 306
18.3.2 测试驱动程序 ... 311

18.4 编译时向内核添加新设备 ... 312

18.5 思考与练习 ... 315

第4部分 高级编程篇

第19章 Qt 图形界面设计 ... 318

19.1 X-Windows 概述 ... 318
19.2 Qt 编程 ... 318
19.2.1 概述 ... 318
19.2.2 Qt Creator ... 319

    19.2.3 Qt 信号与 Slot 机制 ·············319
  19.3 Qt 安装方法 ···················321
  19.4 应用实例训练 ··················324
    19.4.1 创建工程目录打开 Qt Creator ·······324
    19.4.2 新建工程 ················324
    19.4.3 绘制窗体 ················325
    19.4.4 编写代码 ················327
    19.4.5 编译运行 ················330
  19.5 思考与练习 ···················330

第 20 章 MySQL 数据库设计与编程 ·············331

  20.1 MySQL 的特性 ··················331
  20.2 数据库编程概述 ·················333
  20.3 Qt 中的数据库编程 ···············333
    20.3.1 QSqlDriver ···············333
    20.3.2 QSqlDatabase ·············334
    20.3.3 QSqlQuery ···············336
  20.4 应用实例训练 ··················338
    20.4.1 数据库的建立 ·············338
    20.4.2 应用程序的建立 ············344
    20.4.3 运行结果 ················351
  20.5 思考与练习 ···················353

第 21 章 网络通信高级编程 ···············354

  21.1 网络编程概述 ··················354
  21.2 Socket 编程模型 ················355
  21.3 Qt 网络编程中用到的类和方法 ··········355
    21.3.1 QtcpSocket ···············355
    21.3.2 QTcpServer ··············357
    21.3.3 QThread ················359
  21.4 应用实例训练 ··················359
    21.4.1 建立工程 ················360
    21.4.2 数据结构设计 ·············362
    21.4.3 界面设计 ················367
    21.4.4 动作设计 ················368
    21.4.5 编译与运行 ··············372
  21.5 思考与练习 ···················374

后记 ·······························375

第 1 部分　Linux 系统应用篇

欢迎来到多彩的 Linux 世界。Linux 是一款专门为计算机软件开发人员设计的操作系统，不仅包含了丰富的开发工具，并且提供了许多令人惊叹的功能。为了更好地利用 Linux，必须要深入了解 Linux。首先，要学习如何使用 Linux，如何利用 Linux 中的各种工具。

作为全书的第一部分，这里从最基础的系统安装和基本的命令操作入手，一步一步地进入 Linux 的软件开发世界。相信在阅读这一部分之后，读者会对 Linux 有一个感性的认识，并为之后的阅读打下一个坚实的基础。

本部分主要内容提要：

- 第 1 章介绍基于流行的 Ubuntu 14.04 对 Linux 操作系统的安装，并对 Linux 在安装后的设置进行了说明。
- 第 2 章介绍 Linux 常用的命令，学习 Linux 命令是操作 Linux 的基础，按照功能分类介绍了大量常用的 Linux 命令。
- 第 3 章介绍 Linux 下最常用的基于命令行的全屏幕文字编辑器 vi，它通常作为程序开发的代码输入工具，是软件开发人员必须掌握的工具之一。
- 第 4 章介绍 Shell 编程，常常用于系统配置，详细介绍了 Linux 下 Shell 编程及其特性。
- 第 5 章介绍 Linux 下最常用的开源代码编译工具 GCC，并以 GCC 为例介绍 Linux 下使用源代码安装软件的过程。
- 第 6 章初步介绍了 GNU 开发工具链的使用，包括编译工具 gcc、调试工具 gdb、工程管理工具 make 等。通过实例，全面展示了各种工具的具体使用方法。

第 1 章　Linux 的安装与配置

学习本章要达到的目标：
(1) 对 GNU 有一定的了解。
(2) 初步建立对 Linux 操作系统的感性认识。
(3) 为后面章节的学习进行一系列准备。

1.1　旅 程 开 始

这里开始一段难忘的"Linux 之旅"，相信在认真阅读过本书并完成相应的实例之后，读者会对 Linux 有一个全新的了解和认识。本书由浅入深，一步一步地把读者引进一个奇妙而又充满乐趣的 Linux 世界。

首先对 Linux 的历史做一个了解。说到 Linux 就不得不提到一个词——GNU（如图 1.1 所示）。GNU 项目（the GNU Project）是一个自由软件计划，旨在建设一个完全自由开放通用的 UNIX 软件平台。它的创始人 Richard M. Stallman 于 1983 年提出了 GNU 操作系统（GNU Operating System）的方案，并于 1984 年启动了 GNU 项目。GNU 的含义是 GNU's Not UNIX，是一个非常有趣的递归定义。自由软件项目吸引了一大批开发人员和电脑黑客，此后越来越多的人加入了自由软件开发的行列。这些自由软件的开发为计算机软件的发展做出了非常重要的贡献。

图 1.1　GNU 标志

但是，到目前为止，庞大的 GNU 项目仍没有完成其开发。到 1990 年，GNU 项目完成了大量的外围的具有高度可移植性的软件的开发，但是却没有完成 GNU 自己的操作系统内核的开发。1991 年，一名叫做 Linus Torvalds 的大学生，在一些网络黑客的协助下，开发了一款类 UNIX 操作系统内核——Linux（如图 1.2 所示）。1992 年，Linux 成为了自由软件的一部分，将 GNU 项目的所有软件和 Linux 内核结合起来构成了一个完整的操作系统——GNU/Linux。通过各种不同的发行版本，如 Ubuntu、Debian、Red Hat 等，全世界估计有数以千万的用户在使用 GNU/Linux 系统。

图 1.2　Linux 图标是一个小企鹅

1.2　本书使用 Linux 环境介绍

当前官方提供最新的 Ubuntu 版本是 14.10，但 14.10 只支持更新 9 个月，而 14.04 支持更新5年，所以本书选择Ubuntu 14.04作为软件环境。Ubuntu是一款由开源社区开发的发行版Linux。2004年10月发行了第一个版本以来，Ubuntu逐渐成为全世界最受关注的Linux发行版本之一，拥有数百万用户。它包含桌面版本和服务器版本。Ubuntu的一大特点就是安装软件极为方便。Ubuntu在世界各地有着众多的软件源镜像服务器，这些服务器中包含了大量已经编译的适合Ubuntu系统的应用程序。Ubuntu用户可以直接通过apt-get命令完成软件的下载和安装，apt-get还可以自动完成软件的依赖性问题。这些特性给Ubuntu的易用性带来了极大的提升。Ubuntu的另一个特点就是具有华丽的桌面效果，如果显卡可以支持它们，会看到一个立体的桌面和众多不亚于Windows Vista的桌面特效。最重要的一点是，Ubuntu是一个免费的Linux操作系统，可以通过Ubuntu的官方网站下载到Ubuntu的最新版本。Ubuntu还提供CD邮寄的服务，通过网上申请，可以获得免费的Ubuntu安装光碟。Ubuntu的下载地址如下：

http://www.ubuntu.com/

http://www.ubuntu.com/download/desktop

除Ubuntu以外，还有其他的很多很多的Linux发行版本，这里介绍常见的一些Linux发行版本。

Debian——是一款遵循GNU规范的免费自由操作系统，由Ian Murdock于1993年创建，系统分为Stable（稳定版）、testing（测试版）、Unstable（不稳定版）三个版本。Debian有一套软件包系统，包含了超过37500个软件包。

Slackware——可以算作最古老的Linux发行版本，于1992年由Patrick Volkerding创建，并于1993年4月推出第一个发行版本。它最大的特点是稳定、安全。因为它的配置工作完全依赖于手工修改配置文件，上手比较困难。目前最新发行版本为14.1。

Fedora——是由Red Hat赞助的，由开源社区人员同Red Hat工程师共同开发的一款Linux发行版。它的前身是Red Hat Linux，在发行最后一个版本9.0以后，Red Hat Linux分为桌面版本Fedora和适用于服务器的版本Red Hat Enterprise Linux（RHEL）。Fedora第一个版本Fedora Core 1，于2003年年末正式发布。Fedora用户群体庞大，而且开发周期仅有半年。目前最新版本Fedora 21。

openSUSE——SUSE是一款德国著名的Linux发行版本，于2003年年末被Novell公司收购。目前，SUSE分为企业版本SUSE Linux Enterprise和由Novell公司赞助的开源版本openSUSE。openSUSE最新发行版本为13.2。

Gentoo Linux——最初由Daniel Robbins创建，第一个稳定版本发行于2002年，是一款快速、设计干净而有弹性的自由操作系统。Gentoo软件的安装采用源代码手动编译的形式，因此在Gentoo下安装软件是一件非常缓慢的事情。正因如此，它有着可定制性。最新发行版本20140826。

Mandriva——最初由Gael Duval创建，并于1998年7月发布，原名Mandrake。Mandriva采用KDE作为默认桌面系统，提供了友好的图形界面和配置工具，适用于Linux新手，但部分版本缺陷较多。目前最新发布版本为2011。

PCLinuxOS——最初是一款基于Mandrake的光盘Live系统，现在也可以安装到硬盘上运行。PCLinuxOS是一款以"简单易用、安全无忧"为理念的Linux发行版本，它集成了丰富的应用程序。最新版本N1PTT-TR5，最新稳定版本2014.12。

KNOPPIX——是一款基于 Debian 的光盘 Live 系统，最初由德国的 Klaus Knopper 开发。现在也可以安装到硬盘上。由于即时压缩传输技术的应用，KNOPPIX 在一张光盘上捆绑了许多适合于办公和开发的应用软件。目前最新版本 7.4.2。

MEPIS——是一款 Debian 和 KNOPPIX 相结合的产物，可以用于 Live CD。它最早由 Warren Woodford 于 2002 年 11 月创建，并于 2003 年 5 月发行第一个版本。该版本自发布之日起就深受用户的欢迎。MEPIS 的 Live CD 多为办公用户考虑，开发软件捆绑较少。具有较强的硬件检测能力。最新版本 11.0。(MEPIS, 2003)

可以根据个人爱好选择自己喜欢的 Linux 发行版本。当然，如果选择了其他发行版本的 Linux，本书中所讲的一些操作可能并不完全适用，有些操作的细微差别需要读者自己来摸索。

1.3 Linux 的安装

本节以 Ubuntu 14.04 为例，讲解 Linux 发行版本的安装。现在的 Linux 发行版本的安装比早期的 Linux 安装要容易得多。最初 Linux 仅仅是一个内核，并不包含文件系统和启动程序，在安装 Linux 时，需要额外的安装启动程序和文件系统。这并不是一件轻松的事情，因为这些过程需要了解大量的计算机底层知识，进行复杂的软件可移植性修改和编译工作。不过，现在安装 Linux 对于一个初学者来说也是一件简单的事情了。

1.3.1 获取 Ubuntu 14.04

首先，需要获得 Ubuntu 14.04 的安装程序。有两个途径可供选择：

（1）可以从 Ubuntu 的网站上（前文有介绍）下载到 Ubuntu 的安装光盘文件，该文件采用 ISO 映像文件格式。

（2）我们可以通过 Ubuntu 网站申请邮寄实体光盘。

这里，以下载光盘映像文件的方式为例。打开下载页面，如图 1.3 所示。根据需要，选择下载 Ubuntu 14.04，Choose your flavour 根据用户计算机类型选择 32 位机或 64 位机。选择完毕后单击 Alternative downloads and torrents 进入一个下载页面，如图 1.4 所示。选择下载 Ubuntu 14.04 的资源种子，种子下载完成之后，利用迅雷下载 ISO 映像文件。根据系统提示进行相应的操作，完成下载，如果使用的是 2Mb/s 宽带网，下载可能会持续几十分钟。此外，还要用一台有 CD 刻录功能的计算机，将下载得到的 ISO 映像文件刻录到光盘上。

1.3.2 选择安装平台

下面决定将 Ubuntu 14.04 安装到什么位置上。

当然，需要把 Ubuntu 14.04 安装到用户的计算机硬盘上。如果用户的计算机已经安装了 Windows 操作系统，可以让计算机同时拥有 Windows 和 Linux 两个操作系统，这样在计算机启动时做一个选择，就可以进入不同的操作系统。但是，如果希望切换操作系统那就只有重新启动计算机了。

图 1.3 Ubuntu 选择页面

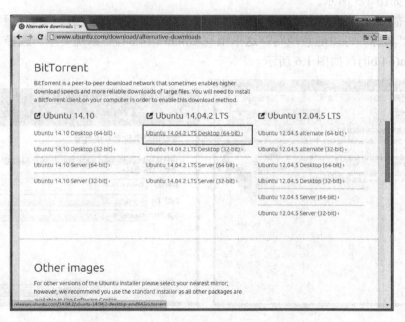

图 1.4 Ubuntu 下载页面

　　计算机虚拟技术给计算机学习者带来了很大的方便，虚拟机可以在计算机里用软件搭建出一台虚拟计算机环境。那么，可以将 Ubuntu 14.04 安装到虚拟机中，然后当需要使用 Linux 时只需打开虚拟机即可。虚拟机同样还提供了一些特殊的辅助功能，比如可以设置还原镜像——对于一个充满好奇心的初学者来说（当然有好奇心不是什么坏事），把系统弄得一塌糊涂可能是常有的事，这会打扰正常的学习进度。然而在虚拟机中，完全可以不用担心这一点。如果你建立了还原镜像，当系统被搞乱的时候，你只需做一次还原，就可以让一切完好如初。但虚拟机本身也有它的缺点，首先，虚拟机是建立在实体计算机的软件之上的，因此它的性能不可能大于其寄居实体计算机，换句话说虚拟机的性能不会很高。此外虚拟机的运行会消耗一定的计算资源，那么在运行虚拟机时候，运行在实体计算机上的系统会变慢。

用户可以根据自己的喜好，选择希望的安装平台。不过，对于初学者，建议使用虚拟机。这样可以放心大胆地进行一系列的实验来满足好奇心，而不用担心系统在实验失败以后彻底崩溃。常用的虚拟机软件有 VM Ware 和 Sun 公司的 xVM Virtual Box，这两款软件的性能都不错。本书以 Windows 环境下的 xVM Virtual Box 为例进行讲解（当然如果使用苹果计算机，Sun 公司还为你准备了苹果版本的 Virtual Box，具体的操作方法和 Windows 下的类似）。如果想给实体计算机安装 Ubuntu 14.04，可以跳过下面的部分，直接转到 1.3.3 节，当然需要先寻找一台带有 CD 刻录功能的计算机。

Virtual Box 是一款免费的虚拟机软件。可以从以下网址下载到该软件：

http://www.virtualbox.org/wiki/Downloads

安装 Virtual Box 和安装其他软件的过程是基本一致的，相信用户能够在 Windows 环境下顺利地安装 Virtual Box。安装完毕后通过"开始"菜单启动 Virtual Box。Virtual Box 启动后的界面如图 1.5 所示。

现在，需要先建一台虚拟机。单击"新建"按钮，进入"虚拟电脑名称和系统类型"选项页面。"名称"可以随意填写，这里填写 Ubuntu 14.04。"系统类型"选择 Linux，版本选择 Ubuntu(64 bit)，如图 1.6 所示。

图 1.5　VirtualBox 启动界面

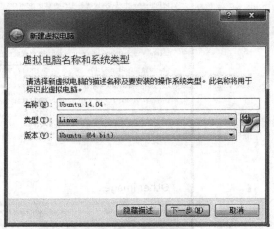

图 1.6　"虚拟电脑名称和系统类型"页面

单击"下一步"按钮，进入"内存大小"页面。默认的内存大小是 256MB。内存的大小依据用户计算机的实际情况而定。过小或过大的虚拟机内存选择都是不可取的：过小的内存会导致虚拟内存使用的增加，虚拟内存驻留在硬盘上，由于硬盘的访问速度远远低于内存，虚拟机性能会下降；但如果虚拟机的内存过大会消耗过多的系统资源，同样也会使系统性能下降，运行缓慢。如果内存大小为 2GB，建议为虚拟机选择 1GB 的内存；如果内存大小为 1GB，建议选择 512MB 或 768MB。如内存大小为 4GB，建议最小选择 512MB，这里选择 2048MB，如图 1.7 所示。

单击"下一步"按钮，进入"虚拟硬盘"页面，如图 1.8 所示。这里需要建立一块虚拟硬盘，单击"创建"按钮进入"虚拟硬盘文件类型"页面，如图 1.9 所示。虚拟硬盘文件类型选择 VDI 类型。

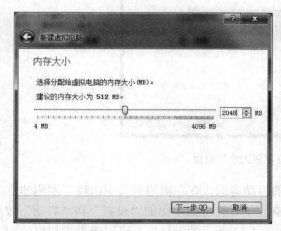

图 1.7 "内存大小"页面

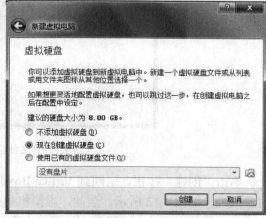

图 1.8 "虚拟硬盘"页面

单击"下一步"按钮进入"存储在物理硬盘上"页面，"映像类型"为"动态分配"映像和"固定大小"映像两类。"动态分配"会根据虚拟机实际使用硬盘的情况，动态地变更虚拟硬盘文件占用硬盘中存储空间的大小。"固定大小"则根据用户设置的虚拟硬盘的大小始终占用相同的硬盘空间。虽然虚拟硬盘"固定大小"时，里面的文件运行速度更快，但是这种方式占用硬盘空间巨大。这里选择"动态分配"，如图 1.10 所示。

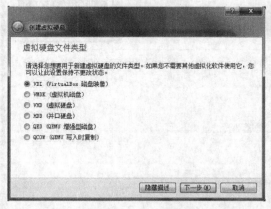

图 1.9 "虚拟硬盘文件类型"页面

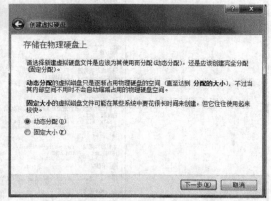

图 1.10 "存储在物理硬盘上"页面

单击"下一步"按钮，进入"文件位置和大小"页面。首先选择虚拟硬盘的存储位置和文件名。文件名可以随意填写，存储位置尽量选择一个剩余空间较大的（最好在 30GB 以上）磁盘分区，默认存储在 C 盘，这里假设选择 F 盘，文件名为 Ubuntu 14.04.vdi。虚拟硬盘的大小设为 30GB，如图 1.11 所示。

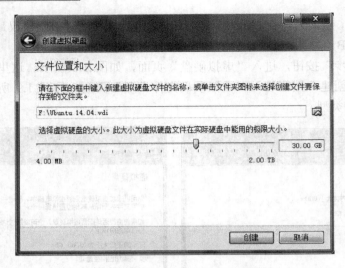

图 1.11 "文件位置和大小"页面

单击"创建"按钮,返回到 Virtual Box 的启动界面。在左侧的列表中出现了刚刚建立的虚拟机,如图 1.12 所示。至此,虚拟机建立完毕。管理器上面的"设置"和"启动"按钮处于可用状态。单击"设置"按钮,出现如图 1.13 所示的对话框,可以查看虚拟机的配置信息,并更改配置。

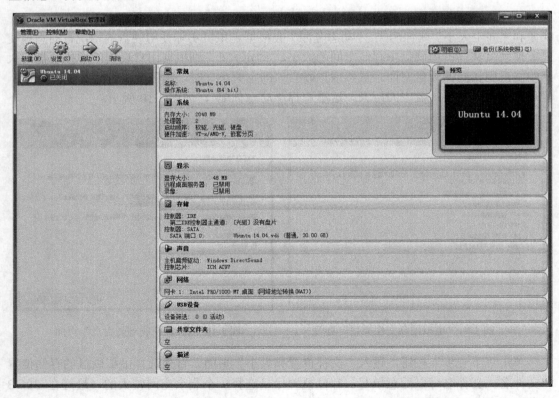

图 1.12 Virtual Box 主界面出现了"Ubuntu 14.04"虚拟机

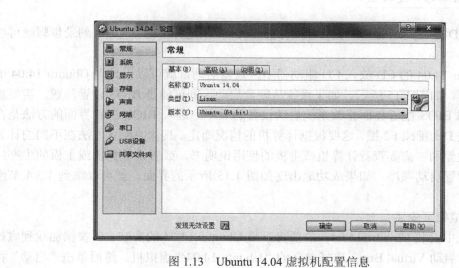

图 1.13　Ubuntu 14.04 虚拟机配置信息

1.3.3　进入 Ubuntu 14.04 的安装程序

1. 在 Windows 下安装

Ubuntu 14.04 支持在 Windows 下直接安装，这是一个很方便的选择。如果使用的是 Windows XP/Vista/7 系统，建议在 Windows 下直接安装 Ubuntu 14.04。在 Windows 环境下直接安装 Ubuntu 14.04 可以使用虚拟机将下载的 ISO 映像载入到虚拟光驱中（这样可以免去刻录 CD 带来的一些不便），可以看到如图 1.14 所示的界面。

单击"演示和完全安装"按钮，打开"Ubuntu 14.04" Windows 环境的安装界面，它和安装其他应用程序没有太多的区别，这里就不做过多的介绍了。利用这种方式安装以后，Ubuntu 14.04 会在 Windows 分区中建立一个很大的文件，这个文件可以看作一个虚拟磁盘，Ubuntu 14.04 将所有的文件系统都放置其中。同时还会发现，在计算机启动时，Windows 启动菜单里多了一个叫做 Ubuntu 的项目。通过在启动菜单中

图 1.14　"Ubuntu 14.04" Windows 环境下光盘自启动界面

选择 Ubuntu，便可以进入到 Ubuntu 14.04 的系统中。第一次进入后，需要对系统进行一系列的配置，这些配置类似于一次安装，可以参照 1.3.4 节讲解的 Ubuntu 14.04 的安装过程和配置方法对这些选项进行合理的设置。采用这种方式安装的 Ubuntu 14.04 看作 Windows 中的一个应用程序，当不使用 Ubuntu 14.04 时，可以在"控制面板"的"添加/删除程序"中将其删除。

此外，可以选择通过 CD 直接安装。这种安装方式也可以实现 Windows 和 Linux 的双启动。需要利用刻录机将下载得到的 Ubuntu 14.04 的 ISO 映像刻录到 CD 上，刻录之前先

确认使用的 CD 是可刻录的 CD 或是可擦写的 CD。如果选择了邮寄 CD，刻录步骤就可以免去了。

将 Ubuntu 14.04 的 CD 放入 CD 驱动器中，重新启动，就可以引导到 Ubuntu 14.04 的安装程序界面，如图 1.15 所示。如果系统从硬盘启动，则可能是 BIOS 设置问题，需要重新启动进入到 BIOS 配置界面修改系统启动设备的顺序。进入 BIOS 配置界面的方法是在开机的时候按 Del 键或 F2 键，这要根据计算机的情况而定。具体的配置方法在不同的计算机上会有较大差别，需要查看计算机或主板的使用说明书，或咨询计算机或主板的生产厂商，来了解配置启动顺序。如果成功地出现如图 1.15 所示的界面，就可以跳到 1.3.4 节继续旅程了。

2．在虚拟机下安装

在虚拟机中安装 Ubuntu 14.04，需要将下载 Ubuntu 14.04 的安装 CD 映像加载到虚拟机的光驱中。启动 Virtual Box，选择建立的 "Ubuntu 14.04" 虚拟机。然后单击 "启动" 按钮，启动虚拟机，运行结果如图 1.16 所示。

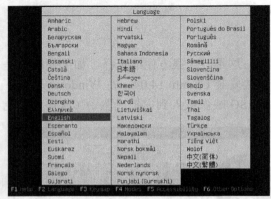

图 1.15　Ubuntu 14.04 光盘启动界面　　　　图 1.16　"Ubuntu 14.04" 第一次启动

现在将 Ubuntu 14.04 的安装 CD 映像加载。单击对话框右侧的 "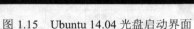" 按钮，弹出映像文件选择对话框，选择之前下载的 ubuntu-14.04.2-desktop-amd64.iso。单击 "启动" 按钮，开始安装 Ubuntu 14.04。

然后，运行窗口内出现如图 1.17 所示的界面，虚拟机成功地引导到了 Ubuntu 14.04 的安装程序。

至此，成功地进入了 Ubuntu 14.04 的安装界面，下面介绍将 Ubuntu 14.04 安装到硬盘或虚拟机中。

1.3.4　安装 Ubuntu 14.04

1．安装准备

下面的安装步骤，无论使用实体 PC 还是使用虚拟机，操作的方法都是一样的。在图 1.17 中的界面是 Ubuntu 14.04 安装的主界面，使用键盘上的方向键进行语言的选择。根据个人喜好选择，这里选择 "中文（简体）"。之后单击 "安装 Ubuntu"，进行 Ubuntu 的安装。如图 1.18 所示，选择安装选项，为了加快安装速度，不选择 "安装中下载更新" 和 "安装这个第三方软件"两个选项，单击"继续"按钮进行下一步安装。出现如图 1.19 所示的界面，选择安装类型，保持原选项，单击"现在安装"按钮，弹出如图 1.20 所示的对话框，单击"继续"进行下一步的安装。

图 1.17　虚拟机引导至 Ubuntu 14.04 安装程序起始界面

图 1.18　"准备安装 Ubuntu"页面

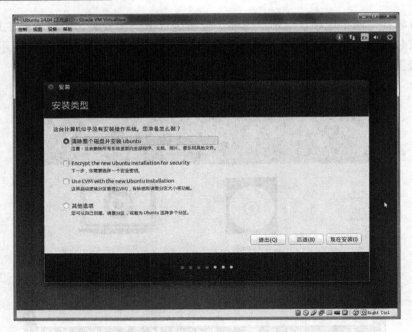

图 1.19 "安装类型"页面

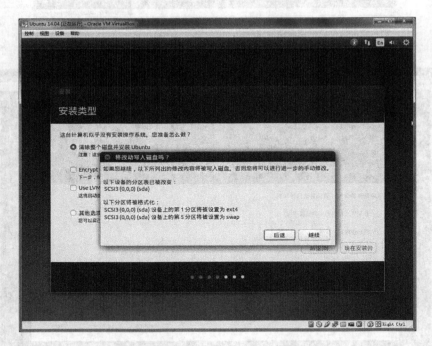

图 1.20 "改动写入磁盘吗"对话框

2. 选择位置

图 1.21 是安装向导的"你在什么地方？"页面，该步骤要选择你所在的地点，以便系统根据时区调整时间。可以根据实际情况进行选择，如果在中国大陆，一般选择 Shanghai（安装程序会根据语言选择自动选择 Shanghai）。

图 1.21 "您在什么地方？"页面

3．语言与键盘布局

单击"继续"按钮，进入到安装向导的第五步——"键盘布局"页面。这一步骤主要是选择所在国家的键盘布局（并不是所有的国家都是用标准的 104 或 107 键键盘，如日本）。安装程序会自动根据选择的语言选择键盘布局，如果使用的不是中国生产的键盘，请根据实际情况进行选择。这里保持默认选项，如图 1.22 所示。

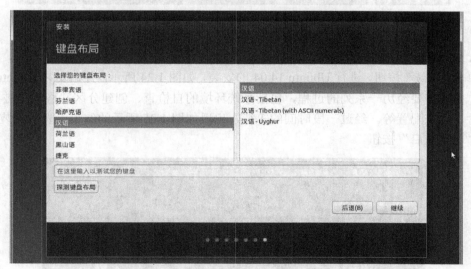

图 1.22 "键盘布局"页面

4．选择用户名

单击"继续"按钮，进入"您是谁？"页面，如图 1.23 所示。这一部分需要输入登录信息。"您的姓名："输入名字的全称，这个名字不会影响系统的运行，它用来在安装后显示在桌面上。"选择一个用户名："需要输入 Linux 登录的用户名，一定要记住这个名字，在安装结束后每次启动都需要提供这个名字。用户名不要带有空格、标点等符号字符。"选择一个密码:"要求输入一个密码,同样需要牢记该密码,每次启动的时候你要连同登录名将它一同提供给 Linux。这里需要将密码输入两次,以确保输入的准确无误。"您的计算机名:"是为计算机起一个名字,这个名字在局域网中标识你的计算机,以便局域网中其他用户可以访问到用户计算机的共享资源(当然也可以通过 IP 地址互相访问)。"自动登录"选项的选中可以不必每次都输入登录名和密码,不过如果计算机是公用计算机,最好不要选择这一项,因为它让其他人在不知道密码的情况下就可以获得计算机的使用权,这会造成一些不必要的纠纷。

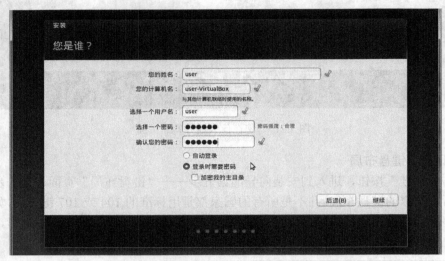

图 1.23 "您是谁?"页面

5. Ubuntu 14.04 安装过程

单击"继续"按钮,进行 Ubuntu 14.04 的安装,如图 1.24 所示。开始安装 Ubuntu 14.04 系统。安装需要经历一系列的过程,包括系统环境的自检查、创建分区并格式化磁盘、复制文件、系统配置等。经过一段时间的等待,出现如图 1.25 所示的结果,表示安装完成,单击"现在重启"按钮。

图 1.24 Ubuntu 14.04 的安装页面

图 1.25 Ubuntu 14.04 安装成功

6. 安装成功

系统重新启动后,稍等片刻,会出现 Ubuntu 14.04 的登录界面,如图 1.26 所示。系统提示输入登录名和密码。首先输入登录名,按 Enter 键确认,然后输入密码,再次按 Enter 键确认。

如果输入的用户名或密码不正确,登录界面会要求重新输入。如果输入的用户名密码正确,就进入 Ubuntu 14.04 的桌面环境,如图 1.27 所示。

图 1.26 Ubuntu 14.04 的登录界面

7. 创建分区步骤说明

在安装向导"安装类型"选择中,选择"清除整个磁盘并安装 Ubuntu"选项,见图 1.19。这是非常关键的一步,决定着 Ubuntu 要安装到硬盘的什么位置、硬盘将如何分区。

在进行这一步之前一定要仔细检查设置是否正确，尤其希望同时在计算机上使用 Windows 和 Linux 的读者，如果设置不正确，很可能使原有的 Windows 系统崩溃。

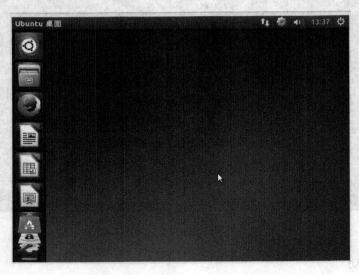

图 1.27　Ubuntu 14.04 的桌面环境

这里，首先来了解 Linux 系统中磁盘分区的基础知识。与 Windows 和 Mac OS 可以安装在一个磁盘分区上不同，Linux 的运行需要至少两个磁盘分区。Linux 的虚拟内存不是像 Windows 那样以文件的形式存在的，虚拟内存需要单独占用一个分区，称为 SWAP 分区（亦称"交换分区"）。除此之外，Linux 存储文件分区的分区格式通常是 ext3（早期采用 ext2）。Linux 不用采用盘符来区分磁盘分区，Linux 所有的文件都将归于一个"/"目录（根目录）。可以将分区挂载到不同的目录上，同时 Linux 要求根目录一定要有一个挂载分区。假设将某磁盘分区 A 挂载到/home 上，那么存储在/home 下的文件与目录（包括其下的子目录，下同）都将存储在那个磁盘分区 A 上。但是如果又将另一个磁盘分区 B 挂载到/home/myname 上，那么存储在/home/myname 中的文件都将存储在磁盘分区 B 上，而其他的在/home 中的文件则存储在磁盘分区 A 上。

这里给读者一个建议，虽然可以只使用两个分区，一个分区作为 SWAP 分区；另一个分区作为"/"目录。但这并不是一个好的策略。建议将你的磁盘分为 4 个区：一个 SWAP 分区，占用 2GB 左右的空间；一个/boot 分区，该目录专门用来存放启动相关的设置，大小在 100MB 左右；一个/home 分区，该目录专门用来存储个人文件，大小占所有可用空间的 40%~65%；其他的空间用做"/"分区，主要用来存放系统、库和程序。当然，这仅仅是一个建议，可以按照自己喜欢的方式划分磁盘。

Ubuntu 14.04 的安装程序为磁盘分区提供了一些傻瓜化的方法，如图 1.19 所示，里面有两个选项。第一个选项是将全部的硬盘都设为 Ubuntu 系统所用的空闲，显然，如果想使用双系统当然就不能选择这一项了，它会毁掉计算机中的 Windows 系统。不过，如果使用的是虚拟机，推荐使用这一项。最后一个选项是自己定义分区，如果使用的实体计算机，推荐使用这一项。在安装向导"安装类型"选择中，选择的是"清除整个磁盘并安装 Ubuntu"选项，见图 1.19，另一个选择是"其他选项"。如果你打算使用自定义分区，下面来详细地了解自定义分区的方法。在图 1.19 中选择"其他选项",单击"继续"按钮,会弹出如图 1.28 所示的界面。

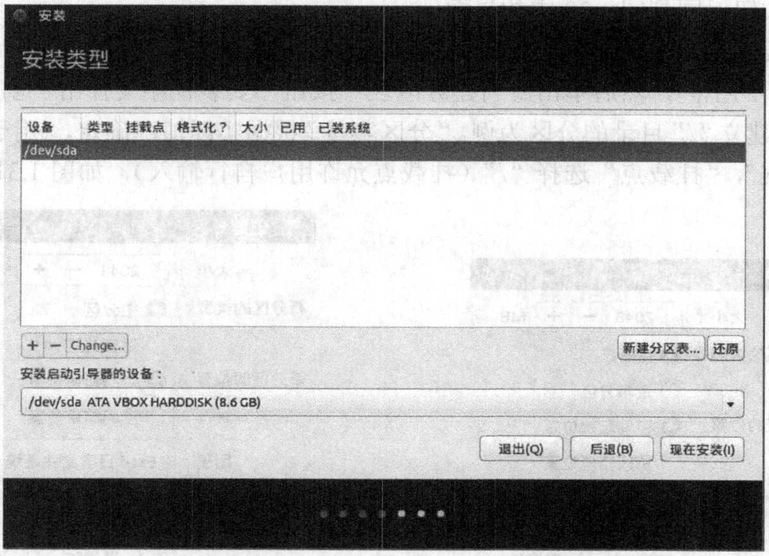

图 1.28 安装向导第二步"安装类型-创建分区"

单击图 1.28 中的/dev/sda 分区项,会出现如图 1.29 所示的空闲分区列表。如果系统之前安装了 Windows 系统,可能没有空闲的空间了。可以选择一个不常用的分区,然后单击"删除分区"按钮,以便腾出空闲的空间用来安装 Ubuntu 14.04(这一操作会使该分区原有的所有文件损坏且不可修复,如果要安装 Ubuntu 的分区中包含重要的文件,需要单击"退出"按钮,然后返回到 Windows 操作系统,将它们备份)。首先建立 SWAP 分区,选中"空闲"的分区,然后单击"新建分区表"按钮,弹出"创建分区"对话框,如图 1.30 所示。

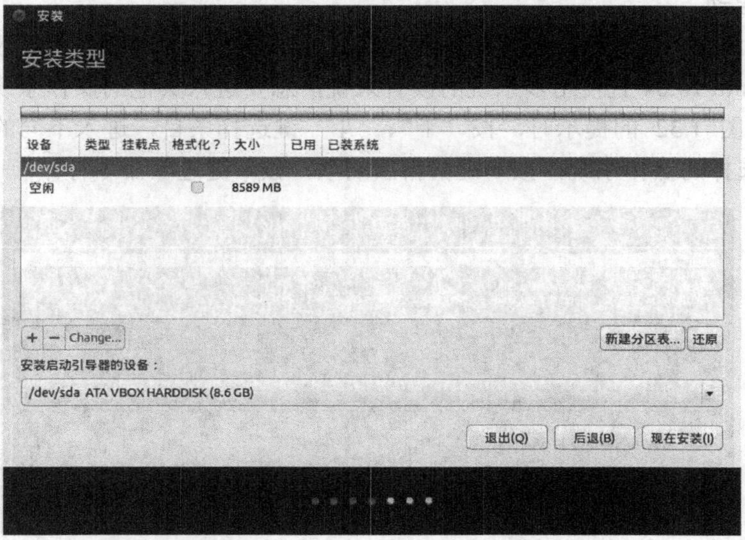

图 1.29 "安装类型-分区表"界面

分区类型依照默认选项，新建分区容量依照实际情况填写，这里推荐 2GB，填写 2048（1GB=1024MB）；"新分区的位置"选择"空间起始位置"；"用于"选择"交换空间"。单击"确定"按钮返回到图 1.29 中的界面。

现在需要建立一个或几个存储文件的 ext4 分区，其方法和上面建立 SWAP 分区类似。选择"空闲"的空间，然后单击"新建分区表"按钮，安装程序会弹出"创建分区"对话框。这里，以建立"/"目录的分区为例。"分区容量"根据实际情况确定，"用于"选择"Ext4 日志文件系统"，"挂载点"选择"/"（挂载点允许用户自行输入），如图 1.31 所示。

图 1.30 "创建分区"对话框

图 1.31 创建一个用于文件存储的分区

单击"确定"按钮，返回到图 1.29 中的界面，这样一个用于文件存储的分区就建立好了。可以按照同样的方法建立多个这种分区用来存储不同类型的文件。

相信通过练习读者已经学会了如何建立硬盘的分区，现在继续旅程。

假设你已经建立好的磁盘分区，单击"现在安装"按钮，来到了安装程序的"您在什么地方？"，见图 1.21，按照上面的操作继续进行完成 Ubuntu14.04 的安装。

8. 系统启动

到此为止，Ubuntu 14.04 的安装就顺利地完成了。这里还需要说明，对于在实体计算机上安装 Ubuntu 14.04 且使用多系统的读者来说，想要进入其他的操作系统，需要在开机时屏幕出现如图 1.32 的提示时，按'↑'、'↓'键选择条目，进入不同的操作系统，按 Enter 键进入选择的操作系统，按 e 键编辑启动项，按 c 键进入命令行。

图 1.32 进入操作系统选择菜单的提示

选择"Ubuntu 高级选项"，按 Enter 键进入选项，出现如图 1.33 所示的界面（不同的系统菜单的内容可能有所不同）。通过方向键来选择要启动的操作系统，然后按 Enter 键确定选择，就可以进入不同的操作系统了。该菜单还支持很多复杂的启动模式，可以输入启动命令来实现复杂的启动方式，这些命令的使用方法留给有兴趣的读者自行研究，本书在此不做过多的讲解。

图 1.33　操作系统选择菜单

1.4　Linux 的配置

现在已经成功地安装了 Ubuntu 14.04。下面来简单地讲解一些 Linux 的基本操作，作为以后进行实例讲解的基础。

1.4.1　认识 Gnome 桌面环境

Ubuntu 14.04 的默认桌面环境是 Unity，见如图。Linux 本身是没有图形界面的，需要运行第三方的桌面环境，目前比较流行的主要有 Gnome、Unity 和 KDE 三种桌面。本书使用 Unity 桌面环境，有兴趣的读者可以尝试其他的桌面环境。

Unity 是基于 Gnome 桌面环境的用户界面，由 Canonical 公司开发，主要用于 Ubuntu 操作系统。Unity 最初出现在 Ubuntu Netbook 10.10 中。和 GNOME、KDE 不同，Unity 并非一个完整桌面程序安装包，而采用了现有的方案。Unity 环境利用了来自 Gnome 3 中的一些关键组件，包括 Mutter 混合型窗口管理器和 Zeitgeist 活动记录引擎。其启动器使用 Clutter 建立，这与构建 Gnome Shell 所用的图形框架相同。虽然底层的技术相似，但 Unity 用户界面完全是不同的实现，它并没有使用来自 Gnome Shell 的任何代码。

1．系统菜单

Unity 这个新 Shell 主要被设计成可更高效地使用屏幕空间，与传统的桌面环境相比，消耗的系统资源更少。Unity 环境打破了传统的 Gnome 面板配置。它的左边包括一个类似 Dock 的启动器和任务管理面板；而顶面板则由应用程序 Indicator、窗口 Indicator、以及活动窗口的菜单栏组成，如图 1.34 所示。Ubuntu 原本使用的是完整的 Gnome 桌面环境。由于 Ubuntu 创始人 Mark Shuttleworth 对用户体验的哲学理念与 Gnome 团队有不同的理解，从 2011 年 4 月的 Ubuntu 11.04 起，Ubuntu 使用 Unity 作为默认的用户界面，而不采用全新的 GNOME Shell。但 Ubuntu 可通过 PPA 来安装 GNOME Shell。

图 1.34　Unity 系统菜单

2．图标提示

桌面左侧的其他项目可以通过鼠标单击来进行访问。当鼠标停留在图标上一秒左右的时间，系统会弹出提示框，告知该图标代表的内容，如图 1.35 所示。

图 1.35　图标的提示框

3．图标操作

系统的图标是可配置，可以添加、删除，下面以"终端"为例进行说明，首先搜索到"终端"应用程序，如图 1.36 所示。鼠标选择搜索到的应用程序图标，并拖曳到左侧应用程序栏，如图 1.37 所示，这样就完成新图标的添加。如果想启动应用程序，只需单击应用程序图标即可。如果想解除应用程序，右击图标，如图 1.38 所示，在弹出的快捷菜单中选择"从启动器解锁"即可。

图1.36 搜索"终端"应用程序

图1.37 添加新的图标

桌面左部和Windows桌面的任务栏类似，如图1.39所示，当前的活动窗口为Firefox网络浏览器，当前文件夹有一个非活动窗口，Firefox网络浏览器有两个窗口，一个处于活动状态，终端有两个非活动窗口。Unity桌面环境与Gnome的不同在于活动窗口可以通过单击启动器图标选择切换，这样会增加工作效率。活动窗口之间的切换实例如图1.40所示。

图1.38 图标解锁

图1.39 桌面左方的任务栏

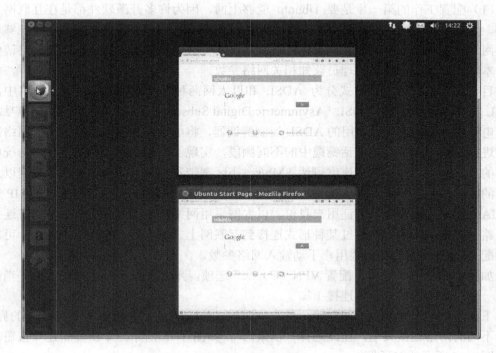
图1.40 窗口切换

1.4.2 Ubuntu 的配置

Ubuntu 14.04 支持个性化配置，系统的设置项可以在"系统设置"应用项中查看，如图 1.41 所示。

图 1.41 系统设置

（1）配置工作的第一步是要 Ubuntu 能够上网，因为许多开源软件都是在互联网上分发的。如果所在的网络支持 DHCP（自动获取 IP 地址）协议，那么现在应该已经能够访问互联网了。打开一个网页检查是否可以正常地访问互联网。如果不能正常访问网络请仔细阅读本节，然后咨询网络管理员获知相关网络参数。

目前比较流行的上网方式分为 ADSL 和以太网两种。在中国大陆的民用网络中，以 ADSL 和小区宽带居多。ADSL（Asymmetric Digital Subscriber Line，非对称数字用户线路）使用电话线上网。它使用专用的 ADSL 调制解调器，将电话高频模拟信号转换成网络数字信号进行通信，通过使用电话铜缆中的不同频段，实现了网络上行、网络下行、传统电话服务的线路复用，最快下行速度可达 8Mb/s。小区宽带和中国大陆的教育网多采用以太网上网的方式，它是一种实时在线的上网方式，一般不需要提供用户名和密码，通过 IP 地址和 MAC 地址等硬件信息验证用户身份。以太网采用网络数字电缆将所有的计算机连接到一个路由器上，路由器再通过某种形式连接到互联网上。以太网有的支持 DHCP，可以自动分配 IP 地址，有的则需要用户手动输入网络参数。

如图 1.42 所示，选择"配置 VPN（C）…"选项，弹出如图 1.43 所示的界面，当前已存在一个以太网连接"有线连接 1"。

下面添加一个新的以太网连接，单击"添加（A）"按钮，弹出如图 1.44 所示的界面，选择不同的网络连接类型，在此选择"以太网"，如图 1.45 所示。单击"新建"按钮，弹出如图 1.46 所示的对话框。

图 1.42　网络连接设置　　　　　　　　图 1.43　网络连接对话框

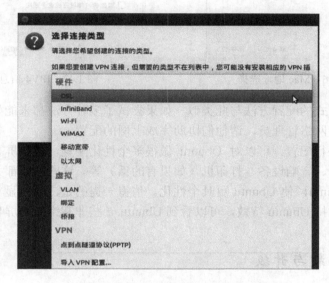

图 1.44　选择连接类型

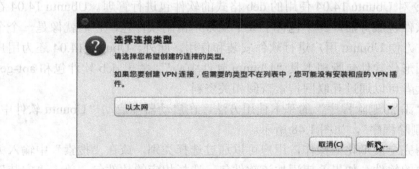

图 1.45　"以太网"网络连接

假设所使用的 IP 地址是 123.34.56.78，网络掩码为 255.255.255.0，网关为 123.34.56.1，DNS 服务器为 111.111.111.11。在图 1.46 中，"设备 Mac 地址（D）"选择 eth0 对应的物理地址。然后选择"IPv4 设置"标签，设置 IPv4 地址，如图 1.47 所示。"方法"选择"手动"。

在"地址"列表中添加相应的信息,"DNS 服务器"填写相应的信息,填写后单击"保存"返回,可以看到已经成功添加"以太网连接 1"。

图 1.46　Mac 地址选择

图 1.47　IPV4 信息配置

其他的上网方式的配置方法与此类似。如果尝试了多种方法都未能如愿上网,请咨询网络服务提供商或网络管理员,请他们协助完成上网的配置。

除了对网络进行配置,可以对 Ubuntu 做很多个性化配置,包括屏幕分辨率、屏幕的背景、键盘、鼠标、音响设备、打印机(如果有的话)等。这些配置都大同小异,可以自己尝试着配置 Ubuntu,使 Ubuntu 更具个性化。值得一提的是,如果显卡驱动安装正确并且你的显卡可以支持 Ubuntu 特效,可以看到 Ubuntu 一些非常绚丽的屏幕特效,包括窗口动画和立体桌面等。

1.4.3　软件安装与升级

现在了解 Ubuntu 在软件支持方面的情况。Ubuntu 采用 apt 软件管理工具。在终端中,使用 apt-get 命令对 Ubuntu 14.04 使用的 deb 格式的软件包进行管理。Ubuntu 14.04 在全世界拥有许多台软件包服务器,其中包含了成千上万个常用软件包,它们就像是一个个自由的软件包仓库,方便 Ubuntu 用户进行软件安装和使用。此外,Ubuntu 14.04 还为用户提供了一款强大的图形化软件包管理工具"Ubuntu 软件中心"。关于 deb 软件包和 apt-get 命令的详细情况,读者可以通过互联网搜索查阅相关资料。

首先介绍"添加/删除程序"的基本使用方法。在启动器中启动"Ubuntu 软件中心",可用于"添加/删除程序",如图 1.48 所示。

该工具采用完全傻瓜化的操作,用户可以通过选择类别,或在"搜索"中输入关键字来寻找自己想要的软件。如果希望添加该软件包,选择相应的软件包,单击"安装"按钮即可进行软件安装,如图 1.49 所示。稍等片刻,Ubuntu 会安装好该软件,并将运行该软件包所需要的所有其他软件包一并下载安装。如果想删除某些软件包,选择此软件,单击"卸载"按钮,如图 1.50 所示,Ubuntu 会卸载该软件。

图 1.48 Ubuntu 软件中心

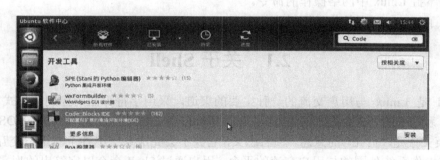

图 1.49 安装软件

图 1.50 卸载软件

本章是为进行后面章节的学习而做的一系列准备工作。现在读者应该对 Linux 操作系统有一个初步的感性的认识，这对于以后的旅程是十分必要的。如果希望对 Linux 做一个比较全面而深入的了解，推荐阅读相关文献。

第 2 章　Linux 常用命令训练

学习本章要达到的目标：
（1）掌握终端控制台的启动和使用方法。
（2）熟悉 Linux 关于文件和目录操作的常用命令。
（3）掌握 Linux 关于用户和系统操作的常用命令。
（4）掌握查看命令帮助的方法。
（5）掌握 Linux 中变量、流、管道操作的命令。
（6）掌握 Linux 中进程操作的命令。
（7）掌握 Linux 中网络操作的命令。
（8）了解 Linux 中其他常用操作的命令。

2.1　关于 Shell

Shell 是 Linux 与用户交流的一种主要的渠道，采用字符界面的控制台形式，类似于 Windows 系统中的"命令提示符"（在早期的 Windows 系统中又被称为"MS-DOS 方式"）。Shell 在英文中是"贝壳"的意思，顾名思义，它并不会完成系统中各个与用户交互的功能，仅仅是在操作系统外围的与用户交流的平台。用户通过 Shell 命令以字符串的形式向 Linux 发送操作请求，Shell 对字符串进行解释，并将解释的结果交付 Linux，由 Linux 启动对应的程序进行处理，并将处理结果通过输出设备返回给用户。Shell 不仅提供给用户一个依次输入单条命令的平台，还可以完成脚本的执行，以批量执行的方式处理一组命令。在脚本中还可以完成条件分支、循环等动作。

Linux 是一个自由软件，有很多为其开发的 Shell 可供用户选择。不同的 Shell 在界面上基本是一致的，只是在命令输入和 Shell 编程时存在一定的区别。关于 Shell 编程将在第 3 章中介绍。下面简要介绍几个比较著名的 Shell：

- Bourne Shell：又称 AT&T Shell，在 1970 年底被定为 UNIX 标准的 Shell，并用其作者 AT&T 的 Stephen Bourne 为其命名。该 Shell 的特点是简单，但缺乏别名、任务控制等交互功能。在 Linux 对应为 bash。
- C Shell：是由加州大学伯克利分校开发针对大型机设计的一种 Shell。与 Bourne Shell 相比，它增加了历史任务、别名等功能，但其运行比较缓慢。其 Shell 脚本编程语法与 C 语言类似。
- Korn Shell：由 AT&T 公司的 David Korn 于 20 世纪 80 年代中期开发，向下兼容 Bourne Shell，相对于 Bourne Shell 有增加了一些新的特性，运行速度较快。

目前 Linux 下比较常用的 Shell 是 bash（Bourne Again Shell），它是 GNU 项目的一部分，符合 POSIX P 1003.2 和 ISO 9945.2 标准。其 Shell 编程语法与 Bourne Shell 相兼容，同时又提供了 C Shell 和 Korn Shell 受人欢迎的特性。可以从下面的网址下载 bash：
http://ftp.gnu.org/gnu/bash/

2.2 文件操作命令

对于文件操作命令，本书分为文件浏览、文件复制、文件移动、文件链接、文件删除、文件属性修改以及文件搜索等部分分别介绍 Linux 中常用命令。由于篇幅限制，本书只介绍了常见 Linux 命令的常见用法，有兴趣的读者可请参照参考文献，进一步了解命令其他用法以及其他命令。

2.2.1 调用终端控制台

首要的任务是学习如何打开终端控制台，以便所介绍的命令有用武之地。同样，学习控制台的使用，是学好 Linux 的一个重要基础。

根据图 2.1 找到终端应用程序，以便打开"终端"窗口。单击终端应用程序图标，出现图 2.2 所示的窗口，只要在提示符$或#（如果当前用户是 root，则提示符为#）后面输入命令即可。

图 2.1 打开"终端"　　　　　　图 2.2 "终端"窗口

2.2.2 文件浏览

文件浏览主要完成的功能是列出当前目录或指定目录下文件的文件名称以及一些基本的资料。常用命令有 ls 和 file。注意，Linux 的命令是区分大小写的，LS 并不是 ls。

1. ls

语法：ls [参数] … [文件] …

说明：使用 ls 命令列出文件列表的信息，默认情况为当前目录下所有文件，并按照字母顺序排序。

参数说明：（本书仅列出部分常用参数）

-a　　　　　　　不隐藏任何以"."开头的文件
-b　　　　　　　不显示以"~"结尾的文件
--color=[WHEN]　是否以颜色区分文件类型，WHEN 的可能表达式 never、always、auto

-l   使用长格式列出文件信息
-r   逆序排序
-R   递归列出所有子目录的内容
-S   按文件大小排序
-t   按修改时间排序
--help   显示帮助信息

显示说明：ls 通常以颜色区分文件类型。常见的颜色如表 2.1 所示。

表 2.1 ls 常用颜色

颜色	灰黑色	蓝色	绿色	红色	浅蓝色
类型	普通文件	目录	可执行文件	压缩文件	链接文件

ls 显示目录信息分为长格式和短格式两种。短格式仅显示文件名，并用相应的颜色区分文件类型，一行内可以显示多个文件或目录；长格式显示方式一行仅显示一个文件或目录信息，其格式如图 2.3 所示。

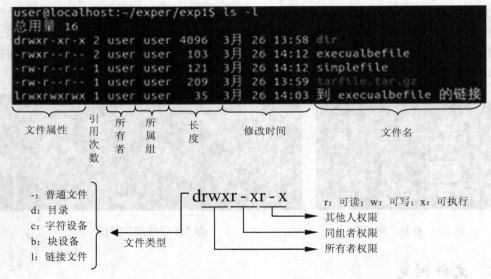

图 2.3 ls 命令长格式

2. file

语法：file [选项] … [-f] 文件 …

说明：显示指定文件的类型与编码格式。

参数说明：

-b   以简明方式显示信息
-f   指定该选项后面的字符串为文件列表
-z   查看压缩文件内部的文件信息
-d   显示调试信息
-s   按照普通文件处理特殊文件（如字符设备文件）

显示说明：命令显示信息如图 2.4 所示（具体输出内容依实际情况而定）。

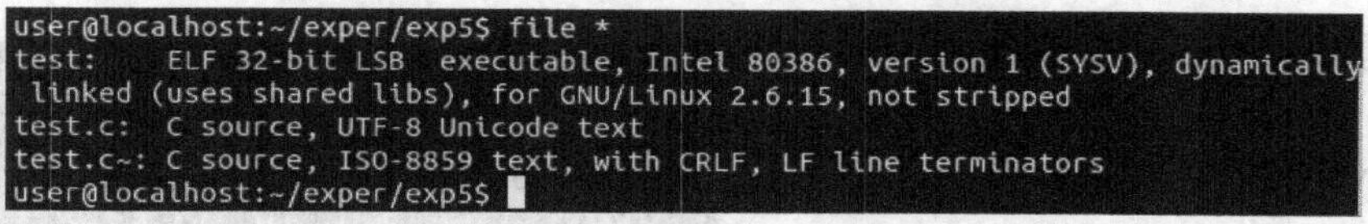

图 2.4 file 的输出信息

2.2.3 文件复制

文件复制命令用来制作一个文件的完全副本。Linux 常用的复制命令是 cp。

cp

语法：cp [参数] … [源文件] … 目标目录

说明：将指定的一个文件或多个文件复制到指定的目录中。

参数说明：

- -a   保留链接、文件属性，递归复制所有子目录
- -d   保留链接
- -f   复制时自动替换已存在的目标文件，不提示用户
- -i   若目标文件存在，提示用户如何操作
- -r   目录复制，递归复制所有子目录

图 2.5 所示为 cp 命令的一个简单测试结果，首先执行 ls 命令查看当前目录文件，当前目录为空，然后执行命令 "cp ../exp4/* ./" 将 exp4 目录下面的文件复制到当前目录，可以看到 exp4 下面的所有文件都复制到当前目录，但是目录 bb 被略过。为了能够把 exp4 的目录也复制到当前目录，执行命令 "cp -r ../exp4/* ./"，然后再查看当前目录内容，可以看到 exp4 下面的目录也复制成功了。

图 2.5 cp 命令实例

2.2.4 文件移动

文件移动用来将文件从一个访问地址转移到另一个访问地址。Linux 中常用的文件访问命令为 mv。

mv

语法：mv [参数] … 源文件 … 目标文件/目录

说明：将文件从移动到另外的目录或修改文件名称。

参数说明：

- -I   若目标文件存在，提示用户如何操作
- -f   移动时自动替换已存在的目标文件，不提示用户
- -n   不覆盖已存在文件

图 2.6 所示为 mv 命令的一个实例，将目录 exp4 下的文件移动到目录 exp2 目录下，当

前两个目录下面的文件完全相同，执行命令“mv –i ./* ../exp2”会询问知否覆盖，如果输入 Y|y 则会覆盖原文件；如果输入 N|n 则不会覆盖文件，命令执行完成之后，查看 exp2 和 exp4 目录下文件信息，可以得知文件 p1.sh~和 p2.sh~被移动成功。

```
user@localhost:~/exper/exp4$ ls -al ../exp2
总用量 36
drwxr-xr-x  3 user dell 4096  3月 26 12:41 .
drwxr-xr-x 20 user dell 4096  3月 26 12:15 ..
drwxr-xr-x  2 user dell 4096  3月 26 12:29 bb
-rwxrwxrwx  1 user dell  487  3月 25 20:07 p1.sh
-rw-r--r--  1 user dell  307  3月 26 12:35 p1.sh~
-rwxrwxrwx  1 user dell  385  3月 26 09:00 p2.sh
-rwxr-xr-x  1 user dell  377  3月 26 12:35 p2.sh~
-rw-r--r--  1 user dell  134  3月 25 21:21 p3.sh
-rwxrwxrwx  1 user dell  379  3月 25 22:12 p4.sh
user@localhost:~/exper/exp4$ ls
bb  p1.sh  p1.sh~  p2.sh  p2.sh~  p3.sh  p4.sh
user@localhost:~/exper/exp4$ mv -i ./* ../exp2
mv：是否覆盖"../exp2/bb"? n
mv：是否覆盖"../exp2/p1.sh"? n
mv：是否覆盖"../exp2/p1.sh~"? y
mv：是否覆盖"../exp2/p2.sh"? n
mv：是否覆盖"../exp2/p2.sh~"? y
mv：是否覆盖"../exp2/p3.sh"? n
mv：是否覆盖"../exp2/p4.sh"? n
user@localhost:~/exper/exp4$ ls -al ../exp2
总用量 36
drwxr-xr-x  3 user dell 4096  3月 26 12:43 .
drwxr-xr-x 20 user dell 4096  3月 26 12:15 ..
drwxr-xr-x  2 user dell 4096  3月 26 12:29 bb
-rwxrwxrwx  1 user dell  487  3月 25 20:07 p1.sh
-rw-r--r--  1 user dell  307  3月 26 12:43 p1.sh~
-rwxrwxrwx  1 user dell  385  3月 26 09:00 p2.sh
-rwxr-xr-x  1 user dell  377  3月 26 12:43 p2.sh~
-rw-r--r--  1 user dell  134  3月 25 21:21 p3.sh
-rwxrwxrwx  1 user dell  379  3月 25 22:12 p4.sh
user@localhost:~/exper/exp4$ ls
bb  p1.sh  p2.sh  p3.sh  p4.sh
user@localhost:~/exper/exp4$
```

图 2.6　mv 命令实例

2.2.5　文件链接

文件链接用来给某个文件另一个可访问的别名，类似于 Windows 下的“快捷方式”。Linux 中常用的文件链接命令为 ln。

ln

语法：ln [参数] … 目标文件 链接名

说明：建立一个链接文件，该链接文件指向指定的目标文件。默认情况下建立硬链接。

参数说明：

-i　　若目标文件存在，提示用户如何操作

-f　　复制时自动替换已存在的目标文件，不提示用户

-s　　建立符号连接，而不是硬链接。符号连接具有更大的灵活度

图 2.7 所示为 ln 命令的实例，在目录 bb 下创建一个 p3.sh 文件的符号链接，执行命令“ln –s p3.sh ./bb/”之后，查看目录下面文件内容，可以看到链接创建成功。

```
user@localhost:~/exper/exp2$ ls
bb  p1.sh  p1.sh~  p2.sh  p2.sh~  p3.sh  p4.sh
user@localhost:~/exper/exp2$ ls ./bb/
bbb.txt
user@localhost:~/exper/exp2$ ln -s p3.sh ./bb/
user@localhost:~/exper/exp2$ ls -l ./bb/
总用量 4
-rw-r--r-- 1 user user 10  3月 26 12:29 bbb.txt
lrwxrwxrwx 1 user user  5  3月 26 14:37 p3.sh -> p3.sh
user@localhost:~/exper/exp2$
```

图 2.7　ln 命令实例

2.2.6　文件删除

文件删除用来将指定的文件从文件系统中删除，对于不再需要的文件，该操作可将它们占用的磁盘空间释放，以便系统存储其他有用的文件。Linux 中常用的文件删除命令为 rm。

rm

语法：rm [参数] … 目标文件…

说明：删除指定的目标文件。

参数说明：

-f　　忽略不存在的文件，不给出提示

-r　　递归删除子目录中的所有文件

-i　　以交互的方式，提示用户确认删除

图 2.8 所示为 rm 命令的一个实例，执行命令“rm –ri ./*”删除当前目录下的所有文件，

在删除之前进行询问是否确认删除,如果输入 Y|y 则会删除原文件,如果输入 N|n 则不会删除原文件,命令执行完成之后,查看当前目录下文件信息,可以得知文件 bb/p3.sh 和 p1.sh~、p2.sh~被成功删除。

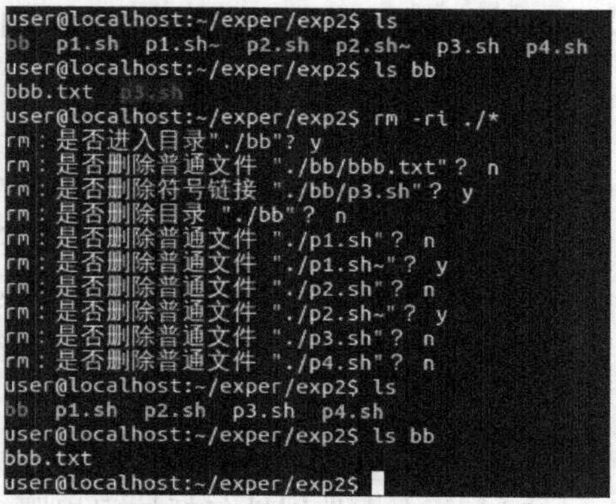

2.2.7 文件压缩和备份

有时,为了节省磁盘空间,以便系统存储其他有用的文件,可以对系统中一些不常用的文件进行压缩备份并删除源文件。当需要使用某文件时只对其解压缩即可。Linux 中常用的文件压缩和解压缩命令为 tar。

图 2.8 rm 命令实例

tar

语法:tar [参数] [目标文件]…

说明:压缩或解压缩指定的文件。

参数说明:

参数	说明
-A	追加 tar 文件至归档
-c	创建一个新的 tar 文件
-r	把要存档的文件追加到归档文件的结尾处
-t	列出归档文件的内容
-v	列出处理过程中的详细信息
-f	指定新文件名
-x	解压指定文件
-u	仅仅添加比文档文件更新的文件,如果原文档中不存在旧的文件,则追加它到文档中;如果存在则更新它
-j	使用 bzip2 过滤归档或用 unbzip2 解压
-z	使用 gzip 过滤归档或用 ungzip 解压

图 2.9 tar 命令压缩实例

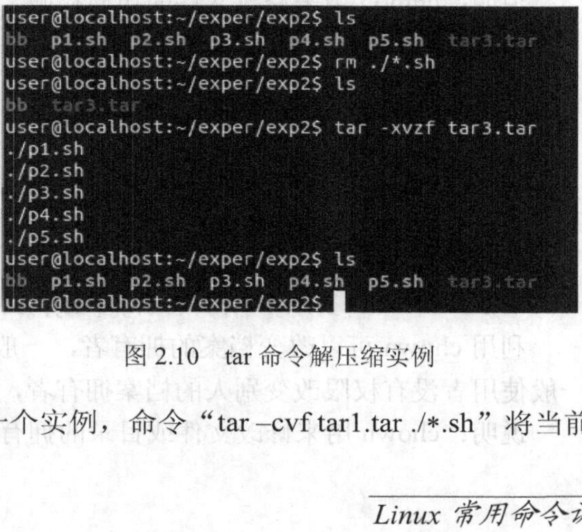

图 2.10 tar 命令解压缩实例

图 2.9 所示为 tar 命令进行文件压缩的一个实例,命令"tar –cvf tar1.tar ./*.sh"将当前

目录下所有的 sh 文件归档到 tar1.tar 压缩文件中。命令"tar –cjf tar2.tar ./*.sh"将当前目录下所有的 sh 文件归档到 tar2.tar 压缩文件中，并对文件进行 bzip2 压缩。命令"tar –czf tar3.tar ./*.sh"将当前目录下所有的 sh 文件归档到 tar3.tar 压缩文件中，并对文件进行 gzip 压缩。命令执行完成后，执行"ls –l"命令查看归档结果，可以看出 tar1.tar、tar2.tar、tar3.tar 三个归档文件的大小并不一样，因为它们执行的压缩过程不同。图 2.10 中为 tar 命令的解压缩实例，首先删除当前目录下所有的.sh 文件，然后执行命令"tar –xvxf tar3.tar"将 tar3.tar 文件中内容加压到当前目录下，查看结果可知解压缩正确。

2.2.8 修改文件属性

Linux 中文件属性包括访问权限、修改时间等信息。其中，访问作权限有三种，包括可读"r"、可写"w"、可执行"x"。Linux 中对文件的权限实行分用户管理，对于某个文件将用户分为三类：文件所有者、与文件所有者同组的用户和其他所有用户。Linux 中对访问权限的修改就是设定这三类用户各自的操作权限。Linux 修改访问权限的命令是 chmod；chown 用于改变文件或目录的拥有者或所属组；chgrp 命令用于更改文件或目录的所属组，修改文件修改时间的命令是 touch，如果文件不存在，执行 touch 命令会创建一个新的文件。

1. chmod

语法：chmod [参数]… { 模式[, 模式]… | 八进制模式 } 文件…

其中，模式的格式为[ugoa]*([-+=]([rwxXst]*|[ugo]))+（该模式采用正则表达式表示，关于正则表达式参见"维基百科"（文献）。在表达式中，u 表示文件所有者，g 表示同组者，o 表示其他所有用户，"a"表示所有的用户（包括 u 和 g）；"-"表示删除某种权限，"+"表示添加某种权限，"="表示赋予某种权限；r 表示可读，w 表示可写，x 表示可执行（关于 X、s、t 有兴趣的读者可自行查阅文献）。

八进制模式采用 3 位八进制数表示权限，每位八进制数代表一类用户的权限，从高位到低位分别为文件所有者、同组者、其他所有用户。每位八进制数可以看成 3 位二进制数，从高位到低位分别表示可读、可写、可执行，值为 1 表示具有相应的权限，为 0 则不具有该权限。例如，764（二进制代码为 111 110 100）表示文件所有者具有可读、可写、可执行的权限；同组者有可读、可写的权限，但不可执行；其他所有人只有可读的权限。

说明：chmod 用来修改文件的访问权限。

参数说明：

-c   仅在有修改时显示结果

-f   去除大部分的错误信息

-v   处理任何文件都会显示详细信息

-R   以递归方式更改所有文件及子目录

2. chown

语法：chown [参数]… [所有者][:[组]] 文件…

利用 chown 可以改变档案的拥有者，一般来说，这个指令只由系统管理者(root)使用，一般使用者没有权限改变别人的档案拥有者，也没有权限将自己的档案拥有者设为别人。

说明：chown 用来修改文件或目录的拥有者或所属组。

参数说明：

-c   仅在有修改时显示结果
-f   删除大部分的错误信息
-v   处理任何文件都会显示详细信息
-R   以递归方式更改所有文件及子目录

3. chgrp

语法：chgrp [参数]… 用户组 文件…
chgrp 命令只有文件或目录的所属组和 root 用户才有权限执行。
说明：chgrp 用来修改文件或目录的所属组。
参数说明：

-c   仅在有修改时显示结果
-f   删除大部分的错误信息
-v   处理任何文件都会显示详细信息
-R   以递归方式更改所有文件及子目录

4. touch

语法：touch [选项]… 文件…
说明：touch 用来修改文件的访问和修改时间，如果文件不存在则默认创建空文件。
参数说明：

-a   仅修改访问时间
-c   不创建任何文件
-d 字符串   使用字符串表示时间，而非当前时间
-m   只修改时间
-r 文件   使用指定文件的时间属性，而非当前时间
-t 时间模式   使用[[CC]YY]MMDDhhmm[.ss]格式的时间，而非当前时间

如图 2.14 所示，首先使用命令"touch p1.sh"更改文件 p1.sh 时间，然后执行如命令"touch p5.sh"创建一个新的文件，可以看到新创建的文件所属 user 用户和 user 组。在图 2.11 所示，通过命令"chmod u+x p5.sh"给文件 p5.sh 添加执行权限，执行权限只限于文件的所属用户。图 2.12 通过命令"sudo chown root:root p5.sh"更改文件 p5.sh 所属组和所属用户，更改为 root 组和 root 用户，因为此命令的执行只能在 root 用户权限下，所以需要添加 sudo 获取 root 用户权限。图 2.13 通过命令"sudo chgrp user p5.sh"将文件 p5.sh 文件的所属组更改为 user 组，更改需要在 root 用户权限下执行，所以需要 sudo 获取 root 权限。

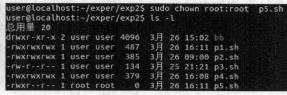

图 2.11 chmod 命令实例　　　　　　　　图 2.12 chown 命令实例

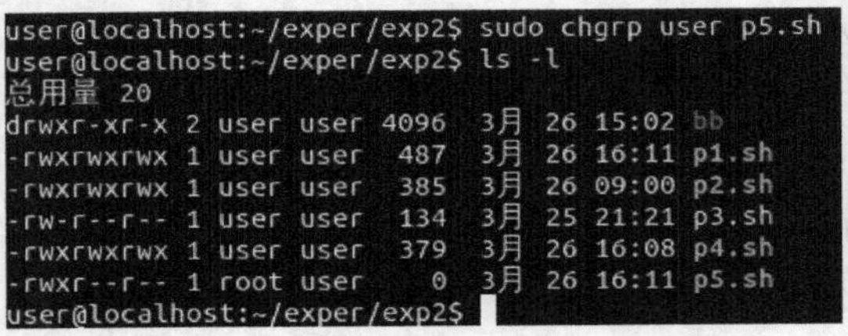

图 2.13 chgrp 命令实例 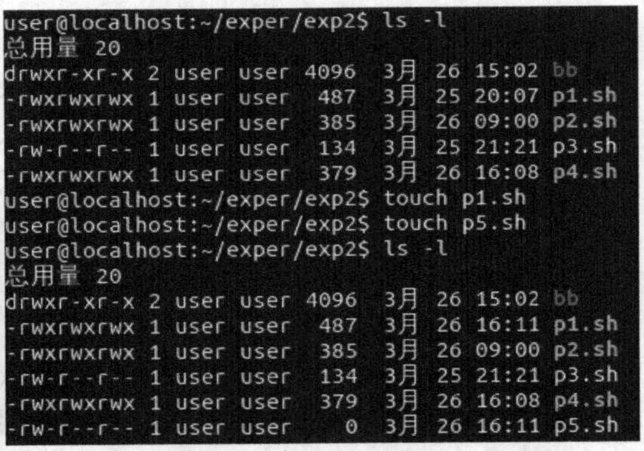   图 2.14 touch 命令实例

2.2.9 文件搜索

文件搜索用来根据用户提供的信息找到对应的文件或文件的集合，或在指定的文件中找到指定的信息。Linux 中文件搜索的常用命令有 grep 和 find。

1. grep

语法：grep [参数]… 搜索字符串 文件…

其中，"搜索字符串"采用标准的正则表达式。

说明：grep 用来完成在指定的文件范围内搜索符合要求的字符串，并将字符串所在的行输出。

参数说明：

-E   使用扩展的正则表达式
-F   一组由断行符分隔的定长字符串
-G   使用标准的正则表达式
-f 文件   从文件中获取搜索字符串
-s   不显示错误信息
-v   选择不匹配的行
-c   只显示匹配的行数
-I   忽略字母大小写
-n   同时输出行数

图 2.15 所示为 grep 命令的测试实例，首先执行命令 "grep –n "grep" greptest" 查找 greptest 文件中的 "grep" 字符串，输出时添加行数，可以看出文本中有 5 处包含 "grep" 字符串。然后执行命令 "grep –ni "grep" greptest" 查找 greptest 文件中的 "grep" 字符串，查找过程中忽略大小写匹配问题，可以看出文本中有 6 处包含 "grep" 字符串。

2. find

语法：find 路径… [参数]… [测试]… 动作

关于 find 的语法格式比较复杂，上述所列语法仅为常见语法，此外还存在比较复杂的格式支持更加复杂的操作，有兴趣的读者可以自行尝试。在这个格式当中，"路径"用来提出所要搜索文件的范围，“测试”用来提出搜索的条件，“动作”用来指出对于符合测试条件的文件所进行的操作。

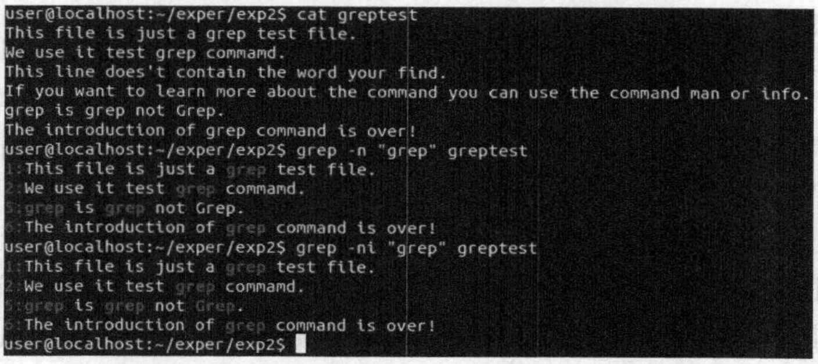

```
user@localhost:~/exper/exp2$ cat greptest
This file is just a grep test file.
We use it test grep commamd.
This line does't contain the word your find.
If you want to learn more about the command you can use the command man or info.
grep is grep not Grep.
The introduction of grep command is over!
user@localhost:~/exper/exp2$ grep -n "grep" greptest
1:This file is just a grep test file.
2:We use it test grep commamd.
5:grep is grep not Grep.
6:The introduction of grep command is over!
user@localhost:~/exper/exp2$ grep -ni "grep" greptest
1:This file is just a grep test file.
2:We use it test grep commamd.
5:grep is grep not Grep.
6:The introduction of grep command is over!
user@localhost:~/exper/exp2$
```

图 2.15　grep 命令实例

说明：find 用来搜索符合要求的文件，并对这些文件进行指定的操作。

参数说明：

-P	对于符号连接文件，使用文件本身的属性
-L	对于符号连接文件，使用被连接文件的属性

测试说明：

-name 字符串	按照指定的字符串匹配文件名，“字符串”可使用“*”、“?”等匹配符
-perm 字符串	按照指定的字符串所代表的权限来匹配文件。“字符串”的格式同 chmod 的“模式”相同
-user 字符串	按照字符串指定的文件所有者匹配文件
-group 字符串	按照字符串指定的文件所有者所在组匹配文件
-mtime {-|+}n	按照文件修改时间匹配文件，“-”表示 n 天以内，“+”表示 n 天以前。
-atime {-|+}n	按照文件访问时间匹配文件
-ctime {-|+}n	按照文件创建时间匹配文件
-type 字符	按照字符所指定的文件类型匹配文件。“字符”包含“b”块设备文件、“c”字符设备文件、“d”目录、“f”普通文件、“l”符号连接文件、“p”管道文件
-size n[单位]	按照指定的文件大小匹配文件，默认单位是块（512 字节）。“单位”包括“c”字节、“b”块、“w”字（2 字节）、“k”KB、“M”MB、“G”GB
-depth	在查找文件时，首先查找当前目录中的文件，然后在其子目录中查找

动作说明：

-print	将搜索结果通过标准输出设备打印。这是默认动作
-exec 命令	针对搜索结果执行指定的命令。在命令中使用“{} \;”（注意，这个字符串中“{}”和“\;”之间有一个空格，并且不要忘了最后的“;”）来代表搜索结果
-ok 命令	同上，在执行前需要得到用户的确认

举例：

查找/home 目录及其子目录中包含 hello 字符串 5 天前访问过的文件，并将它们删除，删除前需要得到确认，但是删除过程中不需要任何提示：

```
find /home -name "hello" -atime +5 -ok rm -f {} \;
```

三条测试命令如图 2.16 所示，命令“find . –name “*.sh” –atime +1”查找当前目录下前 1 天之前被访问的 sh 文件，当前目录不包含此类文件。命令“find . –name “*.sh” –atime 1”查找当前目录下前 1 天被访问的 sh 文件，当前目录不包含此类文件。命令“find . –name "*.sh" –atime -1”查找当前目录下前一天之后被访问的 sh 文件，当前目录下包含此类文件。如图 2.17 所示，执行命令“find . –name "*.sh" –atime -1 –ok rm –f {} \;”查找当前目录下前一天之后被访问的 sh 文件，如果存在则删除此类文件，在删除之前进行询问是否确认删除。如果输入 Y|y 则会删除此文件；如果输入 N|n 则不会删除此文件。命令执行完成之后，查看命令执行结果，可以看到文件被成功删除。

```
user@localhost:~/exper/exp2$ find . -name "*.sh" -atime +1
user@localhost:~/exper/exp2$ find . -name "*.sh" -atime 1
user@localhost:~/exper/exp2$ find . -name "*.sh" -atime -1
./bb/p1.sh
./bb/p5.sh
./bb/p4.sh
./bb/p2.sh
./bb/p3.sh
./p1.sh
./p5.sh
./p4.sh
./p2.sh
./p3.sh
```

图 2.16　find 命令实例 1

```
user@localhost:~/exper/exp2$ find . -name "*.sh" -atime -1 -ok rm -r {} \;
< rm ... ./bb/p1.sh > ? y
< rm ... ./bb/p5.sh > ? y
< rm ... ./bb/p4.sh > ? y
< rm ... ./bb/p2.sh > ? y
< rm ... ./bb/p3.sh > ? y
< rm ... ./p1.sh > ? n
< rm ... ./p5.sh > ? n
< rm ... ./p4.sh > ? n
< rm ... ./p2.sh > ? n
< rm ... ./p3.sh > ? n
user@localhost:~/exper/exp2$ find . -name "*.sh" -atime -1
./p1.sh
./p5.sh
./p4.sh
./p2.sh
./p3.sh
user@localhost:~/exper/exp2$
```

图 2.17　find 命令实例 2

2.3　目 录 操 作

在 Linux 中，目录是一种特殊的文件，它是一种保存文件信息的文件。在使用者看来，目录就像一个文件夹，可以把相关的文件放在一个目录中，以方便查阅。关于目录的操作包括目录创建、删除、进入，以及查看当前所在目录。

2.3.1 创建目录

创建目录用来创建一个目录文件，常用的命令有 mkdir。

mkdir

语法：mkdir [参数]… 目录…

说明：在当前目录下创建指定的目录。

参数说明：

-m 模式　对新创建的目录设置权限模式，"模式"的格式同 chmod 的"模式"相同

-p　　　　需要时，创建上层目录

-v　　　　创建时显示相关信息

图 2.18 所示为 mkdir 命令的一个实例，首先执行命令"mkdir dir1"创建目录 dir1，然后执行命令"mkdir –m777 –v dir2"创建目录 dir2，同时给目录 dir2 设置 777 权限，并输出创建信息。查看创建结果，可知目录创建成功，并且 dir2 拥有 777 权限。

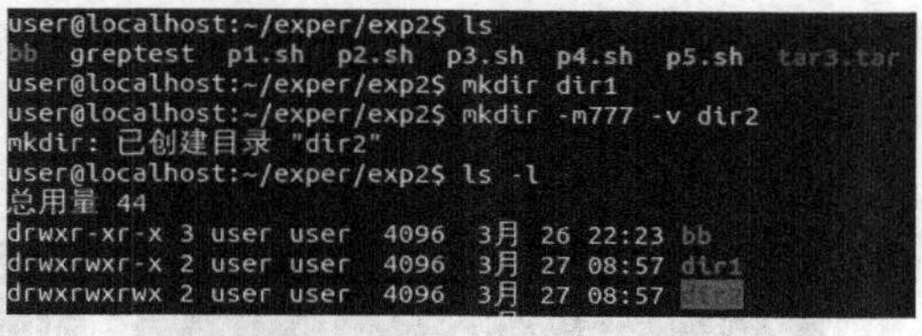

图 2.18　mkdir 命令实例

2.3.2 删除目录

删除目录用来删除一个已经存在的空目录，常用的命令有 rmdir。

rmdir

语法：rmdir [参数]… 目录…

说明：如果所列目录为空，则删除该目录。

参数说明：

-p　　　　删除目录后，尝试的删除所指定目录中所有的上层目录

-v　　　　删除过程中显示相关信息

2.3.3 修改当前目录

通过修改当前所在目录，跳转到另一个目录下，常用的命令有 cd。

cd

语法：cd 目录

其中，"目录"可以是通常的目录名称，也可以是一些特殊符号：".."当前目录的上一级目录；"~"用户的主目录（不是 Linux 的根目录）；"-"上一次变更当前目录前所在的目录。

说明：进入到指定的目录中。

2.3.4 查看当前目录

查看当前目录用来在标准输出设备上输出当前目录，常用的命令有 pwd。

pwd

语法：pwd

说明：在标准输出设备上输出当前目录。

图 2.19 所示为 cd 和 pwd 命令的测试实例，首先执行命令“cd dir1”进入目录 dir1，然后执行命令 pwd 查看当前所在目录，结果显示当前在 dir1 目录下。执行命令“cd ..”跳转到上一层目录，然后执行命令 pwd 查看当前所在目录，结果显示当前在 dir1 目录的上一层，跳转成功。执行命令“cd ~”进入用户的主目录，然后执行命令 pwd 查看当前所在目录，结果显示当前已跳转到用户的主目录。执行命令“cd -”进入上一次变更前所在的目录，命令执行结果显示已跳转到 exp2 目录下，执行命令成功。

图 2.20 所示为 rmdir 命令的一个实例，首先执行命令“rmdir –v dir1 dir2”删除目录 dir1、dir2，在执行命令时输出处理信息。执行命令 ls 查看结果，可以看到目录已被成功删除。

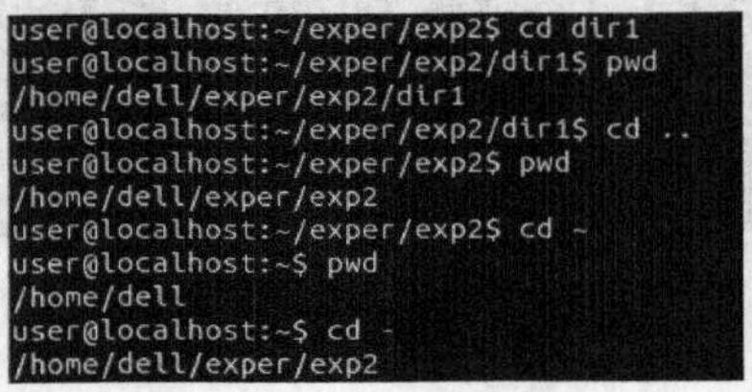

```
user@localhost:~/exper/exp2$ cd dir1
user@localhost:~/exper/exp2/dir1$ pwd
/home/dell/exper/exp2/dir1
user@localhost:~/exper/exp2/dir1$ cd ..
user@localhost:~/exper/exp2$ pwd
/home/dell/exper/exp2
user@localhost:~/exper/exp2$ cd ~
user@localhost:~$ pwd
/home/dell
user@localhost:~$ cd -
/home/dell/exper/exp2
```

图 2.19　cd pwd 命令实例

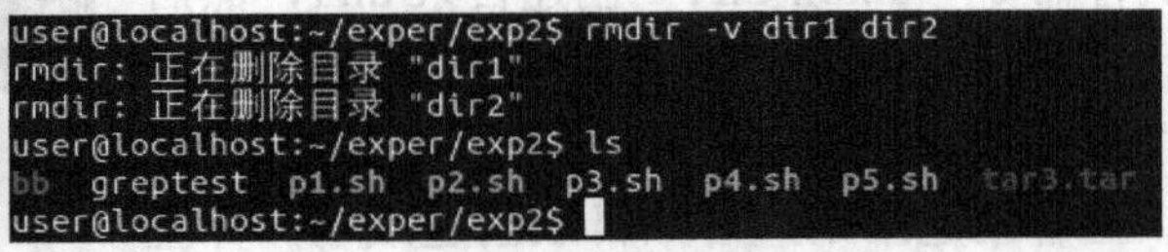

```
user@localhost:~/exper/exp2$ rmdir -v dir1 dir2
rmdir: 正在删除目录 "dir1"
rmdir: 正在删除目录 "dir2"
user@localhost:~/exper/exp2$ ls
bb  greptest  p1.sh  p2.sh  p3.sh  p4.sh  p5.sh  tar3.tar
user@localhost:~/exper/exp2$
```

图 2.20　rmdir 命令实例

2.4　用户与系统操作

用户操作和系统操作多为系统管理员提供，用来维护用户和配置系统。本书介绍常用的命令，分为用户切换、密码修改、系统关机与重启三个方面的指令。感兴趣的读者可以深入研究，但本书建议读者在尝试此类指令之前做好系统备份，防止由于误操作对系统造成无法挽回的损失。

2.4.1　用户切换

Linux 是一个多用户的操作系统，对于用户的管理是系统中重要的工作。系统对用户的操作主要包括判定用户的权限，限制其进行有意或无意的破坏性操作；维护用户的信息，保证用户信息的准确、安全等。Linux 中有两类用户：超级用户，也叫根用户，用户名恒为 root，该用户对系统具有完全的操作权限，一般为系统管理员所有；普通用户，具有部分操作权限，一般为系统的日常使用者所有。日常在 PC 上使用 Linux 操作系统，虽然往往仅有你一个人作为系统的使用者，但考虑到误操作和个人的隐私权，建议不要直接使用超级用户，而是使用一个普通用户，仅在必要时切换到超级用户。

用户切换用来完成不同用户之间的切换或用户登录。常用的此类命令有 su、sudo 和 login。

1. su

语法：su [参数] [用户名]

说明：切换当前用户或到超级用户（根用户）。如果用户名省略则切换到超级用户，切换用户需要提供目标用户的密码。

参数说明：
-l   重新加载登录时的启动脚本
-m   保留当前环境变量，不重新加载脚本

2. sudo
语法：sudo [参数] 命令
说明：以其他用户身份运行指定的命令。与 su 不同，它是在单条命令中临时切换到其他用户运行，运行后立即返回当前用户。默认情况下是超级用户。运行命令前系统会要求用户输入目标用户密码。
参数说明：
-b   后台运行命令，运行后立即返回提示符，而不是等待其运行结束后返回提示符
-H   使用目标用户的主目录
-u{用户名|用户 ID}   指定目标用户，默认为超级用户

3. login
语法：login [-p] { [用户名] [ENV=VAR]… | [-h 主机名] [-f 用户名] }
说明：启动一个用户会话。该命令要求超级用户才能运行。
参数说明：
-p   保留当前的环境变量设置
-h   设定登录主机
-f   设定登录用户

2.4.2 用户信息修改

用户信息修改主要介绍修改用户的密码。在 Linux 中使用 passwd 命令对用户的密码进行管理。

passwd
语法：passwd [参数] [用户名]
说明：该命令可以完成对用户的管理，密码修改等操作。
参数说明：
-a   查看所有用户的密码状态
-d   删除指定用户的密码
-l   锁定指定的用户
-u   解除指定用户的锁定
-wn   设定 n 为密码过期警告的天数

2.4.3 关闭系统

关闭系统的相关命令用来关闭当前系统对话，结束系统的任务。常用的关闭系统命令有很多，这里简要的介绍几种。
exit   退出当前终端会话，关闭终端控制台
reboot   退出当前终端会话，系统进入关机程序，关闭系统，然后重新启动系统

init 0　　　　　　　同上
shutdown　　　　　退出当前终端会话，系统进入关机程序，关闭系统，关闭计算机电源
halt　　　　　　　 同上
poweroff　　　　　 强行关闭系统，关闭计算机电源

2.5 获得帮助

Linux 系统中有一套比较完善的帮助系统，当需要对 Linux 命令进行进一步了解时，它们会起到很大的帮助作用。利用帮助信息，可以比较全面、详细地了解到 Linux 命令的具体用法。这些帮助信息也可以使读者能够在这本书的基础之上进一步学习 Linux。这里介绍几种常用获得帮助的方法。

2.5.1 获取简要帮助

当希望快速上手使用某些命令时，可以获得一些快速、简明扼要的帮助信息。几乎所有的 Linux 命令都配有这样的说明。根据不同的命令，获取这些信息的方法有所不同。但是它们都是大同小异的，通常是以下的一种或几种方法：

[命令] –h
[命令] -?
[命令] --help

当然，有些命令可能只是用了其中的一种。passwd 的帮助信息如图 2.21 所示。

2.5.2 获得详细帮助

Linux 中几乎所有的命令都配有一个详细的说明书，这些说明书可以通过以下几种命令的一种或几种来调阅：

man [命令]
info [命令]

当然，有些命令可能只是用了其中的一种。passwd 的详细帮助信息如图 2.22 所示。

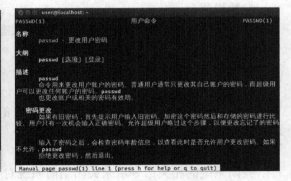

图 2.21　passwd 的简明帮助信息　　　　图 2.22　passwd 的详细帮助信息

使用 ↑ 和 ↓ 键上下卷动文档，使用 PgUp 键和 PgDn 键进行上下翻页。退出通常使用 Q

键。退出后，返回到终端控制台的命令提示符下。

2.6 变量、流、管道操作

变量、流、管道是 Linux 操作的一些元素，这些元素可以实现一些特殊的功能，它们可以组合命令以获得更加强大的功能。

变量是一种临时记录字符串的方式，仅仅在一次会话中有效，可以通过变量记录一些特殊含义的字符串。变量的应用，给 Linux 的终端控制台带来了可配置性，变量在第 4 章所介绍的脚本编程中有广泛的应用。

流是文件打开的一种形式，是文件在内存中的组织形式的一种抽象。此外，Linux 中终端控制台中使用标准输入流和标准输出流，来表示键盘输入和屏幕输出，实现操作的归一化。通过对流的重定位等操作实现文件的复杂读写操作。此外，Linux 中还提供一些对流的查看等操作命令。

管道是一种进程间通信的方式，用来在命令之间传递信息。管道的使用可以将多个命令组合形成功能复杂的命令。

2.6.1 变量赋值

变量的赋值可以给变量赋予新的字符串值，常用的命令为 export。

export

语法：export name=[value] …

说明：对变量名为 name 的变量赋以 value 的值，默认为空字符串。注意，“=”的两边没有空格。如果需要变量的值中包含空格，可以使用双引号“ " ”将值括起。

2.6.2 变量的使用

变量的使用可以根据变量名提取出变量的值。使用下面的方式可以读取变量 name 的值：

$(name)

这个字符串与 name 本身所对应的字符串是完全等效的。例如，假设变量 var 的值等于字符串“mypro.c”。那么下面两个命令是完全等同的：

rm $(var)

rm mypro.c

图 2.23 所示为 export 命令的一个实例，首先执行命令“export name=$(pwd)/tar3.tar”给变量 name 赋值，赋值为当前目录下的 tar3.tar 文件，然后执行命令“rm $name”删除该文件，命令执行完成之后，可以看到文件已被成功删除。

```
user@localhost:~/exper/exp2$ ls
greptest  p1.sh  p2.sh  p3.sh  p4.sh  p5.sh  tar3.tar
user@localhost:~/exper/exp2$ export name=$(pwd)/tar3.tar
user@localhost:~/exper/exp2$ rm $name
user@localhost:~/exper/exp2$ ls
greptest  p1.sh  p2.sh  p3.sh  p4.sh  p5.sh
user@localhost:~/exper/exp2$
```

图 2.23 export 命令实例

2.6.3 流输出

流输出用来完成将指定的内容输出到输出流中。输出流默认对应控制台的屏幕输出（也称做默认标准输出设备），它是可更改的，2.6.4 将介绍如何重定位输出流。常用的流输出命令有 cat、echo、sort、uniq、head、tail、wc，它们功能各有不同，完成指定的流输出任务。

1. cat

语法：cat [参数]… [文件]…

说明：将文件或标准输入设备的内容输出到标准输出设备，用来显示文件的内容。

参数说明：

-b   对所有非空行进行编号输出

-n   对所有行进行编号输出

-T   将所有的 Tab 显示成 "^I"

-s   对于连续出现的多个空行，仅输出一个空行

-E   在每行的结束位置输出 "$"

图 2.24 所示为 cat 命令的一个实例，执行命令 "cat –nE greptest" 输出 greptest 文件的内容，并对行进行编号，在行尾添加 "$" 符。

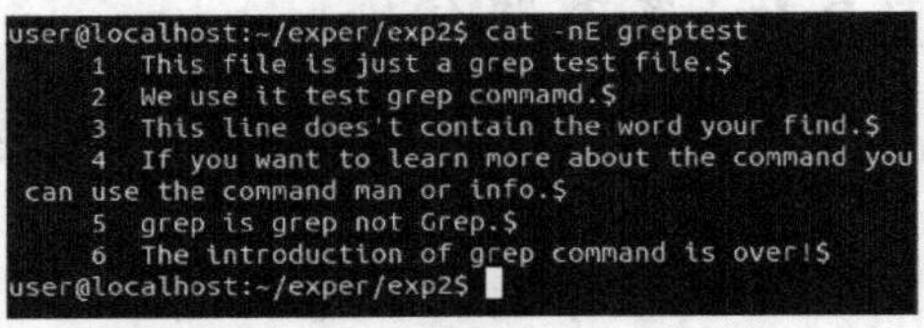

图 2.24 export 命令实例

2. echo

语法：echo [参数]… [字符串]…

说明：将单行文本输出到标准输出设备，用来查看变量的值。

参数说明：

-n   在输出的最后不输出换行符

-e   使用转义符

关于转义符的定义如下（仅列出相对常用的转义符）：

\0NNN   输出 ASCII 码为 NNN（八进制）的字符

\\   反斜行

\a   蜂鸣器

\b   退格键

\n   换行

\t   TAB

3. sort

语法：sort [参数]… [文件]…

说明：将文件的所有内容进行排序输出。

参数说明：

-b   排序时，忽略行首空白符

-g   按照通常的数字顺序排序

-M   按照英文大写月份排序

-n　　按照字符串数值进行排序
-R　　按照随机哈希值排序
-r　　倒序排序
-m　　合并已经排序的文件，并不排序
-o 文件　　将排序结果输出到“文件”，而非标准输出流
-u　　对于重复的行仅输出一次
-z　　输出结束后，输出“\0”字符，而不换行

图 2.25 所示为 sort 命令的一个实例，执行命令“sort –n greptest”对文件 greptest 中的行按字符串值顺序进行排序并输出，输出结果显示命令能够对文件中的行按照字符串值进行顺序排序。执行命令“sort –nr greptest”对文件 greptest 中的行按字符串值进行逆序排序并输出，输出结果显示命令能够对文件中的行按照字符串值进行逆序排序。

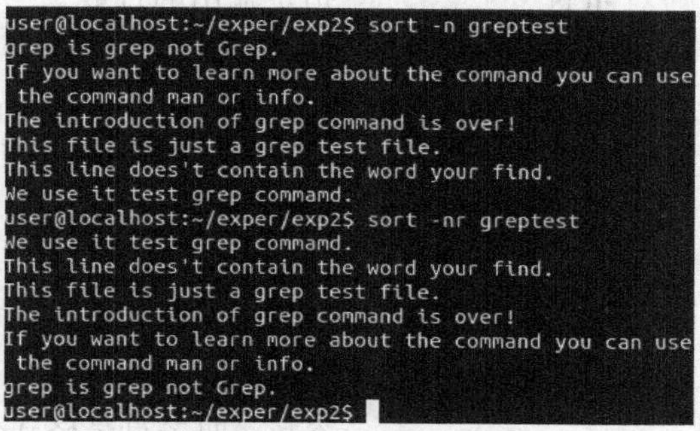

```
user@localhost:~/exper/exp2$ sort -n greptest
grep is grep not Grep.
If you want to learn more about the command you can use
 the command man or info.
The introduction of grep command is over!
This file is just a grep test file.
This line does't contain the word your find.
We use it test grep commamd.
user@localhost:~/exper/exp2$ sort -nr greptest
We use it test grep commamd.
This line does't contain the word your find.
This file is just a grep test file.
The introduction of grep command is over!
If you want to learn more about the command you can use
 the command man or info.
grep is grep not Grep.
user@localhost:~/exper/exp2$
```

图 2.25　sort 命令实例

4. uniq

语法：uniq [参数]…　[文件]…

说明：将文件或标准输入设备的内容输出到标准输出设备，但相邻的重复行仅输出一次。

参数说明：

-c　　在输出的行首加上相应行重复出现的次数
-d　　仅输出重复行
-u　　仅输出非重复行
-wN　　仅查看每行的前 N 个字符，即当前 N 个字符重复就认为是重复行
-z　　输出结束后，输出“\0”字符，而不换行

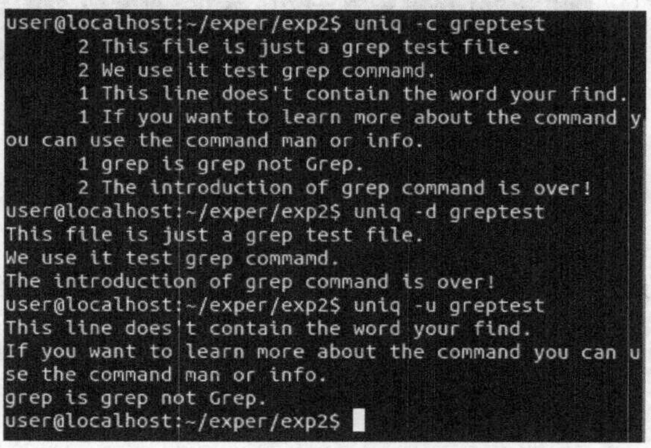

```
user@localhost:~/exper/exp2$ uniq -c greptest
      2 This file is just a grep test file.
      2 We use it test grep commamd.
      1 This line does't contain the word your find.
      1 If you want to learn more about the command y
ou can use the command man or info.
      1 grep is grep not Grep.
      2 The introduction of grep command is over!
user@localhost:~/exper/exp2$ uniq -d greptest
This file is just a grep test file.
We use it test grep commamd.
The introduction of grep command is over!
user@localhost:~/exper/exp2$ uniq -u greptest
This line does't contain the word your find.
If you want to learn more about the command you can u
se the command man or info.
grep is grep not Grep.
user@localhost:~/exper/exp2$
```

图 2.26　uniq 命令实例

图 2.26 所示为 uniq 命令的实例，执行命令“uniq –c greptest”统计文件 greptest 中内容相同的行数，并在输出行前添加相同行的次数。执行命令“uniq –d greptest”只输出文件 greptest 中重复行，输出结果与第一条命令输出结果比较，可以判断输出结果是对的。执行命令“uniq –u greptest”只输出文件 greptest 中不重复行，输出结果与第一条命令输出结果比较，可以判断输出结果是对的。

5. head

语法：head [参数]…　[文件]…

说明：将文件或标准输入的前几行输出到标准输出设备。

参数说明：

-c N　　　　　　指定输出的字节个数

-n N　　　　　　指定输出的行数

6. tail

语法：tail [参数]… [文件]…

说明：将文件或标准输入的后几行输出到标准输出设备。

参数说明：

-c N　　　　　　指定输出的字节个数

-n N　　　　　　指定输出的行数

7. wc

语法：wc [参数]… [文件]…

说明：对文件或标准输入中的数据进行统计。

参数说明：

-c　　　　　　统计字节个数

-m　　　　　　统计字符个数（字符和字节容易弄混，虽然这两者在 ASCII 字符集中所占的存储空间相同，但是它们并非同一个概念。字节用于计算数据容量，而字符是格式化文本的容量计算单位。在 Unicode 中 1 字符=2 字节，在 ISO 中 1 字符=4 字节。）

-l　　　　　　统计行数

-w　　　　　　统计单词个数

-L　　　　　　输出最长的行的长度

图 2.27 所示为 head、tail、wc 三条命令的实例，执行命令"head –n 3 greptest"输出文件 greptest 中前三行的内容。执行命令"tail –n 3 greptest"只输出文件 greptest 中最后三行的内容。执行命令"wc –lwcmL greptest"对文件 greptest 中的信息进行统计，数字 9 表示行数，72 表示单词个数，363 为字节个数，第二个 363 为字符个数，因为文件中只有英文字符，所以字节数与字符数相同，80 表示最长一行内容的字符个数。

```
user@localhost:~/exper/exp2$ head -n 3 greptest
This file is just a grep test file.
This file is just a grep test file.
We use it test grep commamd.
user@localhost:~/exper/exp2$ tail -n 3 greptest
grep is grep not Grep.
The introduction of grep command is over!
The introduction of grep command is over!
user@localhost:~/exper/exp2$ wc -lwcmL greptest
  9  72 363 363  80 greptest
user@localhost:~/exper/exp2$
```

图 2.27　head tail wc 命令实例

2.6.4　流的重定向

流的重定向主要将标准输出设备重定向到指定的位置，通常是一个文件。重定向的格式如下：

命令 > 文件

命令 >> 文件

这样可以将命令执行所产生的在标准设备上的输出，输出到文件中，而不是屏幕上。">"和">>"的区别在于：">"是将文件的原始内容删除，输出的内容输出到文件中；">>"保持文件的原始内容，并将输出的内容添加到文件的尾部。

图 2.28 所示为流重定向">"命令的实例，连续执行命令"cat greptest > liutest"两次，

可以看到文件 liutest 中的内容与 greptest 文件中的内容仍然相同，说明流重定向命令 ">" 会覆盖目标文件内容。图 2.29 所示为流重定向 ">>" 命令的实例，基于图 2.28 的测试结果，执行命令 "cat greptest >> liutest"，可以看到文件 liutest 中的内容发生了变化，greptest 文件的内容重复了一遍，说明流重定向命令 ">>" 会将源文件内容追加到目标文件尾部。

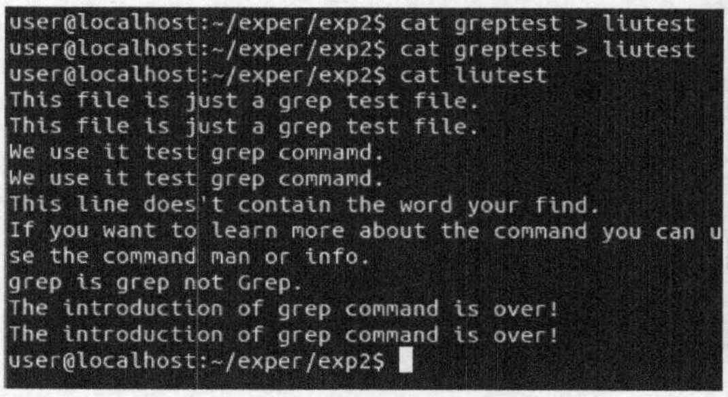

图 2.28 流 ">" 测试实例

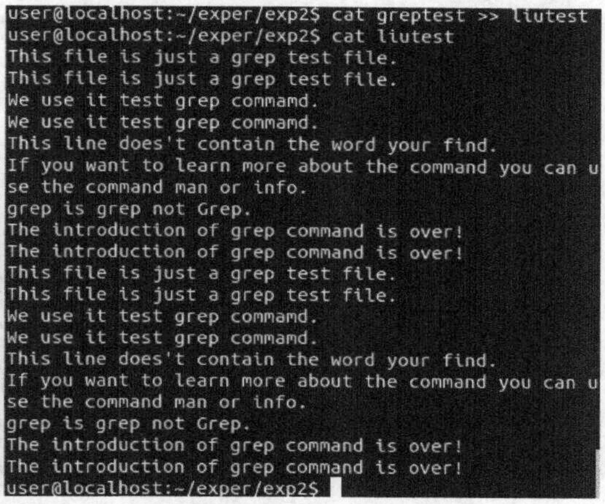

图 2.29 流 ">>" 测试实例

2.6.5 管道

管道是一种命令间交流数据的形式。它将前一命令执行所产生的输出发送到后一个命令中，后一个命令将其作为输入进行处理。管道的使用格式如下：

命令 1 | 命令 2 | … | 命令 n

例如，输出文件 greptest 中包含 grep 的所有行中最后的 3 行，可以使用如下命令完成：

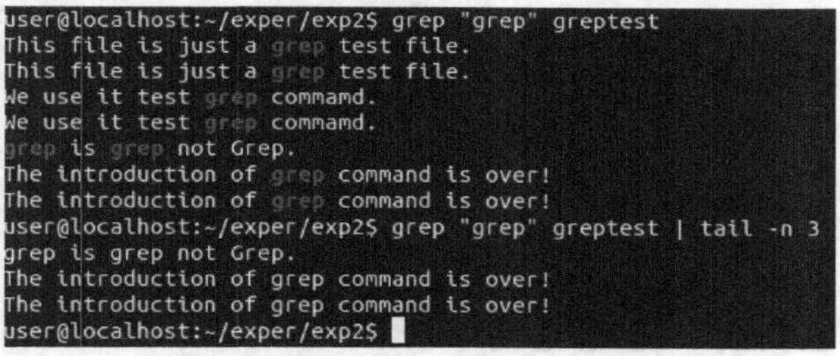

grep "grep" greptest | tail –n 3

图 2.30 管道测试实例

这里，命令 "grep "grep" greptest" 取出 greptest 中包含 grep 的所有行，然后交给 tail；"tail –n 3" 从中挑选出最后的 3 行进行输出。命令测试结果如图 2.30 所示，通过测试比较，可以判断命令执行结果是正确的。

2.7 进程操作

进程是 Linux 用户层的工作单元，也是 Linux 进行系统调度的单元。通过终端控制台的 Linux 命令可以对进程进行一些控制工作。这些控制主要包括进程信息的查看、向进程发送相应的信号控制进程以及进程状态的切换等。

2.7.1 进程查看

通过进程查看可以了解当前 Linux 中所有进程的运行状态和相关信息资料等。常用的进程查看命令为 ps。

ps

语法：ps [参数]…

说明：查看当前系统进程的信息。

参数说明：

-A 或 -e	输出所有进程的信息
-N	反向选中符合条件的进程，即不符合指定条件的进程被输出
-a	输出除会话主进程外的当前控制台进程
-e	输出除会话主进程外的所有进程
r	将输出数据的范围限制在正在运行的进程
-C 命令名	选择命令名为"命令名"的进程
-u 用户名	选择用户名为"用户名"的进程
-p 进程号	选择进程号为"进程号"的进程
-F	以完全格式输出
-M	输出安全数据信息
s	显示信号格式
v	显示内存模式
-H	显示进程之间的继承关系
c	显示真实的命令名
e	显示环境信息
-w	以加宽模式输出
-H	以进程的模式显示线程

2.7.2 发送信号

向进程发送信号，通知操作系统对进程进行相应的处理。此类命令主要是 kill。

kill

语法：kill { [{ -信号 |-s 信号}] 进程号 |-l [信号] }

说明：向进程发送信号。

信号说明：

表格 2-1 给出了可用信号的信息。

表 2-1 进程信号表

名 称	编 号	动 作	说 明
0	0	无	
ALRM	14	退出	
HUP	1	退出	
INT	2	退出	

续表

名称	编号	动作	说明
KILL	9	退出	该信号不会被阻塞
PIPE	13	退出	
POLL		退出	
PROF		退出	
TERM	15	退出	
USR1		退出	
USR2		退出	
VTALRM		退出	
STKFLT		退出	可能不会被执行
PWR		忽略	在某些系统上可能会引起退出
WINCH		忽略	
CHLD		忽略	
URG		忽略	
TSTP		停止	可能会与 shell 相互影响
TTIN		停止	可能会与 shell 相互影响
TTOU		停止	可能会与 shell 相互影响
STOP		停止	该信号不会被阻塞
CONT		重启	若停止，则继续；否则被忽略
ABRT	6	核心	
FPF	8	核心	
ILL	4	核心	
QUIT	3	核心	
SEGV	11	核心	
TRAP	5	核心	
SYS		核心	可能不会被执行
EMT		核心	可能不会被执行
BUS		核心	内核堆可能会失败
XCPU		核心	内核堆可能会失败
XFSZ		核心	内核堆可能会失败

参数说明：

-s 信号 或 –信号　　发送信号到指定的进程

-l 信号　　　　　　将信号数值翻译成信号名称

2.7.3　进程切换

进程运行的方式分为前台和后台，进程切换用来切换进程运行的方式。常用的命令有 bg 和 fg。

1. bg

语法：bg [进程号]…

说明：将进程调入后台运行。

2. fg

语法：fg [进程号]…

说明：将进程调到前台运行。

2.8 网络操作

网络操作命令包括网络的配置和状态查看等多种操作。

2.8.1 网络配置

网络配置命令主要在网络层对 Linux 的网络连接进行配置，常用的命令是 ifconfig。
ifconfig
语法：ifconfig [参数]…[接口] [操作]
说明：配置网络接口。
参数说明：
-a   显示所有可用的接口信息，包括未连接的接口
-s   显示短列表
-v   在发生错误的情况下显示更多的错误信息
接口说明：
接口通常由设备驱动的名称加上设备编号所组成。例如，eth0 表示计算机的第一个以太网接口。可以使用命令 "ifconfig –a" 来查看系统中的接口名称。
操作说明：
up   激活指定接口
down   关闭指定接口
[-]arp   开启/关闭 ARP 协议使能
netmask 地址   设置掩码
add 地址/掩码   添加 IPv6 网络地址信息
del 地址/掩码   删除 IPv6 网络地址信息
地址   设置 IP 网络地址信息

例如，网络接口 eth0 的 IP 地址为 192.168.0.2，24 位掩码，网关为 192.168.0.1，命令如下：
ifconfig eth0 192.168.0.2 255.255.255.0 192.168.0.1
图 2.31 所示为 ifconfig 命令的实例，执行命令 "ifconfig eth0" 查看当前 eth0 设备的网络地址信息，当前 IP 为 192.168.2.66，广播地址为 192.168.2.255，子网掩码为 255.255.255.0。然后更改 eth0 设备的网络地址信息。执行命令 "ifconfig eth0 192.168.2.62 netmask 255.255.255.0 broadcast 192.168.2.1" 将 IP 地址更改为 192.168.2.62，子网掩码不更改，广播地址更改为 192.168.2.1，命令执行后，查看 eth0 的最新信息，可以看出更改正确。

2.8.2 ping

ping 命令是常用网络命令，用来检测网络的连通状态。它采用 ICMP 协议。
ping
语法：ping [参数]… 目标地址

```
root@localhost:/home/dell# ifconfig eth0
eth0      Link encap:以太网  硬件地址 18:03:73:40:a8:b8
          inet 地址:192.168.2.66  广播:192.168.2.255  掩码:255.255.255.0
          inet6 地址: fe80::1a03:73ff:fe40:a8b8/64 Scope:Link
          UP BROADCAST RUNNING MULTICAST  MTU:1500  跃点数:1
          接收数据包:34705 错误:0 丢弃:0 过载:0 帧数:0
          发送数据包:7494 错误:0 丢弃:0 过载:0 载波:0
          碰撞:0 发送队列长度:1000
          接收字节:3363968 (3.3 MB)  发送字节:607653 (607.6 KB)
          中断:20 Memory:e1a00000-e1a20000

root@localhost:/home/dell# ifconfig eth0 192.168.2.62 netmask 255.255.255.0 broadcast 192.168.2.1
root@localhost:/home/dell# ifconfig eth0
eth0      Link encap:以太网  硬件地址 18:03:73:40:a8:b8
          inet 地址:192.168.2.62  广播:192.168.2.1  掩码:255.255.255.0
          inet6 地址: fe80::1a03:73ff:fe40:a8b8/64 Scope:Link
          UP BROADCAST RUNNING MULTICAST  MTU:1500  跃点数:1
          接收数据包:35206 错误:0 丢弃:0 过载:0 帧数:0
          发送数据包:7506 错误:0 丢弃:0 过载:0 载波:0
          碰撞:0 发送队列长度:1000
          接收字节:3416089 (3.4 MB)  发送字节:610681 (610.6 KB)
          中断:20 Memory:e1a00000-e1a20000

root@localhost:/home/dell# 
```

图 2.31　ifconfig 命令实例

说明：通过发送 ICMP 的 ECHO_REQUEST 报文，探测网络连通状态。默认情况下，将无限次的重复发送。

参数说明：

-b	目标地址允许是广播地址
-c N	设置发送的次数
-i 间隔	设置发送报文间的间隔，默认值为 1 秒
-n	仅适用数字输出
-q	不输出每次发送报文的结构，仅显示综合信息
-v	输出更多的信息

图 2.32 所示为 ping 命令的测试实例，执行命令“ping –c 4 192.168.2.130”向 192.168.2.130 发送 ping 测试，发送测试次数为 4 次。测试执行结果显示，4 次测试都成功。

```
root@localhost:/home/dell# ping -c 4 192.168.2.130
PING 192.168.2.130 (192.168.2.130) 56(84) bytes of data.
64 bytes from 192.168.2.130: icmp_seq=1 ttl=64 time=0.260 ms
64 bytes from 192.168.2.130: icmp_seq=2 ttl=64 time=0.469 ms
64 bytes from 192.168.2.130: icmp_seq=3 ttl=64 time=0.491 ms
64 bytes from 192.168.2.130: icmp_seq=4 ttl=64 time=0.590 ms

--- 192.168.2.130 ping statistics ---
4 packets transmitted, 4 received, 0% packet loss, time 2997ms
rtt min/avg/max/mdev = 0.260/0.452/0.590/0.121 ms
root@localhost:/home/dell# 
```

图 2.32　ping 命令实例

2.8.3　ARP

ARP 协议在局域网中起到网络层到数据链路层的转换作用，以便将 IP 报文转化成以太网的帧，并将其发送给邻近的网络接口。Linux 中，使用 arp 命令来维护系统中的 ARP 缓存，保障网络的正常运作。

arp

语法：arp [参数]… [IP 地址 MAC 地址]

说明：维护 ARP 缓存。
参数说明：
-a   查看 ARP 缓存列表
-d IP 地址   删除一条 ARP 信息
-s IP 地址 MAC 地址   添加一条 ARP 信息
-v   输出更多的信息

图 2.33 所示为 arp 命令的测试实例，执行命令"arp –a"查看当前 ARP 缓存列表信息，然后执行命令"arp –d 192.168.2.109"删除 192.168.2.109 对应的 ARP 信息，通过命令"arp -a"查看删除之后的 ARP 缓存信息，可以看出 192.168.2.109 对应的 ARP 信息被删除。执行命令"arp -s 192.168.2.109 a4:1f:72:53:07:7c"添加 192.168.2.109 对应的 ARP 信息，再次查看时，发现信息比删除之前多了一个字段 PERM，字段 PERM 表示该条 ARP 信息为静态 ARP 信息。

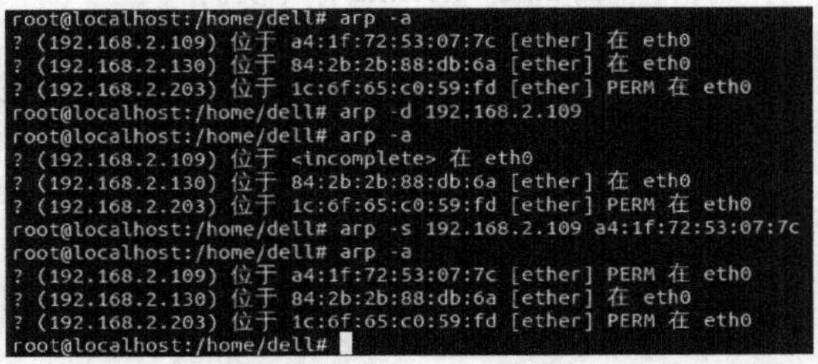

图 2.33　arp 命令实例

2.8.4　FTP

FTP 是文件传输协议的英文缩写，FTP 服务器主要提供远程文件下载服务。FTP 采用的控制台控制方式，接受用户输入的命令，接受用户上传文件，向用户提供需要的文件数据。在 Linux 中使用 ftp 命令登录到 FTP 服务器（当然，目前也有可视化的 FTP 服务器操作界面）。

ftp
语法：ftp [参数] IP 地址 [端口]
说明：FTP 远程服务器访问程序。
参数说明：
-i   在进行多文件传输是关闭提示符
-e   停止使用命令历史记录
-n   尝试自动登录

2.9　其他命令

2.9.1　日历

在 Linux 提示符下显示日历的命令为 cal。

cal

语法：cal [参数]… [[月份] 年份]

说明：显示指定月份的日历，默认为当前月份。

参数说明：

-3 　　　　　　显示指定月份的前一个月、指定月份、下一个月三个月的日历

-m 　　　　　　以"星期一"为星期的起始

-w 　　　　　　在每栏下面显示星期数

-y 　　　　　　显示指定年份所有月份的日历

图 2.34 所示为命令 cal 的测试实例，执行命令"cal -3"查看前一个月、当前月、后一个月的日历信息。

2.9.2 命令历史记录

通常 Linux 的 Shell 会记录用户输入的每一条命令，用户可以通过↑键和↓键方便地输入已经使用且需要重复使用的命令。在 Linux 中可以通过 history 命令查看这些历史命令。

history

语法：history [参数]

说明：显示输入过的所有命令。

参数说明：略。

图 2.34 cal 命令实例 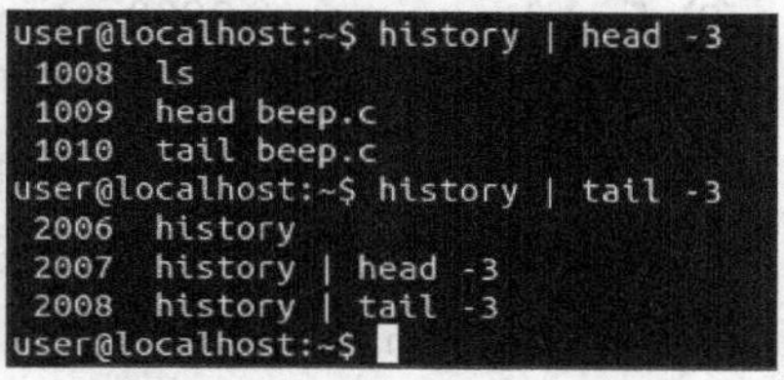　　　　　　　　图 2.35 history 命令实例

图 2.35 所示为 history 命令的实例，首先执行命令"history | head -3"查看最早的三条历史命令，然后执行命令"history | tail -3"查看最新的三条历史命令，根据查询结果显示可以判断命令执行结果是正确的。

2.9.3 后台操作

默认情况下，Linux 采用前台操作，所谓前台操作就是控制台在运行命令时需要等待一个命令执行完毕才返回到提示符。Linux 是多任务系统可以同时执行多个命令，同时运行多个命令需要在上一条命令未执行完毕的情况下就返回提示符。使用后台运行的方式，就可以在调用命令后，不需要等待命令执行结束，而直接返回到提示符，进行其他的操作。常用以下格式实现这一功能：

命令 &

这一功能在使用控制台启动一些图形界面程序时非常实用。图形界面的程序需要使用 X server 界面和用户交流，而不需要使用控制台，但控制台会一直等待应用程序的提出，

因此控制台非但没有得到充分的利用，而像假死一样的停在那里。使用后台操作是一种比较合理的方法，它可以在运行图形界面程序的同时，在控制台进行其他的操作。例如，可以利用后台执行，运行 gedit，一边编辑程序，一边在不退出 gedit 的情况下，编译调试程序。

2.10 思考与练习

根据本章所学知识，尝试完成以下问题。

（1）写出完成下列功能所需要的命令：

① 修改文件 a.c 的权限为：所有者，可读可写；其他人，只读。

② 删除当前目录下所有以 .o 结尾的文件。

③ 搜索在目录 tmp/src 及其子目录下所有以 yyl 开头的、5 天以上未被使用的文件，并将这些文件复制到 tmp/old 目录中。

④ 创建目录 tmp/src/aaa 目录，如果上级目录不存在，则依次创建上级目录。

⑤ 搜索目录 tmp/src 目录及其子目录下的 8 天以内使用过的文件中，包含 hello 的行，并显示在屏幕上。

（2）写出下列命令所完成的操作：

① chmod ug+w,o-w file1.txt file2.txt

② find /home -user fe2000 -atime +7 -exec rm -f {} \;

③ chmod 000 bak/*

（3）写出完成下列功能所需要的命令：

① 显示目录 /tmp 目录下最后三个文件的 ls 长格式信息。

② 显示变量名为 PATH 的值（PATH 记录了系统命令对应程序所在的位置）。

③ 找出文件 /etc/passwd 中包含 root 的所有行，并将这些行累加存储到文件 /home/yyl/rootpass 中。

④ 找出文件系统中所有名字为 myfile 的文件，并输出这些文件路径到 /root/test 文件中，此命令后台操作。

⑤ 后台启动 gedit，然后通过控制台将其强行关闭（需要两条命令）。

⑥ 查看当前系统中所有的线程，并以树状显示。

⑦ 配置 IP 地址信息：IP 为 192.168.2.3；掩码为 255.255.255.0；网关为 192.168.2.254。

⑧ 添加一条静态 ARP 信息：IP 地址：192.168.3.4；MAC 地址：12-34-56-78-9A-BC。

⑨ 显示 2015 年 7 月～9 月的月历。

（4）写出下列命令所完成的操作：

① export HELLO= "hello world"

② wc –w /home/yyl/MyPeom.txt > MyPeomCnt.txt

③ ps –a –e –s

④ arp –d 192.168.0.2

第 3 章　vi/vim 编辑器的使用

学习本章要达到的目标：
（1）了解关于 vi 的基本知识。
（2）熟悉 vi 的启动方法。
（3）掌握使用 vi 进行文件录入的方法。
（4）掌握 vi 操作的常用技巧。

3.1　vi 的介绍

vi 是一款在 UNIX 系统下使用的全屏幕文本编辑器。vi 有一位孪生兄弟，是 Vim，它是 vi 的兼容软件，但比 vi 的功能更加强大。在 Linux 下，使用的 vi 就是 Vim（当然，这是大部分的情况，并不排除意外）。

Vim 是具有强大的文本编辑能力的文本编辑器，作为 vi 的升级版本，随着大多数的 UNIX 系统分发。Vim 通常被誉为"程序员的编辑器"，包含了众多的方便编程工作而设置的功能，以至于很多人认为它更像一个 IDE（集成开发环境，当然它不是）。除了编程相关功能外，Vim 还提供了编辑文本文件的强大实用功能，可以用它方便地完成电子邮件、系统配置文件等的编辑工作。值得注意的是，Vim 不是一款文字处理软件，它只提供文本编辑功能，而非为打印而提供排版功能。

本章学习 vi 的基本操作。学习 vi 主要是为以后的实验打下一个良好的基础。vi 是未来进行编程实践的良好工具，利用好这个工具，可以使工作事半功倍。

3.2　vi 操作模式

vi 是一种以模式驱动的软件，vi 工作时包含三种模式：命令模式、底行模式和文本输入模式。命令将用户的按键解释为一个操作命令；底行模式用于处理那些带有参数的命令，这些命令常常被回显到底行；文本输入模式将用户按键解释为一个正常的文本输入，用户需要在这种模式下录入文件内容。

vi 启动以后初始状态为命令模式，该模式被人戏称为"嘟嘟模式"，因为在该模式下按下 Esc 键会发出"嘟嘟"的响声。在该模式下输入":"会切换到底行模式，在底行模式下，光标处于屏幕的最底行，用户在该行输入命令。在底行模式下按 Esc 键返回命令模式。在命令模式下输入 i、a、o 等命令会进入文本输入模式。文本输入模式分为插入模式和改写模式。插入模式下输入字符插入到光标所在位置，原光标位置及其后的所有字符均在后移。改写模式用输入的字符替换原光标所在的位置的字符。在文本输入模式下同样按 Esc 键返回命令模式。

3.3 vi 的命令

下面介绍 vi 操作中所需要的常用命令，由于篇幅有限，不能尽述其全，有兴趣的读者可以参考一些专门介绍 vi 的图书进行学习。下面将 vi 中的命令分成几种类别，分别加以介绍。

预先我们做一些约定：凡是本节中出现 n 或 m 的命令，若无特殊说明 n 或 m 表示数字；c 表示一个字符；str 表示一个字符串；file 表示文件名。

vi 中存在一些特殊字符表示行号，"."表示当前光标所在行，$表示末尾行，此外 vi 中还支持一些简单的表达式，如 ".+3" 表示当前行以下的第三行。

3.3.1 状态切换命令

i	切换到插入模式，在光标左侧输入正文
a	切换到插入模式，在光标右侧输入正文
o	切换到插入模式，在光标所在行的下一行增添新行
O	切换到插入模式，在光标所在行的上一行增添新行
I	切换到插入模式，在光标所在行的开头输入正文
A	切换到插入模式，在光标所在行的末尾输入正文
s	切换到改写模式，用输入的正文替换光标所指向的字符
cw	切换到改写模式，用输入的正文替换光标右侧的字符
cb	切换到改写模式，用输入的正文替换光标左侧的字符
cd	切换到改写模式，用输入的正文替换光标的所在行
c$	切换到改写模式，用输入的正文替换从光标开始到本行末尾的所有字符
c0	切换到改写模式，用输入的正文替换从本行开头到光标的所有字符

3.3.2 文件保存与退出

:q	在文件未作修改的情况下退出
:q!	强制退出，不保存对文件所做的修改
:wq	保存文件修改并退出
:w	保存文件
:w file	将正文内容保存到 file 中
:nw file	保存第 n 行到 file 中
:m,nw file	保存第 m 行至第 n 行到 file 中
:r file	读取 file 的内容输出到正文光标所在位置
:recover	恢复文件

3.3.3 光标移动

k	光标上移一行

j	光标下移一行
h	光标左移一个字符
l	光标右移一个字符
H	光标移到屏幕顶行
M	光标移到屏幕中间
L	光标移到屏幕底行
w	行内移动到下一个词的开头
e	行内移动到单词的结尾
b	行内移动到前一个单词的开头
0	移动到所在行行首
$	移动到所在行行尾
^	移动到所在行的一个非空字符
:n	光标跳转到第 n 行

3.3.4 编辑操作

rc	用 c 替换光标所指向的当前字符
x	删除光标所在处的字符
dw	删除光标右侧的一个单词
db	删除光标左侧的一个单词
dd	删除光标所在的行
p	将缓冲区的字符串粘贴到光标后面
P	将缓冲区的字符串粘贴到光标前面
yy	将当前行复制到缓冲区
nyy	复制 n 行到缓冲区

3.3.5 字符串搜索替换

/str	正向搜索字符串 str
:/str/	正向搜索字符串 str
?str	逆向搜索字符串 str
:?str?	逆向搜索字符串 str
:s/str1/str2/	用字符串 str2 替换行中首次出现的字符串 str1
:s/str1/str2/g	用字符串 str2 替换行中所有出现的字符串 str1
:m,n s/str1/str2/g	用字符串 str2 替换第 m 行到第 n 行中所有出现的字符串 str1

3.3.6 撤销与重做

u	撤销前一跳命令产生的结果

重做最后一条命令的操作

3.4 启动 vi 编辑器

vi 是基于命令行界面的全屏幕文本编辑器，需要在终端中使用 vi。首先打开终端，在提示符后输入 vi 按 Enter 键即可进入 vi 的主界面，如图 3.1 所示。

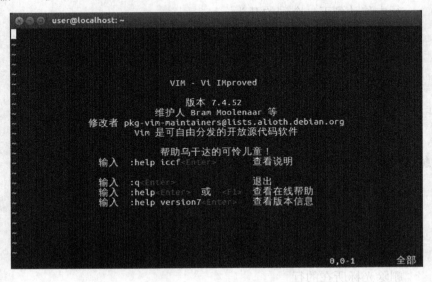

图 3.1 vi 的主界面

与其他的控制台命令一样，vi 提供了一些启动参数，可以使用下面的语法格式利用 vi 的启动参数控制 vi 的启动：

vi [参数] [文件名]

其中，文件名指定需要进行编辑的文件。在默认情况下若指定的文件存在，则打开该文件；若文件不存在，则新建空白文件。

对常用的启动参数介绍如下：

-b   以二进制模式显示
-d   打开多个文件，并显示文件之间的不同之处
-m   被修改后的文件不允许被写入硬盘
-M   禁止对文件进行修改
-e   以 ex（一种 UNIX 系统中常见的文本编辑器）的操作方式运行 vi

除此之外 vi 还包含其他的启动参数，在需要特殊启动方式的情况下，这些参数会起到重要的作用，有兴趣的读者可以他查阅相关资料进行了解。

3.5 使用 vi 进行文字录入

在终端下，使用以下命令进入实验目录"~/exper"，为本实验新建目录 exp3，并进入

该目录。

```
cd ~/exper
mkdir exp3
cd exp3
```

使用 vi 新建并打开文件 myvifile.txt。

```
vi myvifile.txt
```

vi 启动后默认处于命令模式，需要使用命令 a 或命令 i 进入文本输入模式，输入如下文本：

Is there enough oil beneath the Arctic National Wildlife Refuge (ANWR) to help secure America's energy future? President Bush certainly thinks so. He has argued that tapping ANWR's oil would help ease California's electricity crisis and provide a major boost to the country's energy independence. But no one knows for sure how much crude oil lies buried beneath the frozen earth with the last government survey, conducted in 1998, projecting output anywhere from 3 billion to 16 billion barrels.

The oil industry goes with the high end of the range, which could equal as much as 10% of U.S. consumption for as long as six years. By pumping more than 1 million barrels a day from the reserve for the next two three decades, lobbyists claim, the nation could cut back on imports equivalent to all shipments to the U.S. from Saudi Arabia. Sounds good. An oil boom would also mean a multibillion-dollar windfall in tax revenues, royalties and leasing fees for Alaska and the Federal Government. Best of all, advocates of drilling say, damage to the environment would be insignificant. "We've never had a document case of oil rig chasing deer out onto the pack ice." says Alaska State Representative Scott Organ.

Not so far, say environmentalists. Sticking to the low end of government estimates, the National Resources Defense Council says there may be no more than 3.2 billion barrels of economically recoverable oil in the coastal plain of ANWR, a drop in the bucket that would do virtually nothing to ease America's energy problems. And consumers would wait up to a decade to gain any benefits, because drilling could begin only after much bargaining over leases, environmental permits and regulatory review. As for ANWR's impact on the California power crisis, environmentalists point out that oil is responsible for only 1% of the Golden State's electricity output –and just 3% of the nation's.

3.6 使用 vi 修改文本

在命令模式下，使用命令 i 或命令 a 在三个段落前分别添加段落标号"1."、"2."和"3."。在每个段落后面添加一个空行，使每段之间有两行的空白行。

使用 dd 或 x 等命令删除空白行。

使用命令":1,$ s/Not/NOT/g"":1,$ s/not/NOT/g"将全文中的所有的"Not"或"not"替换成大写的"NOT"。

3.7 思考与练习

（1）vi 为什么要使用多模式切换的方式进行文本编辑操作。

（2）为什么称 vi 不是一个文字处理软件。

（3）选择一篇英文文章练习使用 vi 进行文本录入，并将文件保存到目录"~/exper/exp3"中。

（4）用 vi 建立一个文件，包括简要的个人信息，如姓名、E-mail、座右铭等，保存成"~/exper/exp3/myinfo.txt"。

（5）在任务（3）中完成文件的尾部添加 myinfo.txt 文件的内容。

第 4 章　Shell 程序设计

学习本章要达到的目标：
（1）学会使用 Shell 编程，能够编写 Shell 脚本程序。
（2）掌握 Shell 编程中用到的变量、流程控制语句、常用命令、特殊符号。
（3）基本学会使用 Shell 脚本函数。

4.1　Shell 编程简介

第 2 章对 Shell 做出了介绍。对于很多重复性的工作，如果一条一条输入命令的人工操作方式会让人感到头痛。人们希望有一种让多条命令自动按照预定方式执行的方法，并在执行的过程中根据不同的情况，自动选择不同的执行路径。Shell 提供了一种以脚本文件的方式来实现的方法，将所有需要执行的命令按照类似于编程的方法写到一个文件中，当需要使用时，只需运行这个文件即可完成指定的任务。Shell 脚本常用在系统启动、程序编译等需要执行重复执行大量命令的场合。

Shell 脚本文件的运行同可执行文件的使用方法相同，在命令提示符下输入文件的路径即可运行。注意，执行当前目录下的脚本文件需要使用 "./" 前缀，否则 Shell 会搜索 PATH 变量的路径，而非当前路径。

Shell 脚本可以使用参数，采用如下形式可以输入参数。多个参数执行采用空格键隔开。

scriptfilename param1 param2 …

4.2　系　统　变　量

第 2 章还介绍了变量的使用方法，在 Shell 编程中，可以使用一些表示特殊含义的系统变量，如表 4-1 所示。

表 4-1　Shell 系统变量

变 量 名	变 量 含 义
$n	第 n 个参数，$1 表示第一个参数，$2 表示第二个参数…
$#	命令行参数的个数
$0	当前运行的脚本文件名称
$?	Shell 运行的前一个命令的返回码
$*	以 ""($1) ($2) …" 形式的所有参数组成的字符串
$@	以 "($1)" "($2)" …形式的所有参数组成的字符串
$$	当前脚本程序的进程 ID（PID）
$!	Shell 运行的前一个命令的 PID

4.3 条件测试

条件测试可以判断脚本程序运行的状态，常用于条件分支，以便在不同的运行状态下执行不同的命令。条件测试常用如下的格式：

[param1 判断符号 param2]

或

[判断符号 param]

这里需要注意，使用时，在括号的两侧需要有一个空格。条件测试返回真与假，真与假使用整数表示，其中 0 表示真，非 0 表示假（这与通常写程序的习惯是相反的）。

4.3.1 文件状态测试

-b *filename*	判断文件 *filename* 是否为块设备，若文件不存在返回假
-c *filename*	判断文件 *filename* 是否为字符设备，若文件不存在返回假
-d *pathname*	判断路径 *pathname* 是否为目录，若路径不存在返回假
-e *pathname*	判断路径 *pathname* 是否存在
-f *filename*	判断文件 *filename* 是否为真会文件，若文件不存在返回假
-g *pathname*	判断路径 *pathname* 是否设置了 SGID 位，若路径不存在返回假
-h *filename*	判断文件 *filename* 是否为链接文件，若文件不存在返回假
-k *pathname*	判断路径 *pathname* 是否设置了"粘滞"位，若路径不存在返回假
-p *filename*	判断文件 *filename* 是否为管道文件，若文件不存在返回假
-r *pathname*	判断路径 *pathname* 是否为可读，若路径不存在返回假
-s *filename*	判断文件 *filename* 的尺寸是否大于 0，若文件不存在返回假
-S *filename*	判断文件 *filename* 是否是 Socket，文件不存在返回假
-u *pathname*	判断路径 *pathname* 是否设置了 SUID 位，若路径不存在返回假
-w *pathname*	判断路径 *pathname* 是否为可写，若路径不存在返回假
-x *pathname*	判断路径 *pathname* 是否为可执行，若路径不存在返回假
-O *pathname*	判断路径 *pathname* 是否为当前用户所拥有，若路径不存在返回假
-G *pathname*	判断路径 *pathname* 的用户组是否为当前用户所在组，若路径不存在返回假
file1 -nt *file2*	判断文件 *file1* 是否比文件 *file2* 新
file1 -ot *file2*	判断文件 *file1* 是否比文件 *file2* 旧

这里仅列出常用选项。

4.3.2 逻辑操作

param1 –a *param2*	逻辑与
param1 –o *param2*	逻辑或
! *param*	逻辑非

4.3.3 字符串测试

-z *string*	判断字符串 *string* 是否为空串，即长度为 0
-n *string*	判断字符串 *string* 是否为非空串
string1 = *string2*	判断字符串 *string1* 和 *string2* 是否相等
string1 != *string2*	判断字符串 *string1* 和 *string2* 是否不等
string1 < *string2*	按字符编码表排序，字符串 *string1* 是否在 *string2* 之前
string1 > *string2*	按字符编码表排序，字符串 *string1* 是否在 *string2* 之后

4.3.4 数值测试

val1 –eq *val2*	判断 *val1* 和 *val2* 的数值是否相等
val1 –ne *val2*	判断 *val1* 和 *val2* 的数值是否不等
val1 –lt *val2*	判断 *val1* 是否小于 *val2*
val1 –le *val2*	判断 *val1* 是否小于等于 *val2*
val1 –gt *val2*	判断 *val1* 是否大于 *val2*
val1 –ge *val2*	判断 *val1* 是否大于等于 *val2*

4.4 Shell 流程控制语句

流程控制包括条件执行、循环、分支执行。下面逐一说明。

4.4.1 if 语句

if 语句是用来完成条件执行的关键语句，它在脚本程序中完成"当某种情况下，执行某些命令，否则执行另外一些命令"的描述。具体的语法格式如下：

```
if … ; then
  ⋮
elif … ; then
  ⋮
else
  ⋮
fi
```

其中在 if 和 elif 后面的"…"是条件测试；"⋮"表示一个命令集合，是在相应情况下执行的命令，命令可以是一条也可以是多条。当 if 后面的条件满足时，执行第一个"⋮"处的命令，之后执行 fi 之后的命令。若 if 后面的条件未被满足，则判断 elif 出的条件测试。elif 可以有多组，也可没有，程序运行时，会从 if 起依次判断各个条件测试，直到寻找到成功的条件测试，执行其后的命令，然后转到 fi 之后的命令继续执行。若都不成功，则执行 else 后的指令。else 是可选的，在不存在 else 的 if 语句中，若所有的条件测试皆不成功，则不进行任何操作。

注意：一旦一个条件测试成功，则不再测试其后的条件测试，而是执行完相应的命令后直接退出。也就是说 if 语句中最多只有一组命令会被执行。

例如，判断运行脚本时是否提供了参数，若提供则输出参数个数；若未提供则输出"There is no parameter."。

```
if [ $# -gt 0 ] ; then
echo "There is $# parameter(s)."
else
echo "There is no parameter."
fi
```

4.4.2　case 语句

case 语句完成多分支的程序流程，根据所指定的字符串所匹配的情况不同执行不同的程序分支。具体的语法格式如下：

```
case str in
pattern) dosomething ;;
⋮
esac
```

其中，*str* 是待匹配的字符串，通常使用字符串变量，这样根据运行时字符串变量所赋予的不同的值就可以进入相应的分支了。*pattern* 是匹配的样式，采用正则表达式书写。*dosomething* 是一组命令，可由多个命令组成，也可由多行组成。它表示在字符串匹配了 *pattern* 后所要执行的一组命令。一个 case 语句中可以包含多个 *pattern* 和 *dosomething* 组合。

这里举一个例子。当变量 Country 为"China"时输出"Ni Hao."，为 Japan 时输出"Konnichiha."，为 England 时输出"Hello."，其他时输出"???."。

```
case "$Country" in
"China") echo "Ni Hao. " ;;
"Japan") echo "Konnichiha. " ;;
"England") echo "Hello. " ;;
*) echo "???. " ;;
esac
```

4.4.3　while 语句

while 语句用来实现 Shell 脚本程序的条件循环操作。while 循环又称为"当型循环"，即当程序满足 while 语句所指定的条件时进入循环体，直到当条件不满足时退出循环体结束循环。具体的语法格式如下：

```
while … ; do
⋮
done
```

其中，while 后面的"…"为条件测试，即所指定的条件。"："为循环体，即循环中所要执行的语句，循环体可以为多行。

while 存在一个变种语句——until。until 与 while 恰好相反，当不满足条件时进入循环体，指导条件满足后退出循环。它又被称为"直到型循环"。具体的语法格式如下：

```
until … ; do
    ⋮
done
```

其中，until 后面的"…"为条件测试，即所指定的条件。":"为循环体，即循环中所要执行的语句，循环体可以为多行。

例如，采用 Shell 编程的方式计算 1~100 的和。

```
i=0
sum=0
while [ $i -lt 100 ] ; do
    let i+=1
    let sum+=$i
done
echo "Sum is $sum"
```

4.4.4　for 语句

for 语句是一种计次循环。for 语句使用一个循环变量，该变量在每次循环的过程中遍历所以提供的字符串集合中的每一个字符串，遍历结束后退出循环。具体语法格式如下：

```
for var in str1 str2 … ; do
    ⋮
done
```

其中，var 是循环变量，"str1 str2 …"是字符串集合，运行循环的时候，首次循环 var 的值为 str1，第二次 var 的值为 str2……":"为循环体，即循环中所要执行的语句，循环体可以为多行。

这里举一个例子，打印所有用户运行 Shell 脚本时所输入的参数。

```
for $i in $* ; do
    echo $i
done
```

4.5　Shell 编程中的常用命令与符号

4.5.1　read 命令

read 命令接受用户的键盘输入为变量赋值，该命令可以实现 Shell 脚本程序与用户的交互。read 命令的语法：

read [参数] 变量名

常用的参数如下：

-t *timeout*　　　　　设定超时时间
-p *prompt*　　　　　设定提示信息，该提示信息将会显在光标前

4.5.2　select 命令

与 read 命令类似，select 命令同样实现了用户键盘输入变量，但是 select 命令预先设

定了一些字符串，用户仅能从指定的字符串中选择一个赋值给某个变量。select 命令用来实现选择菜单。具体语法格式如下：

```
select var in str1 str2 … ; do
break;
done
```

其中，*var* 是变量名；*str1 str2* …是备选选项。

4.5.3 大括号

大括号是一种强制的整体标识，可以让一个非整体的字符串强制解释成一个整体。例如：

```
{ cat abc.txt
echo "aaa"}
```

是被看作单个语句，而非两条语句。这种强制性的整体标识是非常有用的，如下面两段程序的对比：

```
[ $1 = '-n' ] && { echo "hello"
ls}
```

在这个例子中，只有第一个参数为"-n"的时候，才会输出 Hello 和当前目录的文件列表，如果不是"-n"则不会进行这两个操作中的任何一个。但是如果去掉了大括号，那么它的含义就完全变了。无论用户是否提供参数"-n"，程序都会打印当前目录的文件列表。

4.5.4 引号

引号在 Shell 编程中用来强制取消转义符号的作用，在 Shell 编程中可以使用单引号和双引号两种引号。

单引号可以取消所有的转义符号、通配符和分隔符，而双引号取消通配符和分隔符的转义，但对于变量依然进行转义。下面举例说明。

如果没有引号。直接输入 aaa bbb，在 Shell 下会被认为是两个字符串，如果使用这样的格式：

```
"aaa bbb"
'aaa bbb'
```

Shell 就会认为它们是一个字符串而非两个。如果不使用引号，可能将很困难或根本无法访问路径中含有空格的文件了。

假设在当前目录下存在两个文件，分别为 a.txt 和 b.txt，那么下面几个字符串：

```
*.txt
"*.txt"
'*.txt'
```

的值分别为"a.txt b.txt"、"*.txt"和"*.txt"。

假设变量"a"的值为"123"，那么字符串

```
12 $a
```

```
"12 $a"
'12 $a'
```

的值分别为 12 与 123 组成的字符串集合、"12 123" 和 "12 $a"。

4.5.5 注释

所有的编程语言都带有注释语句。注释语句在程序运行过程中并不被执行，它方便程序的编写者和阅读者更好地理解程序，理清编程思路。利用注释，可以使程序编写事半功倍。因此，注释可谓是"磨刀不误砍柴工"。

在 Shell 脚本程序中也可以插入注释语句。注释语句所在行的第一个字符必须为"#"，其后是注释的内容。

注释通常有两个作用：第一，用来对所写的代码做出解释；第二，调试时可以将暂不执行的命令前加上或去掉注释符"#"，来控制语句的运行与否，方便调试。

4.6 函　　数

函数在 C 语言有着广泛的应用。C 语言使用函数对程序进行模块化，每个函数完成一个单一功能，通过函数的调用与组合，完成整个程序所要完成的任务。在 Shell 编程中也可以使用函数。在 Shell 中函数被看成是一个小的脚本程序，仅在当前脚本内部进行调用。其具体的语法格式如下：

```
funname()
{
    :
}
```

其中，*funname* 是函数名；":"是函数体，其中包含多条命令。

函数的调用与调用命令的格式是完全一致的。函数不用声明参数的个数、类型、每个参数的名称。当函数需要读取参数，则采用$n 的形式。如果 n 大于参数的个数，则$n 返回空字符串。

4.7 应用实例训练

完成两个程序的编写。

例如，需要完成一个程序，用户输入百分制的分数，之后返回 A~E 的等级。其中，A 等级为 90~100 分，B 等级为 80~89 分，C 等级为 70~79 分，D 等级为 60~69 分，E 等级为 0~59 分。

首先，按照前几次实验的方法启动"终端"。使用如下命令建立实验目录，并进入该目录。

```
mkdir ~/exper/exp4
cd ~/exper/exp4
```

打开 vi，编辑第一个程序，程序文件名为 p1.sh。使用命令如下。

```
vi p1.sh
```

输入程序，程序列表如下：

```
needquit=0
while [ $needquit -eq 0 ]
do
    echo "Please input the score"
    read score
    case $score in
        100|9[0-9]) echo "Very Good";;
        8[0-9]) echo "Good";;
        7[0-9]) echo "Middle";;
        6[0-9]) echo "Pass";;
        [1-5][0-9]) echo "Failure";;
        quit|q) echo "Quit"
            needquit=1;;
        *) echo "Wrong Input!";;
    esac
    echo ""
done
```

保存文件并退出 vi 编辑器。修改文件属性，使该 Shell 脚本文件可以执行。在命令提示符下，输入以下命令运行 Shell 脚本程序。

```
chmod u+x p1.sh
./p1.sh
```

运行结果如图 4.1 所示。

又如，完成一个文件操作，根据用户指定的目录，删除其中所有文件名以 .c 结尾的文件，若这些文件删除后目录中没有其他的文件，则将该目录也一并删除。

打开 vi，编辑第一个程序，程序文件名为 p2.sh。使用命令如下。

```
vi p2.sh
```

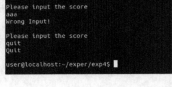

图 4.1　第一个程序的运行结果

输入程序，程序列表如下：

```
for i in $* ; do
    find "$i" -name "*.c" -exec rm -r -f {} \;
    [ -z "`ls $i`" ] && {
        rmdir "$i"
        echo "Delete Directory $i"
    }
Done
```

保存文件并退出 vi 编辑器。修改文件属性，使该 Shell 脚本文件可以执行。p2.sh 脚本的第三行为判断目录是否为空，其中"`"为"~"的英文字符。

```
chmod u+x p2.sh
```

在运行程序检验所编写的程序之前，需要先做一些准备工作。首先建立两个目录，分别命名为 aa 和 bb。在目录 aa 下建立两个文件，分别为 aaa.c 和 aab.c，两个文件的内容随意。在目录 bb 下建立两个文件，分别为 bba.c 和 bbb.txt，两个文件的内容随意。如果程序运行正确，则在运行后，目录 aa 将被删除，而目录 bb 依然保留，但其中只剩下文件 bbb.txt，并且屏幕输出 Delete Directorycd aa。

在命令提示符下，输入以下命令运行 Shell 脚本程序。

```
./p2.sh
```

运行结果如图 4.2 所示。

图 4.2 第二个程序的运行结果

4.8 思考与练习

思考 Shell 编程与 Shell 命令之间的关系。

阅读资料，了解 Shell 启动的流程，体会 Shell 脚本程序在 Shell 启动过程中的作用。

用 Shell 编程的形式完成下列程序：

（1）输出用户通过命令行参数形式提供的多个整数的平均数。具体调用格式如下：

```
$ ./avg 12 34 56 78
Average : 45
```

（2）文件备份。备份用户指定的文件，将文件备份到目录"*文件名_backup*"中（若目录不存在则自动建立），备份文件的文件名格式为"*文件名_bak_年月日_时分秒*"。

（3）将用户提供的二进制数转化为十进制数。（选作）具体的调用格式如下：

```
$ ./bin2dec 1001
1001(b) = 9(d)
$ ./bin2dec 222
222 is not a valuable binary number.
```

第 5 章 GCC 的安装

学习本章要达到的目标
（1）对 GCC 有一定的了解。
（2）学会使用 GCC 源代码来安装 GCC 的方法。
（3）掌握 Linux 下软件安装的基本流程。

5.1 GCC 简介

GCC 是整个 GNU 项目中的一个重要组成部分，它的全称是 the GNU Compiler Collection，即 GNU 编译工具集合，其标志如图 5.1 所示。GCC 包括了预编译（cpp）、编译（gcc），它与生成（make）、连接（ld）、调试（gdb）等多个编译过程的常用工具组成了 GNU 开发工具链。

GCC 最早的正式版本 1.0 于 1987 年 5 月 23 日发布，历经二十余年的发展，GCC 已经成为了一款功能强大的世界级优秀编译工具。GCC 支持多种语言的编译，包括 C 语言、C++、Ada、Fortran、Java 等，并且包含这些语言相应的开发支持库。GCC 具有较高的代码编译质量，这一点为计算机软件开发人员所称道。GCC 编译生成的可执行文件，与微软等其他软件公司出品的编译器相比较，具有代码长度短、执行效率高等特点。GCC 还具有较强的灵活性和高度的可移植性，只要在安装时做出简单的设置或对源代码进行少量的修改，就可以使

图 5.1 GCC 标志

GCC 完成在不同指令系统间的交叉编译，为嵌入式设备的软件开发提供了极大的便利。此外，GCC 的灵活性也方便了 GCC 和其他软件或协议的对接。嵌入式开发工具 Embest IDE、苹果公司的 Xcode 开发工具等许多集成开发环境，都采用了 GCC 作为底层支持环境。GCC 支持 OpenMP 并行程序接口。

GCC 的最新版本 4.9.2，于 2014 年 10 月 30 日发布。

5.2 解压缩工具 tar

tar 是 GNU 项目中的一个工具，用来将多个文件打包成一个归档文件。

在 GNU 环境下的软件是由多个文件组成的，这个特点给软件在互联网上的传播造成了麻烦。因为，这样用户若想使用一个软件就不得不分别下载软件中的每个小文件，这样不仅费时费力，而且用户还容易将它们放错位置导致软件无法运行。使用 tar 工具就可轻松地解决这个问题。开发人员将开发的软件打包成一个文件，然后上传到互联网上。用户

下载软件包文件，解包后进行简单的安装就可以正常使用了。为了缩短网络传输时间，通常在打包的同时还要对文件进行压缩。tar 支持多种压缩格式，常用的压缩格式有 gzip 和 bzip2 两种。后者拥有更高的压缩比。从扩展名上可以分辨压缩文件的类型："tar.gz"表示用 gzip 压缩格式压缩的文件，".tar.bz2"表示用 bzip2 压缩格式压缩的文件。

tar 同其他的 Linux 命令类似，其语法格式如下：

tar [参数]… [文件]…

参数说明：

参数	说明
-c	创建一个新的归档文件
-r	向归档文件中添加文件
-t	列出归档文件的内容
-x	从归档文件中提取文件，是创建文件的逆过程
-S	有效处理稀疏文件
-O	提取文件到标准输出
-f	使用指定的目标文件或设备
-a	根据文件的后缀自动选择解压缩工具
-j	使用 bzip2 压缩/解压缩文件
-z	使用 gzip 压缩/解压缩文件
-v	打印正在操作的文件的文件名

通常，在对软件包的归档文件进行解包时，用到 xzvf（针对 gzip 压缩文件）和 xjvf（针对 bzip2 压缩文件）两种参数组合。

5.3 在 Linux 下使用源代码安装软件的基本步骤

在 GNU 环境下，所有的软件都具有高度的可移植性。为了保证这种可移植性，Linux 下几乎所有的软件都采用源代码的形式进行发布，这也充分地体现了自由软件的精神。采用源代码形式发布软件的安装过程同 Windows 下的软件安装有着较大的区别。安装过程大体上分为以下几个步骤。

（1）将软件包的归档文件解压缩到一个目录下，以便进行下面的操作。

（2）用户需要对源代码进行配置。配置是对源代码本地化的过程，这一步是为编译软件做准备。配置通常包括设置安装路径、设置目标环境（指定编译器）、设置软件的功能（常用在嵌入式软件安装中，又称软件裁减）等工作。配置通常使用软件开发人员事先通过软件开发工具生成的配置工具来进行，这个工具通常是在源代码所在目录下，命名为 configure 的可执行文件。该文件携带大量开关参数，用户通过这些开关参数进行配置。一些较为友好的软件开发者会提供一些如文本菜单、图形界面等交互方式的配置工具。经过配置会生成一个"Makefile"文件，它记录了配置的细节和对应的软件编译流程。

（3）进行编译。编译通常使用 make 工具完成，make 工具是 GNU 环境中用来管理源代码工程的工具。它根据当前目录下的 Makefile 文件的内容进行编译。关于 Makefile 文件，将在第 6 章进行较为详细的阐述。

（4）进行安装。安装在 Linux 下其实仅仅是一个简单复制的过程。经过编译，源代码和可执行文件是混合放在安装目录下的。通过安装，将可执行文件和相应的库文件等复制到目标目录，并建立相对应的链接文件以方便访问。这些过程也是通过 make 工具完成的，常使用的命令是 make install。

下面开始一步步地完成 GCC 的安装。

5.4　获得 GCC 软件包

GCC 是自由软件，可以从互联网上下载，它的大小在 50～120M 之间。首先访问 GCC 的首页。打开"Firefox 网络浏览器"，在地址栏中输入 gcc.gnu.org，按 Enter 键，出现 GCC 的首页，如图 5.2 所示。

图 5.2　GCC 首页

单击右侧 Download 下的 Mirror Sites，跳转到下载镜像服务器列表页面，如图 5.3 所示。

图 5.3　GCC 下载镜像服务器列表

在列表中任选一个网站。通常从任何一个站点都可以下载到 GCC 的源代码，但考虑到网络速度，建议选择一个访问速度最快的网站。这里以 GNU FTP server and its mirrors 为例进行说明。单击进入该服务器的文件列表，如图 5.4 所示。在图 5.4 中找到 China 服务器的列表，选择一个进入即可，在此选择 ftp://mirrors.usts.edu.cn/gnu/，单击进入页面，如图 5.5 所示。

图 5.4　GCC 镜像站点列表　　　　　　　图 5.5　GNU 软件列表

在 GNU 软件目录列表中，找到需要的 GCC，单击进入 gcc 列表文件夹，进入如图 5.6 所示的页面，可以看到页面中列出了很多不同版本的 GCC。这里选择下载最新版本，单击 gcc-4.9.2 进入目录，出现如图 5.7 所示的页面。可以看到，GCC 4.9.2 的文件列表中的 gcc-4.9.2.tar.bz2 和 gcc-4.9.2.tar.gz 都是 GCC 的完整源代码文件包，它们的区别仅仅是压缩格式不同。按照个人喜好选择它，当然为了下载能够快一些，这里推荐使用体积较小的前者，它的体积是 89.9M。单击该文件会出现下载提示。选择"保存文件"，然后单击"确定"按钮，如图 5.8 所示。

图 5.6　GCC 软件列表　　　　　　　图 5.7　GCC 4.9.2 软件列表

下载完毕后，可以在桌面上找到该文件。但该文件放在桌面上使用起来不够方便，需要把它复制到/tmp 文件夹中。选择启动器上面的"主文件夹"打开一个新的窗口，然后点击右方列表中的"计算机"，可以看到根目录下面的所有文件夹。进入/tmp 目录，然后通过拖曳的方式将文件移动或复制到该目录下，如图 5.9 所示。

图 5.8　GCC 的下载提示

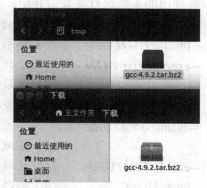

图 5.9　GCC 下载完毕，将它复制到"/tmp"

5.5　解压缩软件包

现在，需要建立安装环境，所谓安装环境就是一个目录，用来存放安装过程中产生的一系列文件。

首先，启动"终端"。使用如下命令建立并进入目录。

```
mkdir ~/exper/exp5
cd ~/exper/exp5
```

利用这个目录作为工作环境，然后使用 tar 命令解压缩 GCC 源代码包的归档文件。

```
tar -vxjf /tmp/gcc-4.9.2.tar.bz2
```

如果下载的是 gzip 格式的压缩文件，使用下面的命令。

```
tar -vxzf /tmp/gcc-4.9.2.tar.gz
```

解压缩会持续几分钟的时间。解压缩完毕以后，在当前目录下会生成一个新的名为 gcc-4.9.2 的目录，如图 5.10 所示。

图 5.10　GCC 软件包解压缩完毕

5.6　对源文件进行配置

这是一步重要的工作，它决定要将 GCC 编译成一个什么样的 GCC。配置前，为了使源代码文件所在的目录在安装过程中保持整洁，需要新建一个用来存放编译结果的目录。

```
mkdir gcc-build
cd gcc-build
```

之后进行配置。配置源文件需要使用 gcc-4.9.2 目录下的 **configure** 工具。首先，对配置中可使用的参数进行简要的介绍：

-h　　　　　　　　　　显示帮助信息
--prefix=*PATH*　　　　安装体系结构独立文件的目标路径，默认路径为/usr/local
--exec-prefix=*PATH*
　　　　　　　　　　　安装体系结果非独立文件的目标路径，默认路径与独立文件的目标路径相同
--disable-*FEATURE*
　　　　　　　　　　　禁止某项功能
--enable-*FEATURE*　　打开某项功能
--host=*HOST*　　　　　指定编译器运行的主机环境（常用于交叉编译）

--target=*TARGET* 指定编译器目标的指令系统（常用于交叉编译）

--enable-languages=*LANGS*

设定 GCC 支持的语言，若不设置，则安装所有语言

此外还有其他的一些参数，感兴趣的读者可以自行查阅帮助信息。根据常用的情况，使用下面的命令对 GCC 进行配置。"-disable-multilib"当前系统是 64 位系统，所以需要选择，视不同情况而定。

```
../gcc-4.9.2/configure --prefix=/usr/local/gcc-4.9.2 --disable-multilib
--with-gmp=/usr/local/gmp-5.0 --with-mpfr=/usr/local/mpfr-3.0.0 --with-
mpc=/usr/local/mpc-1.0.2
```

这里设定目标路径主要目的是防止新安装的 GCC 和系统中现有的 GCC 所冲突。当出现如图 5.11 所示的界面时，且没有报告任何错误信息，表明配置已经顺利结束。这时发现新建的目录下会多出一些文件，最主要的文件是 Makefile 文件。所有的安装过程几乎都需要这个文件来调度。

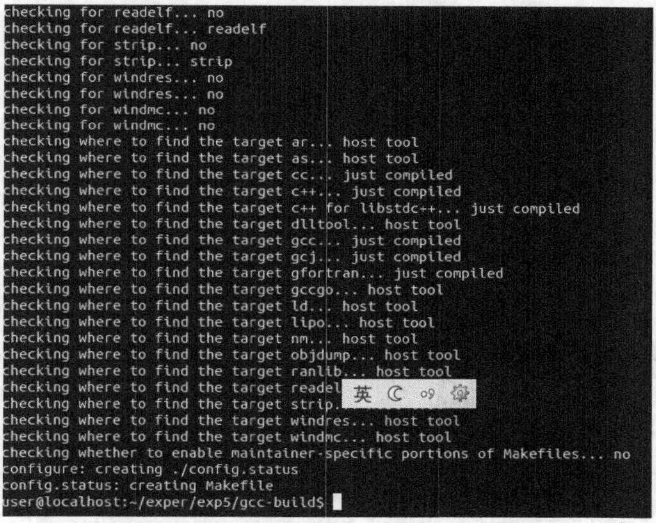

图 5.11 GCC 配置成功

在配置过程中，控制台会提示需要额外安装 M4、GMP、MPFR、MPC 软件包。首先需要安装 M4 软件包，在软件中心中搜索 M4，然后单击"安装"按钮即可，如图 5.12 所示。

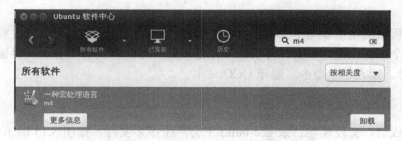

图 5.12 Ubuntu 软件中心搜索并安装 M4 软件包

M4 安装完成之后，参考图 5.5 所示的页面分别下载 GMP、MPFR、MPC 的软件包，链接地址为 ftp://mirrors.ustc.edu.cn/gnu/。选择下载 gmp-5.0、mpfr-3.0.0、mpc-1.0.2 等软件包，下载结果如图 5.13 所示，然后参考 GCC 编译的步骤分别执行下面命令，进行编译安装，安装结果如图 5.14 所示。

安装 GMP：

```
./gmp-5.0.0/configure --prefix=/usr/local/gmp-5.0
make
sudo make install
```

安装 MPFR：

```
./mpfr-3.0.0/configure --prefix=/usr/local/mpfr-3.0.0 --with-gmp=/usr/local/gmp-5.0
make
sudo make install
```

安装 MPC：

```
./mpc-1.0.2/configure --prefix=/usr/local/mpc-1.0.2 --with-gmp=/usr/local/gmp-5.0 --with-mpfr=/usr/local/mpfr-3.0.0
make
sudo make install
```

图 5.13　相关软件包下载结果　　　　图 5.14　相关软件安装结果

5.7　编译 GCC

这个过程虽然用户参与十分简单，但是却是一个漫长的过程，一般来说整个编译过程需要持续一个小时以上，如果计算机性能不是很好，可能时间需要更长（要做好 4 个小时以上的准备）。输入如下命令，编译 GCC。

```
make
```

编译完成后，会发现在目录 gcc-build 下会产生很多文件，如图 5.15 所示。

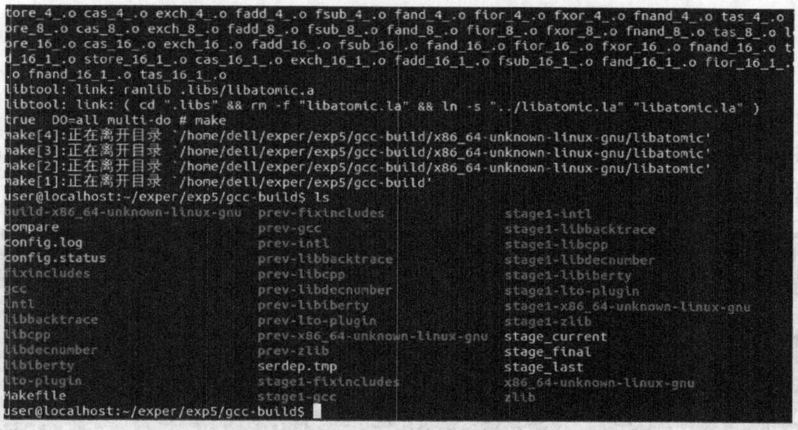

图 5.15　GCC 编译成功

5.8　安装 GCC

实际上，当完成了编译 GCC 时，已经可以使用 GCC 了。但是，经过编译操作的 gcc-build 目录中存在很多编译产生的中间文件，这对于使用 GCC 来说比较困难。因此，将编译好的 GCC 按照配置时设定的方式复制到安装目录会方便使用。

安装的方法很简单，依然采用 make 命令。由于需要在系统使用的目录下建立目录、复制文件，所以需要切换到根用户。整个安装过程会持续几分钟。

```
su
你的密码
make install
```

安装完成后，可以看到目录/usr/local/gcc-4.9.2 下出现了 GCC 安装后的文件结构，如图 5.16 所示。其中，目录 bin 中存放了 GCC 的可执行文件，即命令；lib 中存放编译好的库文件；include 中存放软件开发所用到的头文件。

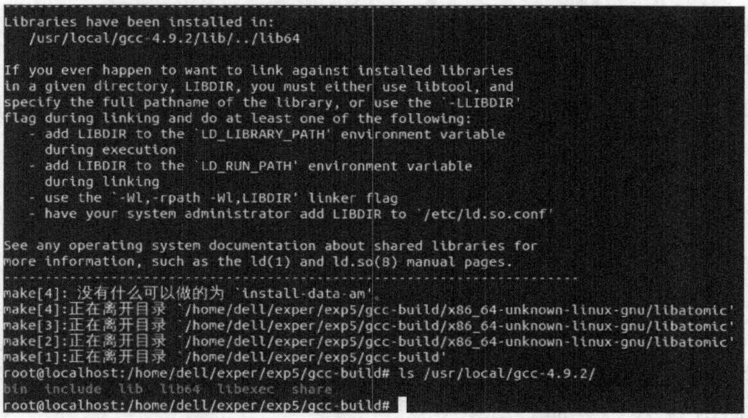

图 5.16　GCC 安装成功

5.9 测试 GCC 安装结果

首先，进入目录/usr/local/gcc-4.9.2/bin，这里可以找到命令 gcc。输入"./gcc"和"./gcc -v"，如果出现如图 5.17 所示的情况，说明 GCC 可以正常工作。

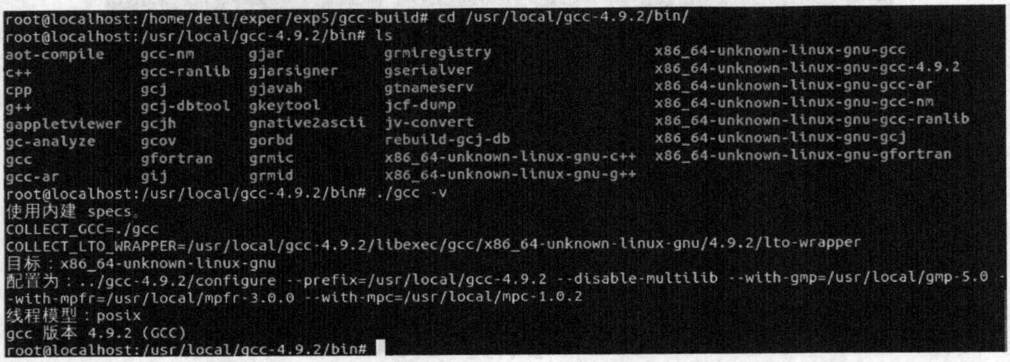

图 5.17 初步检查 GCC

由于 GCC 并不在系统的查找目录（即变量"PATH"所指定的目录，这些目录用来存放 Shell 命令）中，因此每次使用都需要输入新的 GCC 的完整路径。

有两种办法解决上面的问题：（1）可以将目录/usr/local/gcc-4.9.2/bin 添加到环境变量 PATH 中，使用如下的命令。但是这有一个缺点，就是你系统中原来的 GCC 和新的 GCC 的命令名称是相同的，会引起混淆，因此并不建议这样做。

```
export PATH=$(PATH):/usr/local/gcc-4.9.2/bin
```

建立连接，在目录/usr/local/bin 或变量 PATH 所指定的其他目录中建立一个指向这些新的 GCC 命令的连接文件。

```
cd /usr/local/bin
ln -s /usr/local/gcc-4.9.2/bin/gcc gcc4.9
ln -s /usr/local/gcc-4.9.2/bin/g++ g++4.9
ln -s /usr/local/gcc-4.9.2/bin/gcj gcj4.9
```

建立好连接以后，可以通过如下几个命令查看是否建立成功。建立成功后的界面如图 5.18 所示。

```
ls *4.9
ls -l *4.9
gcc4.9
```

上面只是从表面上查看所安装的 GCC 是否能够被访问。下面需要编写一个简单的 C 语言程序，测试它是否能够正常的编译。使用 su 命令回到普通用户状态，使用 cd 命令回到实验目录，使用 vi 建立文件 test.c。

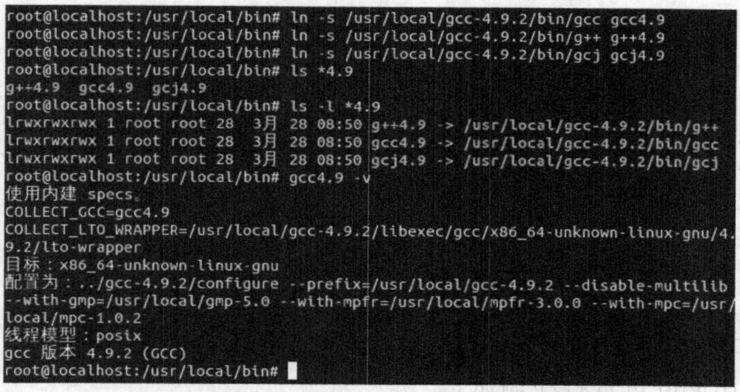

图 5.18 为 GCC 建立访问链接

```
exit
cd ~/exper/exp5
vi test.c
```

编写一个简单的 Hello World 程序，该程序在终端中输出 "Hello World!"。程序如下：

```
#include <stdio.h>
int main()
{
    printf("Hello World!\n");
    return 0;
}
```

保存文件，退出 vi。然后使用如下命令编译该程序并执行。

```
gcc4.9 test.c -o test
./test
```

程序正常运行，终端输出 "Hello World!"，如图 5.19 所示。

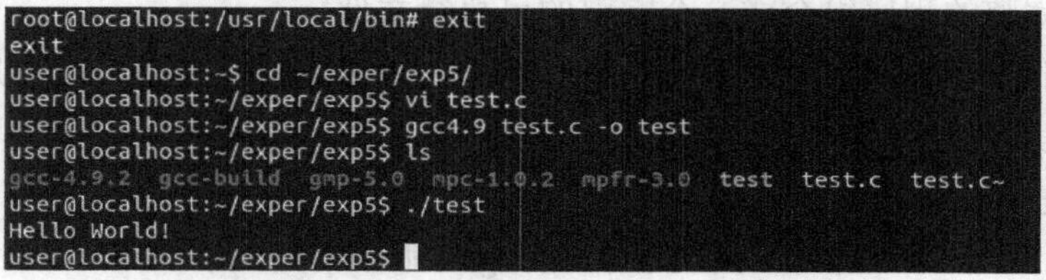

图 5.19 GCC 成功编译 "Hello World" 程序

5.10 思考与练习

（1）为什么 Linux 下的软件大部分采用源代码的形式发布。
（2）Linux 下的软件安装与 Windows 有何区别。
（3）为什么要将 GCC 的目标路径设定在目录/usr/local/gcc-4.9.2？
（4）尝试使用源代码安装其他 Linux 软件包，如 ld 和 gdb。

第 6 章　GNU 开发工具链的使用

学习本章要达到的目标：
（1）学会使用 gdb 进行程序调试。
（2）学会使用 make 工具管理多文件 C 语言程序。
（3）掌握 Linux 下应用程序开发的基本流程。

6.1　gcc 命令的使用

通过第 5 章，读者对 GCC 有了一个比较初步的认识，本章将深入地了解 gcc 命令的使用方法。在第 5 章中，使用 gcc 命令编译了一个"Hello World"程序。那是一个比较简单的例子。gcc 命令所能提供的编译功能远不止这些。

在介绍 gcc 命令的使用方法之前，先来回顾 C 语言程序的编译过程。一个 C 语言程序的编写需要经过编辑、预处理、编译、链接。编辑，指程序员通过文本编辑软件录入 C 语言程序；预处理，指系统进行相应的头文件加载和宏展开等工作，这一步仅仅是对源文件的文本信息处理，并没有对源文件进行编译，而是对源文件进行编译前的准备、整理；编译，是计算机将 C 语言程序转化为对应的计算机机器码，生成二进制文件；链接，体现了 C 语言良好的模块化特性，C 语言程序可以由多个文件构成，在编译时各个文件独立处理，需要用到其他文件的地方，编译器会进行特殊的标记，称这些标记为空穴，正是因为这些空穴的存在，所以编译后的二进制代码是不可运行的，因为它们并不是完整的程序，链接则是将这些不完整的程序组合成一个完整的可执行文件。

在处理 C 语言程序的 4 个过程中，除了第一个以外，其他三个步骤都是由计算机完成处理的。GCC 其实是一个站在巨人肩膀上的工具，它通过分别调用预处理、编译、链接的工具，自动地完成 C 程序的所有编译工作（当然，也可以让它只完成其中某一步骤的工作）。这也解释了为什么在第 5 章中，仅使用了一条 gcc 命令就完成了 Hello World 程序的所有编译工作。在默认的情况下 gcc 命令通过文件的后缀（扩展名）来判断输入文件的类型，并确定进行哪一步操作。".c"表明是源文件，".i"表明是经过预处理的源文件，".o"表明是二进制文件。

下面来介绍 gcc 命令的使用。gcc 命令的语法：
gcc [参数]… [源文件]…
参数说明：
-o FILE　　　　　指定输出文件名，缺省设置为 a.out
-E　　　　　　　仅进行预处理，不进行其他操作

-S	编译到汇编语言，不进行其他操作
-c	编译到二进制目标文件，不进行链接
-g	在可执行文件中包含标准调试信息
-ggdb	包含 gdb 调试信息
-Wall	尽可能多地显示警告信息
-Werror	将所有的警告当作错误处理
-w	禁止所有警告
-ansi	采用标准的 ANSI C 进行编译
-I*PATH*	设置头文件的路径，可以设置多个，默认路径/usr/include
-L*PATH*	设置库文件的路径，可以设置多个，默认路径/usr/lib
-l*LIBNAME*	设定编译所需的库名称，如果一个库的文件名为 lib*xxx*.so，那么它的库名称为 *xxx*
-static	使用静态链接，编译后可执行程序不依赖于库文件
-O*N*	优化编译，主要提高可执行程序得运行速度，*N* 可取值为 1、2、3，3 是最高的优化等级，优化会导致代码体积增加
-pipe	编译过程中使用管道作为中间文件的媒介
-save-temps	保留编译过程中的中间文件
-D*MACRO*	定义宏 *MACRO*
-Q	显示各个阶段的执行时间

6.2 调试工具 gdb

6.2.1 gdb 简介

gdb 是 GNU 环境下的程序调试软件。gdb 可以帮助读者了解到一个正在执行的另外一个程序的运行状态，可以让程序在一个特殊的条件下停止或暂停执行，改变程序执行时变量的值等。gdb 拥有强大的调试能力，可以发现程序中的错误，提高程序的效率。

gdb 是 GNU 项目下的自由软件，最早由 Richard Stallman 开发。后来又很多程序员加入到了他的开发之中，义务地维护着这个软件。目前最新稳定版本为 7.9，于 2015 年 2 月 20 日发布。

6.2.2 gdb 的使用方法

gdb 是一种命令驱动的调试工具，在运行的过程中，需要使用 gdb 调试命令控制被调试的程序运行。在调试之前，被调试的程序在使用 gcc 命令编译时，需要加入 "-g" 参数，以加入 gdb 调试时所需要的调试信息。

进入 gdb 调试程序，需要在命令提示符下输入如下命令。

gdb 程序名

注意：这里的"*程序名*"并不是指源代码的文件，而是编译后的可执行文件的文件名。

进入 gdb 后，屏幕会显示一系列欢迎信息，然后光标停在 gdb 命令提示符（"(gdb)"）处等待用户输入调试命令。此时便可以开始调试了。下面介绍一些常用的 gdb 调试命令。

1．文件操作
- file *PROGRAM*　　　装入待调试的程序，*PROGRAM* 是可执行文件的文件名
- shell *COM*　　　　　在 gdb 中执行 Shell 命令
- quit　　　　　　　　退出 gdb

2．查看信息
- list [+]　　　　　　继续上次，向后列出源代码（只显示部分源代码）
- list -　　　　　　　继续上次，向前列出源代码（只显示部分源代码）
- set listsize *N*　　　设置每次显示的源代码的行数
- show listsize　　　　查看每次显示源代码的行数
- list *L1 L2*　　　　　显示从行 *L1~L2* 的源代码
- list *[FILE:]LINE*　　显示源文件 *FILE* 的第 *LINE* 行代码，缺省为当前文件
- list *FUN*　　　　　列出函数 *FUN* 的源代码
- print *[/F] EXP*　　　以格式 *F* 打印表达式的值。*F* 包括 "x" 十六进制、"d" 十进制、"u" 无符号十六进制、"o" 八进制、"b" 二进制、"c" 字符、"f" 浮点格式
- whatis *VAR*　　　　打印变量的类型
- info *EXP*　　　　　显示相应的信息
- info breakpoint　　　显示断点设置信息
- info breakpoint *N*　查看第 *N* 个断点的信息
- info watchpoints　　 查看观察点的信息
- info watchpoints *N*　查看第 *N* 个观察点的信息
- backtrace　　　　　查看栈信息
- info line *N*　　　　查看第 *N* 行所对应的内存地址
- show convenience　　显示环境变量
- info register　　　　查看寄存器的信息

3．程序运行控制
- run　　　　　　　　运行程序
- next　　　　　　　　运行下一行代码（越过函数）
- next *N*　　　　　　运行下 *N* 行代码（越过函数）
- step　　　　　　　　运行下一行代码（进入函数）
- step *N*　　　　　　运行下 *N* 行代码（进入函数）
- finish　　　　　　　结束当前函数，返回上一层函数
- jump *LINE*　　　　跳到第 *LINE* 行执行
- continue　　　　　　继续执行程序
- kil　　　　　　　　中止当前正在调试的程序

4．调试信息配置
- break *[FILE:]LINE*　在源文件 *FILE* 的第 *LINE* 行设置断点

break [FILE:]FUN	在源文件 FILE 的函数 FUN 处设置断点
break +LINE	在当前行之后第 LINE 行设置断点
break -LINE	在当前行之前第 LINE 行设置断点
break … if EXP	设置条件端点
display EXP	设置当执行到端点时需要打印的表达式
delete display N	删除第 N 个需要显示的表达式
info display	显示这些需要显示的表达式
command N COMMAND_LIST end	设定在断点 N 发生时执行的动作，COMMAND_LIST 可以是多条命令
ignore N CNT	忽略第 N 个断点 CNT 次
watch EXP	设置观察点，当表达式 EXP 的值变化时暂停程序
rwatch EXP	当表达式 EXP 被读时暂停程序
awatch EXP	当表达式 EXP 被写时暂停程序
clear	清除所有停止点（包括断点和观察点）
clear [FILE:]LINE	清除源文件 FILE 的第 LINE 行的停止点
clear [FILE:]FUN	清除源文件 FILE 的函数 FUN 处的停止点
delete	清除所有断点
delete breakpoints M-N	清除第 M 到第 N 个断点
disable breakpoints M-N	禁止第 M 到第 N 个断点
enable breakpoints M-N	使能第 M 到第 N 个断点
enable breakpoints once M-N	仅使能一次第 M 到第 N 个断点，之后再次禁止
enable breakpoints delete M-N	仅使能一次第 M 到第 N 个断点，以后便删除这些断点

6.3 代码管理 make

6.3.1 make 简介

如果读者使用过 Windows 下的 Visual Studio，会熟悉其中的"工程"，一个 C 或 C++ 语言的程序中包含多个文件，通过"工程"来管理这些文件。在 Linux 下，make 实现这一功能。make 采用一种叫做 Makefile 的脚本文件来实现工程的管理。由于采用脚本文件，这给工程的管理带来很大的灵活性。也许初学者会认为编写 Makefile 脚本文件有些多此一举，为何不一一输入 gcc 命令进行编译，或直接使用 gcc 命令的傻瓜化方式，自动完成呢？那么来想一想 6.2 节的实验，如果没有一个很好的管理软件，手工输入 gcc 命令显然是不现实的。如果采用自动编译，那么无论做一个多么小的修改，程序都需要完全重新编译一次程序，其中有很多重复的操作。对于像 GCC 这样的程序来说，把全部的源代码重新编译显然是一场噩梦。但是，make 解决了这个问题，它采用的是增量编译，根据文件修改的时间自动判断哪些需要重新编译，哪些可以利用上一次的结果，从而避免了大量的重复计算，提高了编译效率。应用到实际的软件包含了很多源文件，有相当数量的软件规模不亚于 GCC。因此，学习使用 make、用好 make 工具，对于编程是非常有帮助的。

6.3.2 Makefile 文件的格式

Makefile 是 make 工具解释并执行的一种脚本文件，主要描述了编译一个软件的依赖关系，以及这些依赖关系的解决方法。Makefile 文件主要是由一种两行的脚本单元所组成的：

```
TARGET : SOURCE1 SOURCE2 …
    COMMAND
```

在这样一个单元中，包含有两行，三个部分。*TARGET* 是目标文件，即运行这一单元的 *COMMAND* 可以生成的文件；*SOURCE1*、*SOURCE2*……是依赖文件，即运行这一单元的 *COMMAND* 所需要的文件。其中需要注意的是，*COMMAND* 前必须有一个 Tab 键的空格。

Makefile 文件就是由多个单元组成的，称这些单元为规则。make 工具按照这样的原则解释 Makefile 文件：首先，make 需要找到它所需要的规则。如果用户未指定规则，那么 make 会自动选择第一个规则；如果用户指定了一个 *TARGET*，那么 make 会选择用户指定的那个以 *TARGET* 为目标文件的规则。然后，make 查看所选规则的所有依赖文件，如果其中的任何一个依赖文件不存在，或依赖文件比目标文件更新（目标文件存在），那么 make 会搜索以该依赖文件为目标文件的那个规则，按照同样的方法先处理那个规则，生成所需要的依赖文件后才继续处理当前规则。当所有的依赖文件皆得到满足，那么 make 会运行 COMMAND，生成目标文件。

可见 Makefile 是一个递归的处理过程。例如，对 make 的工作做一个更加形象的说明：

```
mypro : mypro1.o mypro2.o
    gcc mypro1.o mypro2.o -o mypro
mypro1.o : mypro1.h mypro1.c
    gcc -c mypro1.c -o mypro1.o
mypro2.o : mypro2.h mypro2.c
    gcc -c mypro2.c -o mypro2.o
```

对于这个例子，在未指定目标文件时，make 首先发现 mypro 的规则为第一个规则，那么 make 将处理这个单元。之后，make 查看第一个依赖文件，发现 mypro1.o 并不存在（假设在此之前未进行任何操作），然后 make 开始寻找 mypro1.o 为目标文件的规则。make 发现了第 3、4 行的脚本符合要求，转而处理这个规则。make 查看它的依赖文件 mypro1.h 和 mypro1.c 都存在，然后运行命令 "gcc -c mypro1.c -o mypro1.o"，生成 mypro1.o。之后，make 返回处理 mypro 规则，继续查看第二个依赖文件 mypro2.o 是否存在，发现依然不存在。接着，make 按照同样的方式，利用第 5、6 行的脚本生成了 mypro2.o。此时，mypro 规则的两个依赖文件皆得到了满足，make 运行 "gcc mypro1.o mypro2.o -o mypro" 最终生成 mypro。运行结束，顺利返回。

在 make 运行过程中，如果发现某一个依赖文件，既不存在又找不到一个以这个依赖文件为目标文件的规则，那么 make 将报错，并停止运行。如果运行过程中，某一个命令没有成功返回（即返回码不为 0），make 认为命令未得到成功运行，无法生成目标文件或声称的目标文件不正确，也会报错并退出。

6.3.3 Makefile 文件的一些特性

1．变量

同 Shell 变成类似，Makefile 文件中也可以定义变量来操作。Makefile 文件中所有的变量皆为字符串类型，变量的定义有两种：

```
VAR=STR
VAR:=STR
```

前者采用递归方式复制，即使用时查找定义；后者必须先定义后使用。由于递归方式会导致无限递归，因此建议使用后者。变量的使用形式如下：

```
$(VAR)
```

变量可以在规则中利用，来代替较长的且经常使用的字符串。Makefile 文件中变量的使用是非常灵活的，假设变量 VAR 的值是 STR，那么$(VAR)和 STR 就是完全等效的。甚至可以使用"$($(VAR))"的形式，表示以 VAR 的值为变量名的变量值。

此外，在 Makefile 中可以使用通配符。常用的通配符有两个："*"代表任意字符串，可代替任意多个字符；"?"代表任意的单个字符。

2．自动依赖关系与依赖规则

为了简化 Makefile 文件的编写，make 工具作了一些智能化的处理。下面介绍几个常用的省略规则。

对于 gcc 命令后面的源文件，是默认加入文件列表的可以不用写。下面的例子中，带删除线的部分是可以省略的。

```
mypro : main.c mypro.h
    gcc main.c -o mypro
```

对于使用 gcc 编辑 C 源文件，make 是可以自动运行的，规则中的命令不必明写。此外，make 还可以根据 xxx.o 推断出需要文件 xxx.c。下面的例子中，带删除线的部分可以省略。

```
mypro.o : mypro.c mypro.h
    gcc -c mypro.c -o mypro.o
```

3．伪目标文件

目标文件并不一定是实实在在的文件。例如，可以写一个 make 脚本用来清除所编译的结果。显然，这不会生成什么文件（相反，会使一些文件消失），因此需要使用伪目标文件来告诉 make 工具，仅仅是要运行一条命令，并不会产生什么目标文件。伪目标文件需要使用.PHONY 声明。下面是一个例子。

```
.PHONY : clean
clean :
```

```
       rm -r -f mypro
```

使用伪目标文件时需要注意，调用伪目标的规则必须显式调用，伪目标的名称不能与文件名重名。

此外伪目标还可以用来同时生成两个或多个可执行文件。例如：

```
.PHONY : both
both : pro1 por2
pro1 : pro1.c
    gcc pro1.c -o pro1
pro2 : pro2.c
    gcc pro2.c -o pro2
```

4．多命令规则

一个规则中可以使用多条命令。

```
TARGET : SOURCE1 SOURCE2 …
    COMMAND1
    COMMAND2
    ⋮
```

但是，在前面的命令运行的结果不会影响到后面。例如，当前在目录 A 中，若第一条命令是"cd B"，则第二条命令执行的环境仍是目录 A，而不是目录 B。

当然有时需要前面的命令对后面的命令产生影响。例如，要进入一个目录进行一些操作，再退出来。可以采用下面的形式达到目的：

```
TARGET : SOURCE1 SOURCE2 …
    COMMAND1; COMMAND2; …
```

5．函数

函数主要是针对字符串变量的一些操作，用来产生符合某些条件的字符串。函数的使用格式如下：

```
$(FUN p1,p2,…)
```

函数的使用方法同变量的使用方法基本一致，而且同样拥有较高的灵活性。下面介绍一些常用的函数。

函数	说明
$(subst S, T, STR)	将 STR 中的 S 子串换成 T
$(patsubst SP, TP, STR)	将 STR 中符合 SP 模式的单词换成 TP 模式，SP 和 TP 中用"%"代表通配符
$(strip STR)	去除 STR 中多余的空格
$(findstring FS, STR)	在 STR 中寻找子串 FS，若找到，则返回 FS，否则返回空
$(filter PT, STR)	在 STR 中找出符合 PT 模式的单词
$(filter-out PT, STR)	在 STR 中找出不符合 PT 模式的单词
$(sort STR)	对 STR 中的所有单词按字母顺序排序

$(word N, STR)	取出 STR 中的第 N 个单词
$(wordlist M, N, STR)	取出 STR 中第 M 到第 N 个单词
$(firstword STR)	去除 STR 中的第一个单词
$(words STR)	计算 STR 中的单词数目
$(dir PATHS)	取出 PATHS 中表示目录的部分
$(notdir PATHS)	取出 PATHS 中表示文件名的部分
$(suffix PATHS)	取出 PATHS 的文件后缀
$(basename PAHTS)	取出 PATHS 中除文件后缀的部分
$(addsuffix SF, PATHS)	给 PATHS 添加后缀 SF
$(addprefix PF, PATHS)	给 PATHS 添加前缀 PF
$(join STR1, STR2)	连接字符串 STR1 和 STR2
$(foreach VAR, STR, PAT)	将字符串 STR 的每个单词赋值到 VAR 中，然后将 PAT 产生的字符串用空格连接后，赋值给 STR，如$(foreach n, a b, $(n).c)的值为"a.c b.c"
$(if COND, THEN, ELSE)	如果 COND 非空，则返回字符串 THEN，否则返回字符串 ELSE
$(shell CMD)	将 Shell 命令 CMD 运行输出结果返回

6.3.4　make 命令的使用

make 命令的语法如下：

make [参数]…

参数说明：

-f FILE	指定 Makefile 文件，默认设置为当前目录下的 GNUmakefile、Makefile
-C DIR	指定 Makefile 文件的目录
-n	只检查 Makefile 的运行流程，不进行真正的操作
-t	只更新目标文件的修改时间，不进行真正的操作
-B	重新编译所有的目标文件
-p	输出 Makefile 文件中所有的信息
-s	运行时不显示任何输出
-r	禁止使用隐含规则

6.4　实例训练

本次训练完成一个在字符界面下的小学数学教学软件，该软件主要实现计算机自动出题、使用者回答问题、计算机判断对错、测试结束后给出成绩。程序的整体流程如图 6.1 所示。首先编写程序，使用 gcc 进行编译。之后，使用 gdb 对软件进行调试。最后为其制作 Makefile 文件。

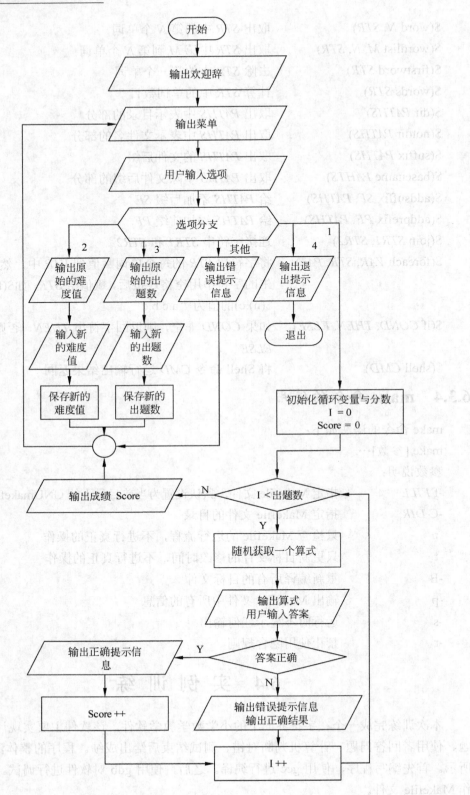

图 6.1 程序整体流程图

6.4.1 编写程序

打开"终端"建立实验目录：

```
mkdir ~/exper/exp6
cd ~/exper/exp6
```

这里希望编写的软件具有模块化，先对软件的模块进行划分，模块划分可以使程序的表达逻辑更清晰，减小开发难度，降低开发成本。图 6.2 所示为程序模块框图，整个图可以想象成一座垒起的坚固墙壁，其中上面的模块要依赖于下面的模块，如果上下两个模块直接相连则说明上面的模块需要直接依赖下面的模块。

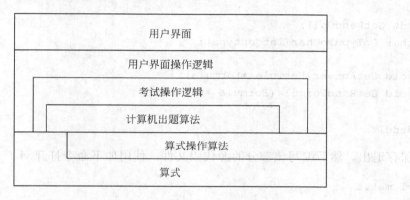

图 6.2 程序的模块结构设计图

针对需要完成的任务，首先需要有一个数据结构，那就是 Formula（算式）。算式包括 4 个部分：第一操作数、第二操作数、运算符和答案。如果制作一个计算机自动出题的软件，那么需要针对算式有自动生成算式、算式答案的生成。此外，针对这两个主要的功能，需要一些辅助功能，如维护生成算式的难度（即取数的范围）、自动生成运算符、运算符的转化等。

先来完成着一个基础性部分的代码，首先编写头文件。使用如下命令打开 vi。

```
vi mat.h
```

编辑头文件如下：

```
#ifndef MAT_H
#define MAT_H

/* 宏定义 */
#define MT_ADD 0
#define MT_SUB 1
#define MT_MUL 2
#define MT_DIV 3

/* Formula结构体：用来记录一个算式 */
```

```c
typedef struct _Formula
{
    int Op1;        /* 第一操作数 */
    int Op2;        /* 第二操作数 */
    int OpType;     /* 运算符 */
    int Answer;     /* 结果 */
} Formula;

/* 函数声明 */
int GetMaxNum();
void SetMaxNum(int max);

int GetRandOp();
char OpTypeToChar(int optype);

void SetAnswer(Formula *formula);
void GetRandFormula(Formula *formula);

#endif
```

保存退出。然后编写该部分的源代码文件,使用如下命令打开 vi。

vi mat.c

编辑源代码如下:

```c
#include <stdlib.h>

#include "mat.h"

/* 全局变量 */
int _MaxNum = 10;   /* 指定运算操作数的范围 */

/* 获取操作数的范围 */
int GetMaxNum()
{
    return _MaxNum;
}

/* 设置操作数的范围 */
void SetMaxNum(int max)
{
    _MaxNum = max;
}

/* 随意生成一个运算类型,用于计算机出题 */
```

```c
int GetRandOp()
{
    return rand() % 4;
}

/* 将运算类型转化成可显示的字符串,用于输出算式 */
char OpTypeToChar(int optype)
{
    switch (optype)
    {
        case MT_ADD: return '+'; break;
        case MT_SUB: return '-'; break;
        case MT_MUL: return '*'; break;
        case MT_DIV: return '/'; break;
        default : return '#'; break;
    }
    return '#';
}

/* 计算算式的结果,用于计算机出题 */
void SetAnswer(Formula *formula)
{
    /* 根据不同的运算类型,计算结果 */
    switch (formula->OpType)
    {
        case MT_ADD:
            formula->Answer = formula->Op1 + formula->Op2;
            break;
        case MT_SUB:
            formula->Answer = formula->Op1 - formula->Op2;
            break;
        case MT_MUL:
            formula->Answer = formula->Op1 * formula->Op2;
            break;
        case MT_DIV:
            formula->Answer = formula->Op1 / formula->Op2;
            break;
        default:
            formula->Answer = 0;
            break;
    }
}

/* 随机生成一个算式,用于计算机出题 */
void GetRandFormula(Formula *formula)
```

```c
{
    /* 随机获得两个操作数 */
    formula->Op1 = rand() % _MaxNum;
    formula->Op2 = rand() % _MaxNum;

    /* 获得随机操作类型 */
    formula->OpType = GetRandOp();
    /* 如果是除法,需要保证整除 */
    if (formula->OpType == MT_DIV)
    {
        formula->Op1 -= (formula->Op1 % formula->Op2);
    }

    /* 设置算式的答案 */
    SetAnswer(formula);
}
```

保存退出,完成了数据结构基础模块的编写工作,然后做进一步的规划。这里需要有一个业务模块,用来完成考试业务。考试可以分解成若干次出题,出题需要与用户交流。那么首先需要有一个打印函数,用来打印算式。此外,需要有一个函数来完成一次用户的测试。在这些基础之上,需要有一个函数来调用它们完成一次完整的考试。当然,还需要一些辅助函数,如修改每次考试的题目数量等。

打开 vi,编写业务部分的头文件。

```
vi exam.h
```

头文件内容如下:

```c
#ifndef EXAM_H
#define EXAM_H

#include "mat.h"

/* 函数定义 */
int GetExamNum();
void SetExamNum(int num);

void PrintFormula(Formula *formula, int IsPrintAns);
int ExamFormula(Formula *formula);

void ExamPaper();

#endif
```

之后编写业务模块的源代码文件。使用 vi 打开文件。

```
vi exam.c
```

源代码文件的内容如下：

```c
#include <stdio.h>
#include "exam.h"

/* 测试的题目数 */
int _ExamNum = 10;

/* 获取测试的题目数 */
int GetExamNum()
{
    return _ExamNum;
}

/* 设置测试的题目数 */
void SetExamNum(int num)
{
    _ExamNum = num;
}

/* 打印公式 */
void PrintFormula(Formula *formula, int IsPrintAns)
{
    /* 获取运算符对应的字符 */
    char OpChar;
    OpChar = OpTypeToChar(formula->OpType);

    /* 打印算式的前半部分 */
    printf("%d %c %d = ", formula->Op1, OpChar, formula->Op2);

    /* 根据用户要求打印答案 */
    if (IsPrintAns != 0)
    {
        printf("%d", formula->Answer);
    }
}

/* 出题考试 */
int ExamFormula(Formula *formula)
{
    /* 变量声明 */
    int userans;

    /* 获得一个算式 */
    GetRandFormula(formula);
```

```c
    /* 打印一个算式 */
    PrintFormula(formula, 0);

    /* 等待用户输入答案 */
    scanf("%d", &userans);

    /* 判断用户的答案 */
    /* 如果用户回答正确 */
    if (userans == formula->Answer)
    {
        /* 输出提示 */
        printf("Right!\n");

        /* 返回TRUE */
        return 1;
    }
    /* 如果用户回答错误 */
    else
    {
        /* 给出提示,并输出正确答案 */
        printf("Wrong! Ans:");
        PrintFormula(formula, 1);
        printf("\n");

        /* 返回FALSE */
        return 0;
    }
}

/* 进行一次考试,计算机需要按照出题次数进行多次测试 */
void ExamPaper()
{
    /* 变量声明 */
    int i, score = 0;
    Formula formula;    /* 算式缓冲 */

    /* 打印欢迎辞 */
    printf("Start to exam. %d formulae totally.\n", _ExamNum);

    /* 循环测试指定的次数 */
    for (i = 0; i < _ExamNum; i++)
    {
        /* 打印题号 */
        printf("No.%d:\n", i);
```

```
        /* 计算机进行一次测试，并记录成绩 */
        score += ExamFormula(&formula);
        printf("\n");
    }

    /* 打印成绩 */
    printf("Exam Finished!\nScore    : %d\nFormulae : %d\n\n", score,
_ExamNum);
}
```

最后，需要一个完整的用户界面。需要有菜单，通过菜单来调用这些已经编好的函数。对于一些函数，需要在其上添加一个与用户沟通的封装函数。

使用 vi 编辑主模块的源文件。

vi main.c

输入源文件的代码如下：

```
#include <stdio.h>

#include "mat.h"
#include "exam.h"

/* 函数声明 */
int PrintMenu();
void ChangeDifficulty();
void ChangeScale();

/* 主函数，程序入口点 */
int main()
{
    /* 变量声明 */
    int choice;

    /* 打印欢迎辞 */
    printf(" *  Maths Exam  *\n");

    /* 循环进行主题处理 */
    do {
        /* 打印菜单并接收用户的选择 */
        choice = PrintMenu();

        /* 根据选择进行相应的处理 */
        switch (choice)
        {
```

```c
            /* 选项1进行测试 */
            case 1: ExamPaper(); break;

            /* 选项2进行难度设置 */
            case 2: ChangeDifficulty(); break;

            /* 选项3进行测试题目数设置 */
            case 3: ChangeScale(); break;

            /* 选项4退出 */
            case 4: printf ("Goodbye!\n"); break;

            /* 其他选项提示错误信息 */
            default: printf("Wrong Choice!\n"); break;
        }
    } while (choice != 4);
    return 0;
}

/* 打印菜单 */
int PrintMenu()
{
    /* 打印菜单 */
    int choice;
    printf("Main Menu:\n");
    printf(" 1) Exam;  2) Set Difficulty;  3) Set Scale;  4) Quit\n");

    /* 接受用户选择 */
    printf("Choice: ");
    scanf("%d", &choice);
    return choice;
}

/* 修改难度 */
void ChangeDifficulty()
{
    int maxnum;
    /* 打印当前难度 */
    printf("The Max Operating Num is %d.\n", GetMaxNum());

    /* 提示输入新的难度 */
    printf("Input New Value: ");
    scanf("%d", &maxnum);

    /* 设置新的难度值 */
```

```c
        SetMaxNum(maxnum);
}

/* 修改测试题目数 */
void ChangeScale()
{
        int examnum;
        /* 打印当前测试题目数 */
        printf("The Exam Scale is %d.\n", GetExamNum());

        /* 提示输入新的测试题目数 */
        printf("Input New Value: ");
        scanf("%d", &examnum);

        /* 设置新的题目数 */
        SetExamNum(examnum);
}
```

6.4.2 调试程序

首先，对刚刚编好的程序进行编译。

```
gcc -g mat.c exam.c main.c -o matexam
```

编译后，生成可执行文件 matexam，由于添加了"-g"参数，在可执行文件中包含调试信息，可以用来调试。

启动 gdb，并打开 matexam 程序，如图 6.3 所示。

```
gdb matexam
```

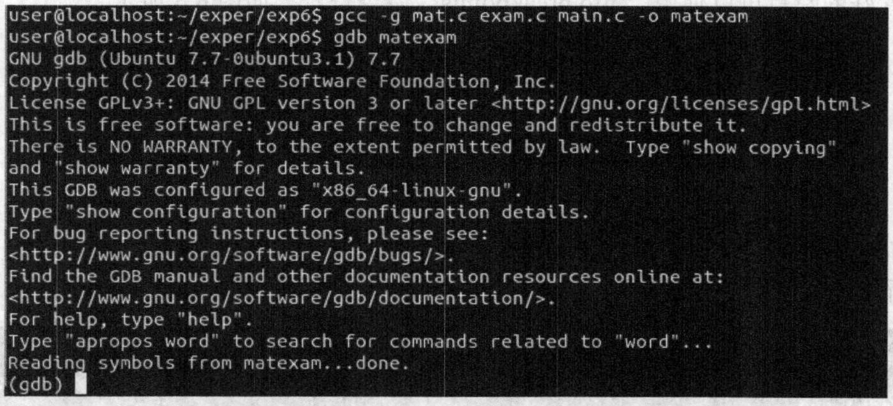

```
user@localhost:~/exper/exp6$ gcc -g mat.c exam.c main.c -o matexam
user@localhost:~/exper/exp6$ gdb matexam
GNU gdb (Ubuntu 7.7-0ubuntu3.1) 7.7
Copyright (C) 2014 Free Software Foundation, Inc.
License GPLv3+: GNU GPL version 3 or later <http://gnu.org/licenses/gpl.html>
This is free software: you are free to change and redistribute it.
There is NO WARRANTY, to the extent permitted by law.  Type "show copying"
and "show warranty" for details.
This GDB was configured as "x86_64-linux-gnu".
Type "show configuration" for configuration details.
For bug reporting instructions, please see:
<http://www.gnu.org/software/gdb/bugs/>.
Find the GDB manual and other documentation resources online at:
<http://www.gnu.org/software/gdb/documentation/>.
For help, type "help".
Type "apropos word" to search for commands related to "word"...
Reading symbols from matexam...done.
(gdb)
```

图 6.3 gdb 启动界面

首先使用 list 命令检查程序是否正确载入。在提示符(gdb)后面输入命令，按 Enter 键。出现如图 6.4 所示的代码，表明程序已经正确载入。

```
Type "apropos word" to search for commands related to "word"...
Reading symbols from matexam...done.
(gdb) list
12        #include "exam.h"
13
14        int PrintMenu();
15        void ChangeDifficulty();
16        void ChangeScale();
17
18        int main()
19        {
20              int choice;
21              printf("  *  Maths Exam  *\n");
(gdb)
```

图 6.4　list 命令运行结果

在函数 ExamFormula 处设置一个断点，在设置之前查看一下函数的代码。

```
list exam.c:ExamFormula
break exam.c:ExamFormula
```

运行后，终端输出如图 6.5 所示。

```
(gdb) list exam.c:ExamFormula
32                    printf("%d", formula->Answer);
33            }
34      }
35
36      int ExamFormula(Formula *formula)
37      {
38              int userans;
39              GetRandFormula(formula);
40              PrintFormula(formula, 0);
41              scanf("%d", &userans);
(gdb) break exam.c:ExamFormula
Breakpoint 1 at 0x4008a5: file exam.c, line 39.
(gdb)
```

图 6.5　插入断点

设置好的断点可以使用"info breakpoints"命令查看，如图 6.6 所示。

```
(gdb) break exam.c:ExamFormula
Breakpoint 1 at 0x4008a5: file exam.c, line 39.
(gdb) info breakpoints
Num     Type           Disp Enb Address            What
1       breakpoint     keep y   0x00000000004008a5 in ExamFormula at exam.c:39
(gdb)
```

图 6.6　断点信息查询

下面运行该软件，并让它在断点处停下来，输入 run，按 Enter 键。程序开始运行，如图 6.7 所示。

```
(gdb) info breakpoints
Num     Type           Disp Enb Address            What
1       breakpoint     keep y   0x00000000004008a5 in ExamFormula at exam.c:39
(gdb) run
Starting program: /home/dell/exper/exp6/matexam
  *  Maths Exam  *
Main Menu:
 1) Exam;  2) Set Difficulty;  3) Set Scale;  4) Quit
Choice:
```

图 6.7　程序开始运行

按照程序，开始时会有一个主菜单。这里选择 1，进入 Exam（测试）。进入测试后，程序会运行到 ExamFormula 函数，因此会被断点拦下，如图 6.8 所示。

```
Main Menu:
  1) Exam;  2) Set Difficulty;  3) Set Scale;  4) Quit
Choice: 1
Start to exam. 10 formulae totally.
No.0:

Breakpoint 1, ExamFormula (formula=0x7fffffffdbd0) at exam.c:39
39              GetRandFormula(formula);
(gdb)
```

图 6.8　程序遇到断点，暂停运行

gdb 输出了断点处的详细信息，包括断点所在行的内容。此时，查看算式的情况。因为还没有运行 GetRandFormula 函数，所以 formula 的值应该是混乱的。输入下面的命令：

```
pirnt formula
print *formula
```

屏幕显示如图 6.9 所示，发现输出结果与估计的结果相同。

```
(gdb) print formula
$1 = (Formula *) 0x7fffffffdbd0
(gdb) print *formula
$2 = {Op1 = 0, Op2 = 0, OpType = -9216, Answer = 1}
(gdb)
```

图 6.9　输出变量的值

使用 next 命令，越过函数，单步运行。然后再次查看 formula 的值。发现经过函数 GetRandFormula，程序已经得到了一个合法的算式，如图 6.10 所示。

```
(gdb) next
40              PrintFormula(formula, 0);
(gdb) print *formula
$3 = {Op1 = 3, Op2 = 6, OpType = 1, Answer = -3}
(gdb)
```

图 6.10　单步运行程序

使用 continue 命令让程序正常运行。程序打印出算式，等待用户输入结果。当把正确的结果输入后，程序输出 Right 提示回答正确，接着进入第二题。此时，程序再次运行到 ExamFormula 函数处，在此遇到断点，如图 6.11 所示。

```
(gdb) continue
Continuing.
3 - 6 = 3
Wrong! Ans:3 - 6 = -3

No.1:

Breakpoint 1, ExamFormula (formula=0x7fffffffdbd0) at exam.c:39
39              GetRandFormula(formula);
(gdb)
```

图 6.11　再次遇到断点

此时，已经可以确定程序正确，不再需要断点了，这里将断点删除。

```
delete break 1
```

然后，使用 continue 命令，继续运行程序，如图 6.12 所示。测试示例共有 10 题，测试完成之后，会出来测试分数，输入 4 退出测试。当结束调试时，使用 quit 命令退出 gdb，如图 6.13 所示。

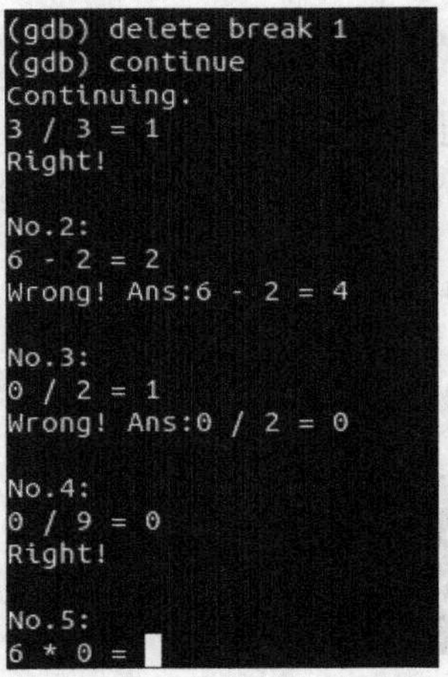

图 6.12　消除断点后程序继续运行 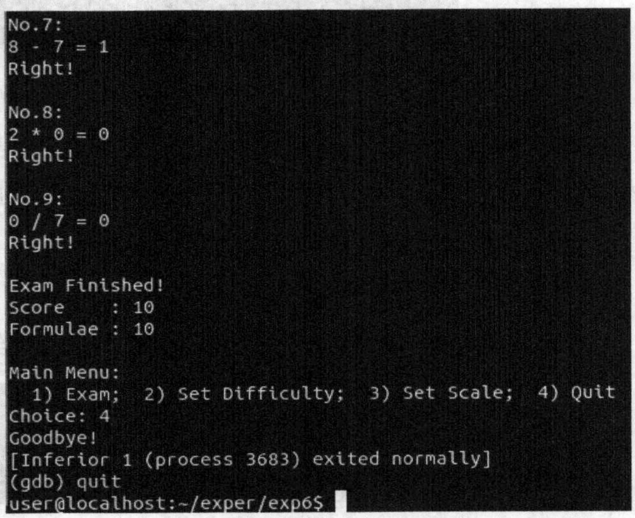　　　　图 6.13　测试完成退出调试

当然，还可以进行其他的调试工作，这里不一一列举了，有兴趣的读者可以按照 6.2.2 节的介绍了解 gdb 其他的功能。

6.4.3　编写 Makefile

至此，顺利地完成了软件的开发工作，现在是要发布的时候了。按照自由软件的习惯，采用源代码的形式发布软件。为了方便软件的使用者，这里为他们编写一个 Makefile 文件。这样，使用者拿到软件后，只需要运行 make 命令就可以得到适合使用的计算机二进制代码了。

使用 vi 新建并打开 Makefile 文件。

```
vi Makefile
```

编辑 Makefile 如下：

```
matexam : mat.o exam.o main.o
    gcc mat.o exam.o main.o -o matexam
mat.o : mat.h mat.c
    gcc -c mat.c -o mat.o
exam.o : mat.h exam.h exam.c
    gcc -c exam.c -o exam.o
```

```
main.o : mat.h exam.h main.c
    gcc -c main.c -o main.o
.PHONY : clean
clean :
    rm -r -f *.o matexam
```

然后保存文件，退出 vi。运行 make 命令测试所编写的 Makefile 文件是否有效。在测试之前，先将之前编译的 matexam 删除。运行 make 命令以后，又重新生成了 matexam 文件，经试验，该程序可以正确运行。因此，Makefile 文件可以正确地编译程序，如图 6.14 所示。最后执行命令"make clean"删除生成的.o 和 matexam 文件，从图 6.14 可以看出文件已被成功删除。

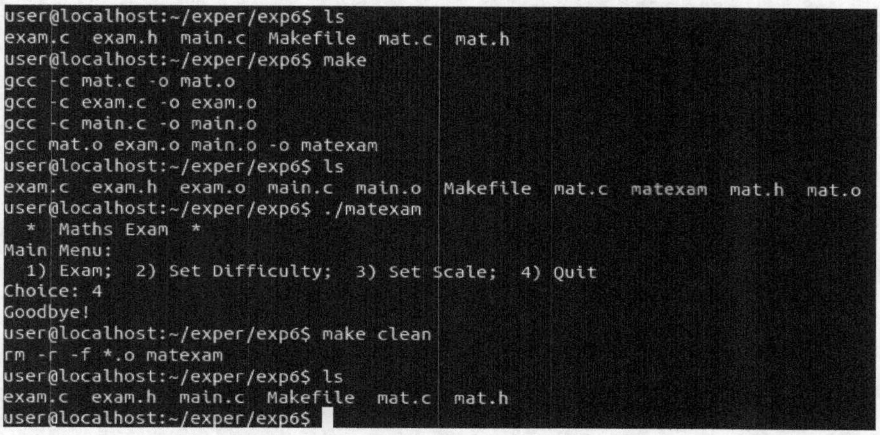

图 6.14 Makefile 测试

6.5 思考与练习

gdb 调试命令，除了有 6.2.2 节所介绍的长格式外，还有相对应的短格式命令。例如，break 的短格式是 b，list 的短格式是 l，info 的短格式是 i……这样，命令"info breakpoints"可以缩写成"i b"，可以大大提高操作速度。请读者通过查阅互联网或相关资料，学习其他命令的短格式。

为了提高 Makefile 文件的灵活性，可以使用变量和函数，而且还可以使用嵌套的 Makefile 文件。查看 GCC 的 Makefile 文件，简要地了解它的 Makefile 文件是如何写的。

为了体会软件的开发流程，可以尝试着开发其他的小软件，这里给出一些参考案例：单人的扑克牌游戏（可以是随意的玩法或者是自创的玩法）、人机对弈的井字棋（在一个 3X3 的期盘中，一方的棋子先占有一条直线为胜）、纵横字谜软件。可以按照喜好，选择一个游戏进行开发。它们都是非常有趣的程序，同时，养成一个良好的软件开发习惯，对于将来的编程工作是非常有帮助的。

第 2 部分 编程开发篇

　　Linux 可以说是一款为软件开发人员准备的操作系统，Linux 系统采用了类 UNIX 的系统接口，整个系统都是围绕着软件的开发而构建的。Linux 的最大特点在于它的自由性，它的开放结构使得在其上开发软件变得非常自如。学习好 Linux 下的软件开发，会更加有效地利用 Linux 这个平台，进行学习、工作。Linux 的软件开发分为应用级和内核级两种：应用级主要在 Linux 的文件系统之上进行应用软件的开发，开发会得到一个可执行文件，通过运行可执行文件，实现相应的应用服务；内核级主要在 Linux 系统内核中添加扩展模块或功能，通过插入内核内存空间运行，完成内核的扩充，其中主要的应用有驱动程序、文件系统、扩展内核服务等。本部分主要对 Linux 中应用级的编程开发按照各个功能进行分类讲解。

- 第 7 章对 Linux 中常用的 C 函数库进行讲解，包括字符、字符串、数学、算法等独立于系统的函数。
- 第 8 章对 Linux 系统调度的单位进程的概念和操作做了讲解，通过进程的讲解使读者了解 Linux 多任务调度的细节和编程操作。此外，介绍了进程之间是如何采用信号量进行协调一致的。
- 第 9 章介绍进程之间的同步通信方式信号、信号的产生和如何处理信号，还介绍了一种常用的特殊信号——定时器，它可以定期产生信号，使程序进行定期的数据更新和处理。
- 第 10 章介绍 Linux 中如何申请使用内存资源。Linux 中另一个元素用户、Linux 中用户管理的原理，并讲解了如何对用户信息进行编程操作。
- 第 11 章讲解 Linux 下的文件系统、目录的组织结构、对文件和目录的处理、文件内容的处理等编程方法。

第 7 章　Linux 常用 C 函数

学习本章要达到的目标：
（1）熟练应用 Linux 中 C 语言函数库中的字符操作函数。
（2）熟练应用 Linux 中 C 语言函数库中的字符串操作函数。
（3）熟悉 Linux 中 C 语言函数库中数学计算操作函数的应用。
（4）熟悉 Linux 中 C 语言函数库中数据结构和算法的函数的应用。
（5）了解 Linux 中 C 语言函数库中日期时间函数的使用。
（6）掌握 Linux 常用 C 函数混合编程的方法。

7.1　使用函数库

软件的开发越来越强调代码重用的重要性。随着软件规模逐渐增大，其复杂性不断加强。人们认识到，只有充分地利用前人的代码，才能有效地促进软件的发展。为了能够有效地利用前人的代码，人们不断提出一些软件模块化的思想。函数库正是这一思想演化而来的产物。人们把大量的基础性操作编写成一个个独立的函数，这些函数具有低耦合、高内聚的特点，这些函数集合成一个已经编译好的、不完整的二进制代码文件，就是函数库。函数库是一项人类智慧的结晶。目前，不同领域的软件专家开发了各种各样的函数库，其数量是非常惊人的。软件工程师在开发软件时，只需要了解这些函数的功能、名称、参数、返回值即可利用这些函数快速搭建新的系统，这样大大提高了软件开发的效率。

函数库的使用有两个需要解决的问题，一是如何在源代码中调用这些函数库；二是如何在编译时让编译器正确地将函数库中的内容加载到应用程序中，使之成为一个可运行的应用程序。

如何在源代码中调用函数库中的函数？解决这个问题需要了解"函数原型"这个概念。函数原型是函数的声明所在的头文件以及函数声明的合称。程序员编程需要使用函数库时，必须了解所要使用函数的函数原型。C 语言编程要求"先声明后使用"，因此程序员需要首先引用头文件，以进行函数库中的函数声明；再在需要使用函数的地方调用该函数。在程序编译的过程中，编译器会为使用到的库函数形成"空穴"，所谓空穴实际是一系列虚的函数入口地址。在进行连接的过程中，用户需要指定函数库的库文件，这些库文件中包含了函数实现的具体方法（当然是已经编译好的二进制代码）。连接器会将这些函数实际的入口地址替换编译过程中留下的空穴。经过连接，使用了函数库的程序就会形成一个完整的可以运行的程序。

根据函数库中函数逻辑加载的时间不同，可分为静态库、载入链接库、动态链接库。

静态库是在连接时被加入到应用程序的可执行文件中的，这种方式可以增加程序执行文件的可移植性，但会导致程序体积较大，这种库的扩展名为 a。载入连接库在编译时并不将库的内容添加到应用程序的可执行文件中，在程序运行前载入内存的过程中随应用程序一起载入，这种方法要求应用程序运行的目标机中必须包含库文件，这种库的扩展名为 so。动态链接库是在程序运行过程根据需要动态加载到程序中的，这种库可以减少应用程序加载的时间，但是使用起来比较麻烦，需要程序员手动编写代码控制。

7.2 字符操作

下面介绍 Linux 中标准 C 函数库中的常用函数。首先介绍字符操作的函数，这类函数主要完成针对字符型数据的操作。

1．isalpha

函数原型：

```
#include <ctype.h>
int isalpha(int c);
```

函数功能：测试参数所对应的字符是否为拉丁字母。

参数说明：带测试的字符（或字符编码）。

返回值：测试结果，非零为真，0 为假。

2．isupper / islower

函数原型：

```
#include <ctype.h>
int isupper(int c);
int islower(int c);
```

函数功能：测试参数所对应的字符是否为大写字母（isupper）或小写字母（islower）。

参数说明：带测试的字符（或字符编码）。

返回值：测试结果，非零为真，0 为假。

3．isdigit / isxdigit

函数原型：

```
#include <ctype.h>
int isdigit(int c);
int isxdigit(int c);
```

函数功能：测试参数所对应的字符是否为阿拉伯数字（isdigit）或十六进制数字（isxdigit）。

参数说明：带测试的字符（或字符编码）。

返回值：测试结果，非零为真，0 为假。

4．isalnum

函数原型：

```
#include <ctype.h>
int isalnum(int c);
```

函数功能：测试参数所对应的字符是否为拉丁字母或阿拉伯数字。
参数说明：带测试的字符（或字符编码）。
返回值：测试结果，非零为真，0 为假。

5．isspace
函数原型：

```
#include <ctype.h>
int isspace(int c);
```

函数功能：测试参数所对应的字符是否为空白字符。
参数说明：带测试的字符（或字符编码）。
返回值：测试结果，非零为真，0 为假。

6．ispunct
函数原型：

```
#include <ctype.h>
int ispunct(int c);
```

函数功能：测试参数所对应的字符是否为标点符号或特殊符号。
参数说明：带测试的字符（或字符编码）。
返回值：测试结果，非零为真，0 为假。

7．isgraph / isprint
函数原型：

```
#include <ctype.h>
int isgraph(int c);
int isprint(int c);
```

函数功能：测试参数所对应的字符是否为可打印字符。isgraph 不包含空白字符，isprint 包含空白字符。
参数说明：带测试的字符（或字符编码）。
返回值：测试结果，非零为真，0 为假。

8．isascii
函数原型：

```
#include <ctype.h>
int isascii(int c);
```

函数功能：测试参数所对应的字符是否为 ASCII 码字符。
参数说明：带测试的字符（或字符编码）。
返回值：测试结果，非零为真，0 为假。

9. **toascii**

函数原型:

```
#include <ctype.h>
int toascii(int c);
```

函数功能：将参数转化为 ASCII 码字符，即仅保留参数的二进制的低 7 位，其余位清零。

参数说明：待转化字符（或字符编码）。

返回值：转化结果。

10. **tolower / toupper**

函数原型：

```
#include <ctype.h>
int tolower(int c);
int toupper(int c);
```

函数功能：将参数转化为小写字母（tolower）或大写字母（toupper）。

参数说明：待转化字符（或字符编码）。

返回值：转化结果。

下面对以上函数进行实例验证功能。打开"终端"，新建实验目录，并进入。

```
mkdir ~/exper/exp7
cd ~/exper/exp7
```

启动 vi，编写程序。

```
vi exp7_1.c
```

程序代码如下。

```c
#include <sys/types.h>
#include <sys/stat.h>
#include <fcntl.h>
#include <string.h>
#include <ctype.h>
#include <stdio.h>

int main()                    //主函数入口
{
    char c;                   //定义一个变量，用于接收输入的字符
    printf("Please Input a char: ");
    scanf("%c", &c);          //输入一个字符
```

```c
        if(isspace(c))                      //是否为空字符
        {
            printf("The input char is a space\n");
        }
        else if (isgraph(c))                //是否为可打印字符，不包含空字符
        {
            printf("The input char is graph\n");
            if(isalnum(c))                  //是否为拉丁字母或阿拉伯数字
            {
                printf("The input char is a alpha or a digit\n");
                if(isalpha(c))              //判断是否为拉丁字母
                {
                    printf("The input char is a alpha\n");
                    if(isupper(c))          //判断是否为大写字符
                    {
                        printf("The input char is a upper and change to lower:%c\n",
                        tolower(c));        //如果是大写字母，改为小写字母
                    }
                    else if(islower(c))     //判断是否为小写字符
                    {
                        printf("The input char is a lower and change to upper:%c\n",
                        toupper(c));        //如果是小写字母，改为大写字母
                    }

                    if(isxdigit(c))         //判断是否为十六进制字母
                        printf("The input char is a xdigit\n");
                }
                else if(isdigit(c))         //判断是否为阿拉伯数字
                {
                    printf("The input char is a digit\n");
                }
            }
            else if(ispunct(c))             //判断是否为标点符号或特殊符号
            {
                printf("The input char is a special char\n");
            }
        }
        else if(isascii(c))                 //是否为ASCII字符
        {
            printf("The ASCII char is :%d\n",toascii(c));  //转换成ASCII字符输出
        }
        else
        {
            printf("Others char\n");        //其他类型字符
```

}
}

保存文件，退出 vi 编辑，执行 gcc 命令对其进行编译，然后运行测试功能，测试结果如图 7.1 所示。

```
user@localhost:~/exper/exp7$ ls
exp7_1.c  exp7.c
user@localhost:~/exper/exp7$ gcc4.9 exp7_1.c -o exp7_1
user@localhost:~/exper/exp7$ ls
exp7_1  exp7_1.c  exp7.c
user@localhost:~/exper/exp7$ ./exp7_1
Please Input a char:
The input char is a space
user@localhost:~/exper/exp7$ ./exp7_1
Please Input a char: a
The input char is graph
The input char is a alpha or a digit
The input char is a alpha
The input char is a lower and change to upper:A
The input char is a xdigit
user@localhost:~/exper/exp7$ ./exp7_1
Please Input a char: 9
The input char is graph
The input char is a alpha or a digit
The input char is a digit
user@localhost:~/exper/exp7$ ./exp7_1
Please Input a char: ;
The input char is graph
The input char is a special char
user@localhost:~/exper/exp7$ ./exp7_1
Please Input a char: ^[[24~
The ASCII char is :27
user@localhost:~/exper/exp7$
```

图 7.1 字符函数测试结果

首先输入一个空格，通过函数 isspace()判断为空格，然后退出。第二次输入一个字母 a，通过函数 isgraph()判断为可显示字符，通过函数 isalnum()判断为拉丁字母或阿拉伯数字，通过函数 isalpha()判断为拉丁字母，通过函数 islower()判断为小写字母，然后通过函数 toupper()转换成大写字母并输出，通过函数 isxdigit()判断为十六进制数字。第三次输入字符 9，通过函数 isgraph()判断为可显示字符，通过函数 isalnum()判断为拉丁字母或阿拉伯数字，通过函数 isdigit()判断为阿拉伯数字。第四次输入";"，通过函数 isgraph()判断为可显示字符，通过函数 ispunct()判断为特殊符号。第五次输入按下的是 F12 键，通过函数 isascii()判断为 ASCII 字符，然后利用函数 toascii()转换成 ASCII 字符并输出。

7.3 字符串操作

字符串是编程中一种重要的数据类型，因为用户通过键盘的输入都是采用字符串的形式的。因此，将字符串表示的信息转化成计算机内部的表示方式（如将字符串"1.23"转化成一个浮点型数据），或将内部数据结构转化成相应的字符串信息以供输出是编程中必须面对的问题。Linux 的标准 C 函数库中提供了完成这些操作的相关函数，同时还提供了一些完成字符串本身操作的一些常用函数。

7.3.1 数据类型转换

1．atoi

函数原型：

```
#include <stdlib.h>
int atoi(const char *nptr);
```

函数功能：将字符串转化成整型。转化会从字符串的第一个数字字符开始，至其后的第一个非数字字符为止。

参数说明：待转化的字符串。

返回值：转化结果。

2．atol

函数原型：

```
#include <stdlib.h>
long atol(const char *nptr);
```

函数功能：将字符串转化成长整型。转化会从字符串的第一个数字字符开始，至其后的第一个非数字字符为止。

参数说明：待转化的字符串。

返回值：转化结果。

3．atof

函数原型：

```
#include <stdlib.h>
double atof(const char *nptr);
```

函数功能：将字符串转化成双精度浮点型。转化会从字符串的第一个数字字符开始，至其后的第一个非数字字符为止。

参数说明：待转化的字符串。

返回值：转化结果。

4．gcvt

函数原型：

```
#include <stdlib.h>
char *gcvt(double number, size_t ndigits, char *buf);
```

函数功能：将所提供的数字转化成字符串。

参数说明：number 是待转化的数字；ndigits 是转化后数字的位数（整数部分和小数部分的加和）；buf 指向是存放转化结果字符串的地址。

返回值：返回值和 buf 指向地址一致。

5. strtol
函数原型：

```
#include <stdlib.h>
long strtol(const char *nptr, char **endptr, int base);
```

函数功能：将字符串转化成长整型。转化会从字符串的第一个数字字符开始，至其后的第一个非数字字符为止。

参数说明：nptr 是待转化字符串；endptr 通常是 NULL，当其值不为 NULL 时，当函数返回时指向 nptr 转换终止字符的地址；base 是基数，取值范围 2~36 或 0，其中 0 默认表示十进制，若遇到以 0x 开头的字符串则按十六进制处理。

返回值：转化结果。

6. strtoul
函数原型：

```
#include <stdlib.h>
unsigned long strtoul(const char *nptr, char **endptr, int base);
```

函数功能：将字符串转化成无符号长整型。转化会从字符串的第一个数字字符开始，至其后的第一个非数字字符为止。

参数说明：nptr 是待转化字符串；endptr 通常是 NULL，当其值不为 NULL 时，当函数返回时指向 nptr 转换终止的字符的地址；base 是基数，取值范围 2~36 或 0，其中 0 默认表示十进制，若遇到以 0x 开头的字符串则按十六进制处理。

返回值：转化结果。

7. strtod
函数原型：

```
#include <stdlib.h>
dobule strtod(const char *nptr, char **endptr);
```

函数功能：将字符串转化成双精度浮点型。转化会从字符串的第一个数字字符开始，至其后的第一个非数字字符为止。

参数说明：nptr 是待转化字符串；endptr 通常是 NULL，当其值不为 NULL 时，当函数返回时指向 nptr 转换终止的字符的地址。

返回值：转化结果。

下面对以上函数进行实例验证功能。打开"终端"，进入实验目录。

```
cd ~/exper/exp7
```

启动 vi，编写程序。

启动 vi，编写程序。

```
vi exp7_2.c
```

程序代码如下。

```c
#include <sys/types.h>
#include <sys/stat.h>
#include <fcntl.h>
#include <string.h>
#include <ctype.h>
#include <stdio.h>
#include <stdlib.h>

int main()                             //主函数入口
{
    char input[100],output[100];       //字符串变量，保存输入内容和输出结果
    scanf("%s",input);                 //读取用户输入的字符串
    printf("%s\n",input);              //输出输入的字符串
    printf("The result of function atoi is : %d\n",atoi(input));
                                       //转换成整数
    printf("The result of function atol is : %ld\n",atol(input));
                                       //转换成长整数

//转换成双精度浮点数
printf("The result of function atof is : %lf\n",atof(input));
gcvt(atof(input),12,output);           //转换12位数字
printf("The result of function gcvt is : %s \n",output);//输出转换结果

//转换成十进制无符号长整数
    printf("The result of function strtoul is : %ld\n",strtoul(input,
    NULL,0));

//转换成双精度浮点数
printf("The result of function atof is : %lf\n",strtod(input,NULL));
}
```

保存文件，退出 vi 编辑，执行 gcc 命令对其进行编译，然后运行测试功能，测试结果如图 7.2 所示。

第一次测试输入一串数字，对测试结果进行分析，可以看出函数转换正确；第二次输入一个十六进制字符串函数 atoi()和 atol()不使用 0x 判断为十六进制数字，因为包含非函数字符 x，所以对于 0x64 的转换结果为 0，第一个数字字符，而其他函数会把输入字符串判断为十六进制，完成字符串转换，转换结果为 100。

```
user@localhost:~/exper/exp7$ gcc4.9 exp7_2.c -o exp7_2
user@localhost:~/exper/exp7$ ./exp7_2
1234567891.345xdf45
1234567891.345xdf45
The result of function atoi is : 1234567891
The result of function atol is : 1234567891
The result of function atof is : 1234567891.345000
The result of function gcvt is : 1234567891.35
The result of function strtoul is : 1234567891
The result of function atof is : 1234567891.345000
user@localhost:~/exper/exp7$ ./exp7_2
0x64
0x64
The result of function atoi is : 0
The result of function atol is : 0
The result of function atof is : 100.000000
The result of function gcvt is : 100
The result of function strtoul is : 100
The result of function atof is : 100.000000
user@localhost:~/exper/exp7$
```

图 7.2　数据类型转换测试结果

7.3.2　字符串数据处理

1．index / strchr

函数原型：

```
#include <string.h>
char *index(const char *s, int c);
char *strchr(const char *s, int c);
```

函数功能：找到字符串第一次出现某一字符（或字符代码）的位置。字符串结束符 '\0' 也属于字符串的一部分。

参数说明：s 是待查找的字符串，c 是要寻找的字符（或字符代码）。

返回值：若找到相应的字符则返回该字符的地址，否则返回 NULL。

2．rindex / strrchr

函数原型：

```
#include <string.h>
char *rindex(const char *s, int c);
char *strrchr(const char *s, int c);
```

函数功能：找到字符串最后一次出现某一字符（或字符代码）的位置。字符串结束符 '\0' 也属于字符串的一部分。

参数说明：s 是待查找的字符串，c 是要寻找的字符（或字符代码）。

返回值：若找到相应的字符则返回该字符的地址，否则返回 NULL。

3．strlen

函数原型：

```
#include <string.h>
int strlen(const char *s);
```

函数功能：计算字符串的长度，长度不包含字符串结束符"\0"。
参数说明：s 是待计算的字符串。
返回值：字符串长度。

4．strcpy / strncpy

函数原型：

```
#include <string.h>
char *strcpy(char *dest, const char *src);
char *strncpy(char *dest, const char *src, size_t n);
```

函数功能：字符串复制。
参数说明：dest 是目标字符串；src 是源字符串；n 是复制的长度，若 n 大于字符串长度，则仅复制到字符串结束为止。
返回值：目标字符串首字符地址。

5．strdup

函数原型：

```
#include <string.h>
char *index(const char *src);
```

函数功能：复制字符串，目标字符串地址在堆空间申请，目标字符串使用后需要使用 free 函数释放空间。
参数说明：src 是源字符串。
返回值：目标字符串。

6．strcat / strncat

函数原型：

```
#include <string.h>
char *strcat(char *dest, const char *src);
char *strncat(char *dest, const char *src, size_t n);
```

函数功能：将两个字符串连接成一个字符串，结果存放在原第一个字符串所指向的地址。
参数说明：dest 是连接的第一个字符串，也是目标地址；src 是连接的第二个字符串；n 是连接字符的数目，即取 src 的前 n 个字符，若 n 大于 src 的长度，则仅处理到 src 结束为止。
返回值：目标字符串首字符地址。

7．strcmp / strncmp

函数原型：

```
#include <string.h>
```

```
int strcmp(const char *s1, const char *s2);
int strncmp(const char *s1, const char *s2, size_t n);
```

函数功能：按照 ASCII 码的顺序，采用字典排序的方式，比较两个字符串。

参数说明：s1 和 s2 是两个待比较的字符串；n 为比较的字符数目。

返回值：比较的结果。如果在字典顺序上 s1 更靠前则返回负数，若 s2 更靠前则返回正数，若两字符串相同（或前 n 个字符相同）则返回 0。

8．strcasecmp / strncasecmp

函数原型：

```
#include <string.h>
int strcasecmp(const char *s1, const char *s2);
int strncasecmp(const char *s1, const char *s2, size_t n);
```

函数功能：不区分大小写按照 ASCII 码的顺序，采用字典排序的方式，比较两个字符串。

参数说明：s1 和 s2 是两个待比较的字符串；n 为比较的字符数目。

返回值：比较的结果。如果在字典顺序上 s1 更靠前则返回负数，若 s2 更靠前则返回正数，若两字符串相同（或前 n 个字符相同）则返回 0。

9．strstr

函数原型：

```
#include <string.h>
char * strstr(const char *haystack, const char *needle);
```

函数功能：查找字符串。

参数说明：haystack 是被查找的字符串；needle 是查找的目标。

返回值：返回第一个匹配的字符串的首字符的地址。

10．strtok

函数原型：

```
#include <string.h>
char *strtok(const char *s, const char *delim);
```

函数功能：分割字符串。依次查看 s 中每一个字符，把第一个出现在 delim 中的字符转化成 '\0'，从而达到分割字符串的目的。在第一次调用时，strtok() 必须给予参数 s 字符串，后面的调用则将参数 s 设置成 NULL，每次调用成功则返回指向被分割片段的指针。

参数说明：s 是被分割的字符串，当 s 为 NULL 时，表示继续分割上一次的字符串；delim 是分割字符集。

返回值：返回分割后的字符串地址（当 s 不为 NULL 时，它就是 s 的地址）。

下面对以上函数进行实例验证功能。打开"终端"，进入实验目录。

```
cd ~/exper/exp7
```

启动 vi，编写程序。
启动 vi，编写程序。

vi exp7_3.c

程序代码如下。

```c
#include <sys/types.h>
#include <sys/stat.h>
#include <fcntl.h>
#include <string.h>
#include <ctype.h>
#include <stdio.h>
#include <stdlib.h>

int main()                                    //主函数入口
{
char input[100]="",output[100]="";   //字符串变量，保存输入内容和输出结果
    char testchar;                            //保存输入的查找字符
    char * temp;                              //临时指针

    //测试index()/strchr()和rindex()/strrchr()函数功能
    printf("Input string for test the function index()/strchr() and rindex()/strrchr():");
    scanf("%s",input);                        //读取用户输入的字符串
    getchar();                                //读取回车键，防止后面的错误
    printf("Input char for test the function  index()/strchr() and rindex()/strrchr() :");
    scanf("%c",&testchar);                    //读取用户输入的字符
getchar();                                    //读取回车键，防止后面的错误

//测试输入字符串长度
printf("The length of the string is : %d\n",(int)strlen(input));
//测试index()
printf("The result of index() is : %s\n",index(input,testchar));

//测试strchr()
printf("The result of strchr() is : %s\n",strchr(input,testchar));

//测试rindex()
printf("The result of rindex() is : %s\n",rindex(input,testchar));

//测试strrchr()
printf("The result of strrchr() is : %s\n",strrchr(input,testchar));
```

```c
    //测试strcpy()/strncpy()函数功能
    strcpy(output,input);     //将input字符串中的内容复制到output字符串中
    printf("The result of strcpy() is : %s\n",output);

/*对于函数strncpy()，如果src的前n个字节不含NULL字符，
则结果不会以NULL字符结束，所以在此对output[3]='\0'执行赋值操作*/
    output[3]='\0';

//将input字符串中的内容复制到output字符串中，但只复制部分字符串
strncpy(output,input,3);
printf("The result of strncpy() is : %s\n",output);

    //测试strcat()/strncat()函数功能
    strcat(output,input);     //将input字符串连接到output字符串之后的位置
    printf("The result of strcat() is : %s\n",output);
//输出strcat()函数结果

    strncat(output,input,3); //将input字符串的前三个字符连接到output之后的位置
    printf("The result of strncat() is : %s\n",output);
//输出strncat()函数结果

    //测试函数strcmp()/strncmp()功能
    printf("The compare result of strcmp() is : %d\n",strcmp(input,output));

//只比较前三个字符
printf("The compare result of strncmp() is %d\n",strncmp(input,output,3));

    //测试strstr()函数功能，查找input字符串在output字符串的位置，并输出
    printf("The result of strstr() is : %s\n",strstr(output,input));

    //测试strtok()函数功能
    temp=strtok(input,"w");  //使用字符"w"分割字符串
    printf("The result of strtok() is : %s\n",temp);//第一次的分割结果
    while(temp)              //循环分割，直到分割结果为NULL停止
    {
        temp=strtok(NULL,"w");
        printf("The result of strtok() is : %s\n",temp);
    }
}
```

保存文件，退出 vi 编辑，执行 gcc 命令对其进行编译，然后运行测试功能，测试结果如图 7.3 所示。

```
user@localhost:~/exper/exp7$ vi exp7_3.c
user@localhost:~/exper/exp7$ gcc exp7_3.c -o exp7_3
user@localhost:~/exper/exp7$ ./exp7_3
Input string for test the function index()/strchr() and rindex()/strrchr():klwjhwgh
Input char for test the function  index()/strchr() and rindex()/strrchr() :w
The length of the string is : 8
The result of index() is : wjhwgh
The result of strchr() is : wjhwgh
The result of rindex() is : wgh
The result of strrchr() is : wgh
The result of strcpy() is : klwjhwgh
The result of strncpy() is : klw
The result of strcat() is : klwklwjhwgh
The result of strncat() is : klwklwjhwghklw
The compare result of strcmp() is : -1
The compare result of strncmp() is 0
The result of strstr() is : klwjhwghklw
The result of strtok() is : kl
The result of strtok() is : jh
The result of strtok() is : gh
The result of strtok() is : (null)
user@localhost:~/exper/exp7$
```

图 7.3 字符串处理测试结果

　　输入测试字符串为"klwjhwgh"，测试查找的字符为 w，输入字符串长度为 8，说明 strlen() 函数能够正确计算出字符串长度。函数 index()、strchr() 都能够正确查找到字符 w 在字符串第一次出现的位置，函数 rindex()、strrchr() 都能够正确查找到字符 w 在字符串中最后一次出现的位置。函数 strcpy() 能够将输入字符串 input 完全复制到 output 字符串中，函数 strncpy() 能够将 input 字符串的前三个字符成功复制到 output 字符串中。当前 output 字符串的内容为 klw，执行 strcat() 将字符串 input 连接到 output 字符串之后，执行结果显示 strcat() 能够完成字符串的连接。函数 strcat() 执行完成之后，字符串 output 的内容为 klwklwjkwgh，此时再执行 strncat() 将 input 的前三个字符连接到 output 之后，输出结果显示连接成功，字符串 output 的内容为 klwklwjkwghklw。通过函数 strcmp() 对字符串 input 和 output 进行比较，返回结果为–1，说明 input 小于 output，字符串的前三个字符完全相同，第四个字符 'j' 小于 'k'，所以返回–1，返回值为这两个字符之间的差值。而通过函数 strncmp() 对这两个字符串进行比较，只比较字符串的前三个字符，返回结果为 0，说明字符串相同，而这两个字符串的前三个字符完全相同。strstr() 函数进行字符串匹配，output 包含字符串 input，output 字符串中从第 4 个字符开始到第 11 个字符能够完全跟 input 字符串匹配，所以输出结果为 klwjhwghklw。最后测试函数 strtok() 的功能，对字符串 input 进行分割，分割字符为 w，input 字符串中共有两个 w 字符，所以被分割成三个子字符串，结果如图 7.3 所示。

7.4　数学计算操作

1．abs / fabs

函数原型：

```
#include <stdlib.h>
int abs(int j);
```

```
#include <math.h>
double fabs(double x);
```

函数功能：取绝对值。
参数说明：被操作数。
返回值：计算的结果。

2．ceil / floor
函数原型：

```
#include <math.h>
double ceil(double x);
double floor(double x);
```

函数功能：取整操作。ceil 是向上取整，即返回大于 x 的最小整数；floor 是向下取整，即返回小于 x 的最大整数。
参数说明：被操作数。
返回值：计算的结果。

3．pow
函数原型：

```
#include <math.h>
double pow(double x, double y);
```

函数功能：计算乘方。
参数说明：x 是底数，y 是指数。
返回值：计算的结果。

4．sqrt
函数原型：

```
#include <math.h>
double sqrt(double x);
```

函数功能：计算开方。
参数说明：被操作数。
返回值：计算的结果。

5．exp
函数原型：

```
#include <math.h>
double exp(double x);
```

函数功能：计算 e 的 x 次幂。
参数说明：被操作数。
返回值：计算的结果。

6. log / log10

函数原型：

```
#include <math.h>
double log(double x);
double log10(double x);
```

函数功能：计算以 e（log）或 10（log10）为底 x 的对数。

参数说明：被操作数。

返回值：计算的结果。

7. sin / cos / tan

函数原型：

```
#include <math.h>
double sin(double x);
double cos(double x);
double tan(double x);
```

函数功能：计算三角函数正弦（sin）、余弦（cos）或正切（tan）。

参数说明：被操作数。

返回值：计算的结果。

8. asin / acos / atan

函数原型：

```
#include <math.h>
double asin(double x);
double acos(double x);
double atan(double x);
```

函数功能：计算反三角函数反正弦（asin）、反余弦（acos）或反正切（atan）。

参数说明：被操作数。

返回值：计算的结果。

7.5 数据结构与算法操作

1. rand

函数原型：

```
#include <stdlib.h>
int rand();
```

函数功能：按均匀分布，取出一个随即整数。

参数说明：无。

返回值：随机数。

2．srand

函数原型：

```
#include <stdlib.h>
void srand(unsigned int seed);
```

函数功能：设置随机数种子，不同的种子可产生不同的随机数序列。

参数说明：种子。

返回值：无。

3．qsort

函数原型：

```
#include <stdlib.h>
void qsort(void *base, size_t nmemb, size_t size, int (*compar)(const void *, const void *));
```

函数功能：快速排序。

参数说明：base 是需要排序的数组。nmemb 是数据的元素个数；size 是数组中每个元素所占的字节数。compar 是一个函数指针，是比较器，当第一个数据大于第二个数据时返回整数；当第二个数据大于第一个数据时返回负数，两数据相等时返回 0。

返回值：无。排序的结果仍旧放在 base 处。

4．lfind / lsearch

函数原型：

```
#include <stdlib.h>
void *lfind (const void *key,const void *base, size_t *nmemb, size_t size, int(*compar) (const void * ,const void *));
void *lsearch(const void * key ,const void * base, size_t * nmemb, size_t size, int ( *compar) (const void * ,const void *));
```

函数功能：线性搜索。

参数说明：key 是要搜索的目标；base 是被搜索的数组；nmemb 是数据的元素个数；size 是数组中每个元素所占的字节数；compar 是一个函数指针，是比较器，两数据相等时返回 0，否则返回非零。

返回值：当搜索到目标则返回目标的地址；当没有搜索到目标时，lfind 将返回 NULL，lsearch 将会把 key 加入 base 数组中，然后返回加入的数据的地址。

5．bsearch

函数原型：

```
#include <stdlib.h>
void *bsearch(const void *key, const void *base, size_t nmemb, size_t size, int (*compar) (const void *,const void *));
```

函数功能：采用二元搜索的方式，搜索已经排序的数组。

参数说明：key 是要搜索的目标；base 是被搜索的数组；nmemb 是数据的元素个数；size 是数组中每个元素所占的字节数；compar 是一个函数指针，是比较器，两数据相等时返回 0，否则返回非零。

返回值：当搜索到目标则返回目标的地址；当没有搜索到目标时，返回 NULL。

下面对以上函数进行实例验证功能。打开"终端"，进入实验目录。

```
cd ~/exper/exp7
```

启动 vi，编写程序。

启动 vi，编写程序。

```
vi exp7_4.c
```

程序代码如下。

```c
#include <sys/types.h>
#include <sys/stat.h>
#include <fcntl.h>
#include <string.h>
#include <ctype.h>
#include <stdio.h>
#include <stdlib.h>
#include <search.h>

//比较器函数定义
int compare(const void * a, const void * b)
{
//对a、b保存的值进行比较，大于返回正数；小于返回负数；等于返回0
    return ((*(int *) a)- (*(int *)b) );
}

int main()                          //主函数入口
{
    int array[10];                  //大小为10的整数数组
    int temp;                       //保存搜索输入的数字
    void * result;                  //保存返回结果
    size_t arrayLength=0;           //数组的长度
    int  i=0;                       //循环变量
    int rand_result=rand();         //生成一个随机数
    printf("The result of rand() is: %d\n",rand_result);
    srand(rand_result);             //设置随机种子
    printf("The rand result for array is: ");
    arrayLength=sizeof(array)/sizeof(int);   //数组长度
    for(i=0;i<arrayLength;i++)
```

```c
    {
        /*随机生成一个整数,对随机数进行取余操作,给数组元素赋值,数组元素大小在
20以内*/
        array[i]=rand()%20;
        printf("%d ",array[i]);
    }
    printf("\n");

    printf("Input the Int you want to search from array:");
    scanf("%d",&temp);              //获取用户输入的数字

    //调用函数lfind()在未排序数组中查找数字
    result=lfind(&temp,array,&arrayLength,sizeof(int),compare);
    if(result)                //通过判断result是否为NULL,判断是否搜索到输入数字
        printf("The result of lfind is : %d\n", *(int *)result); //搜到
    else
        printf("The array don't contain %d\n",temp); //未搜到
    printf("The length of array is : %d\n",(int)arrayLength);
    //输出数组长度

    //调用函数lsearch()在未排序数组中查找数字
    result=lsearch(&temp,array,&arrayLength,sizeof(int),compare);
    if(result)  //通过判断result是否为NULL,判断是否搜索到输入数字
        printf("The result of lsearch is : %d\n", *(int *)result);
        //搜到
    else
        printf("The array don't contain %d\n",temp); //未搜到
    printf("The length of array is : %d\n",(int)arrayLength);
    //输出数组长度

    printf("The array after lsearch is: ");
    for(i=0;i<arrayLength;i++)   //输出在函数lsearch()执行之后数组的内容
    {
        printf("%d ",array[i]);
    }
    printf("\n");

    qsort(array,arrayLength,sizeof(int),compare);  //对数组进行正序排序
    printf("The array after qsort is: ");
    for(i=0;i<arrayLength;i++)    //输出排序之后数组内容
    {
        printf("%d ",array[i]);
```

```
        printf("\n");

    //在已排序数组中查找数字
    result=bsearch(&temp,array,arrayLength,sizeof(int),compare);
    if(result)   //通过判断result是否为NULL,判断是否搜索到输入数字
        printf("The result of bsearch is : %d\n", *(int *)result);  //搜到
    else
        printf("The array don't contain %d\n",temp);  //未搜到
    printf("The length of array is : %d\n",(int)arrayLength);
        //输出数组长度
}
```

保存文件，退出 vi 编辑，执行 gcc 命令对其进行编译，然后运行测试功能，测试结果如图 7.4 所示。

```
user@localhost:~/exper/exp7$ vi exp7_4.c
user@localhost:~/exper/exp7$ gcc exp7_4.c -o exp7_4
user@localhost:~/exper/exp7$ ./exp7_4
The result of rand() is: 1804289383
The rand result for array is: 14 18 15 6 2 19 12 8 16 2
Input the Int you want to search from array:15
The result of lfind is : 15
The length of array is : 10
The result of lsearch is : 15
The length of array is : 10
The array after lsearch is: 14 18 15 6 2 19 12 8 16 2
The array after qsort is: 2 2 6 8 12 14 15 16 18 19
The result of bsearch is : 15
The length of array is : 10
user@localhost:~/exper/exp7$ ./exp7_4
The result of rand() is: 1804289383
The rand result for array is: 14 18 15 6 2 19 12 8 16 2
Input the Int you want to search from array:56
The array don't contain 56
The length of array is : 10
The result of lsearch is : 56
The length of array is : 11
The array after lsearch is: 14 18 15 6 2 19 12 8 16 2 56
The array after qsort is: 2 2 6 8 12 14 15 16 18 19 56
The result of bsearch is : 56
The length of array is : 11
user@localhost:~/exper/exp7$
```

图 7.4 数据结构与算法测试结果

首先，调用函数 rand()生成一个随机数，图 7.4 中两次执行结果一样，说明函数 rand()生成的随机数是伪随机数，不能达到完全的随机。然后，调用函数 srand()设置随机种子，再利用函数 rand()随机生成一个 10 数的数组，两次执行结果也是一样的。用户输入一个要查询的数字，第一次测试输入的是 15，函数 lfind()、lsearch()都能完成数据的查询。调用函数 qsort()对随机数组进行排序，输出结果显示排序正确。最后，调用函数 bsearch()在排序之后的数组中搜索输入的数字，查询正确，函数 bsearch()只能在已排序数组中进行查询。

第二次测试输入的 56，数字 56 并不在随机生成的数组中，函数 lfind()在数组中并未找到数字 56，而函数 lsearch()找到了数字 56，lsearch()执行完成之后，数组的长度变为了 11，并且 56 也被添加到了数组的最后位置，函数执行过程中变量 arrayLength 自动由 10 变为 11。对数组进行排序，执行 bsearch()的结果都是正确的。

7.6 日期时间操作

1．time
函数原型：

```
#include <time.h>
time_t time(time_t *t);
```

函数功能：获取系统当前时间，采用 Linux 纪元表示。所谓 Linux 纪元是一个整数，记录从格林尼治时间 1970 年 1 月 1 日 0 时起到所记录时间的秒数。
参数说明：返回的当前时间，如果为 NULL，该参数则不发挥任何作用。
返回值：当前时间。

2．localtime / gmtime
函数原型：

```
#include <time.h>
struct tm *localtime(const time_t *timep);
struct tm *gmtime(const time_t *timep);
```

函数功能：将 Linux 纪元时间转化为现实世界的时间。Linux 采用一个名叫 tm 的结构体来表示现实世界的时间。tm 用相应的元素表示现实世界时间的不同时间单位。
参数说明：待转化的 Linux 纪元时间。
返回值：现实世界时间。

3．mktime
函数原型：

```
#include <time.h>
time_t mktime(struct tm *timeptr);
```

函数功能：将现实世界时间转化为 Linux 纪元时间。
参数说明：待转化的现实世界时间。
返回值：Linux 纪元时间。

4．ctime / asctime
函数原型：

```
#include <time.h>
char *ctime(const time_t *time);
char *asctime(struct tm *timeptr);
```

函数功能：将时间转化成字符串形式。这里 ctime 更加稳定。
参数说明：待转化的时间。
返回值：表示时间的字符串。
下面对以上函数进行实例验证功能。打开"终端"，进入实验目录。

```
cd ~/exper/exp7
```

启动 vi，编写程序。

```
vi exp7_5.c
```

程序代码如下。

```c
#include <sys/types.h>
#include <sys/stat.h>
#include <fcntl.h>
#include <string.h>
#include <ctype.h>
#include <stdio.h>
#include <stdlib.h>
#include <time.h>
int main()   //主函数入口
{
    time_t  current_time=time(NULL); //获取当前时间
    struct tm * local_time=localtime(&current_time);  //将时间转换成tm格式
time_t mk_time=mktime(local_time);   //将tm格式时间转换成time_t格式

//输出time()转换结果
    printf("Current time of time() is : %ld\n",current_time);

//输出tm格式时间，tm格式时间中月份为tm_mon+1，年份为tm_year+1900
    printf("Current time of localtime() is : Second %d Minute %d Hour %d Day %d Month %d Year %d\n", local_time->tm_sec, local_time->tm_min, local_time->tm_hour, local_time->tm_mday,local_time->tm_mon+1,local_time->tm_year+1900);

//输出mktime()转换结果
printf("Current time of mktime() is : %ld\n",mk_time);

//将time_t格式时间转换成字符串格式
printf("Current time  of ctime() : %s\n",ctime(&mk_time));

//将tm格式时间转换成字符串格式
printf("Current time of asctime() : %s\n",asctime(local_time));
}
```

保存文件，退出 vi 编辑，执行 gcc 命令对其进行编译，然后运行测试功能，测试结果如图 7.5 所示。

```
user@localhost:~/exper/exp7$ vi exp7_5.c
user@localhost:~/exper/exp7$ gcc exp7_5.c -o exp7_5
user@localhost:~/exper/exp7$ ./exp7_5
Current time of time() is : 1427626471
Current time of localtime() is : Second 31 Minute 54 Hour 18 Day 29 Month 3 Year 2015
Current time of mktime() is : 1427626471
Current time  of ctime() : Sun Mar 29 18:54:31 2015

Current time of asctime() : Sun Mar 29 18:54:31 2015

user@localhost:~/exper/exp7$
```

图 7.5　日期时间函数测试结果

函数 time()获取的时间为 Linux 纪元时间，表示的是秒数，localtime()函数将函数 time()的返回结果转换成现实世界时间，通过对比转换结果与当前系统时间，验证转换结果是正确的。函数 mktime()将 localtime()的返回结果再转换成 Linux 纪元时间，值与 time()函数的返回结果相同，说明转换结果正确。ctime()函数将 mktime()函数的返回值转换成字符串，asctime()函数将 localtime()的返回值转换成字符串，输出结果与系统当前时间进行对比，可以验证转换结果是正确的。

7.7　实 例 训 练

本次实验完成一个字符串处理程序，字符串处理是编译器和其他许多基于命令行操作程序的基础。这些程序需要完成如下功能：

（1）接受用户输入的字符串。

（2）摘除字符串中不能组成数字的字符，如"1a2b.3cEee2"摘除后的结果应该为"12.3E2"。

（3）判断新的字符串所表示的数是整数还是浮点数。

（4）输出新的字符串所表示的数的值。

（5）对取出的整数和浮点数分别累加，在程序退出时输出两个累加的值。

7.7.1　任务分析

显然，要实现的程序相当于编译器中的词法分析程序。使用自动机的思想来编写该程序，这个程序的关键在于能不能准确地将不能组成数字的字符去掉。对于区分整数还是小数，可以通过新的字符串中的小数点"."和科学计数符号 E（或 e）来实现。

去除干扰字符的状态机一共有 5 个状态，第 1 个状态用来接收正负符号，若正负符号不存在，则接收一个数字；第 2 个状态用来接收整数部分；第 3 个状态用来接收小数部分；第 4 个状态用来接收指数部分的正负号，第 5 个状态用来接收指数。根据一个特殊字符，如"."、"E/e"、"+/−"等，决定状态的转化。状态机如图 7.6 所示。

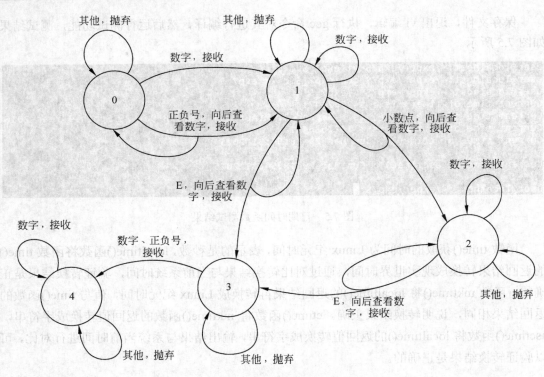

图 7.6 数字接收的状态机

程序的整体流程图如图 7.7 所示。

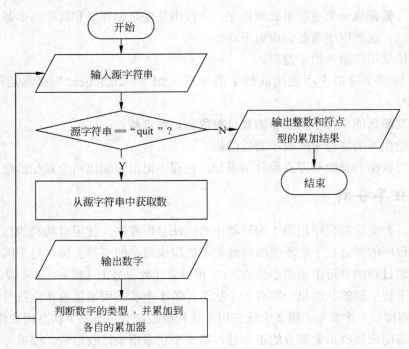

图 7.7 程序整体流程图

7.7.2 编写程序

打开"终端",新建实验目录,并进入。

```
mkdir ~/exper/exp7
cd ~/exper/exp7
```

启动 vi,编写程序。

```
vi exp7.c
```

程序代码如下。

```c
#include <sys/types.h>
#include <sys/stat.h>
#include <fcntl.h>
#include <string.h>
#include <ctype.h>
#include <stdio.h>

/* 函数声明 */
void getnumeric(char *str, char *numbuf, char *garbuf);
int isintstr(char *numstr);

/* 主函数,程序入口点 */
int main()
{
    /* 变量声明 */
    char numbuf[80], garbuf[80], str[80];
    int needquit = 1;
    int intval, intsum = 0;
    double dblval, dblsum = 0.0;

    /* 循环,直到满足退出条件 */
    while (needquit)
    {
        /* 输入源字符串 */
        printf("Please Input a string: ");
        scanf("%s", str);

        /* 判断字符串是否为quit,若quit则表示退出 */
        if (strcmp(str, "quit") == 0)
            needquit = 0;
        else
        {
```

```c
        /* 从字符串中获取数 */
        getnumeric(str, numbuf, garbuf);

        /* 打印得到的数字 */
        printf("Get Number \"%s\" From \"%s\".\n ", numbuf, str);

        /* 判断得到的数是否是一个整数 */
        /* 如果是一个整数则将该数转化为一个整数,并累加到整数累加变量 */
        if (isintstr(numbuf))
        {
            sscanf(numbuf, "%d", &intval);
            printf("Integer, val = %d\n", intval);
            intsum += intval;
        }
        /* 如果是一个浮点数则将该书转化为一个双精度浮点数, */
        /* 并累加到双精度浮点数累加变量 */
        else
        {
            sscanf(numbuf, "%lf", &dblval);
            printf("Double, val = %lf\n", dblval);
            dblsum += dblval;
        }
    }
    printf("\n");
}

    /* 退出之前打印两个累加变量的结果 */
    printf("Integers sum = %d\n", intsum);
    printf("Doubles sum = %lf\n", dblsum);
    printf("Goodbye!\n\n");
}

/* 从一个字符串中抽取一个数 */
void getnumeric(char *str, char *numbuf, char *garbuf)
{
    /* 变量声明 */
    char *epos, *dotpos;
    char *pnow, *q;
    int hasdigit;
    int state;        /* 状态机的状态 */
    int garbufcount, numbufcount;

    /* 初始化变量 */
    pnow = str;
```

```c
state = 0;
garbufcount = numbufcount = 0;

/* 遍历字符串 */
while (*pnow != '\0')
{
    /* 状态机 */
    switch (state)
    {
    /* 状态0：准备接受基数部分的符号和数字 */
    case 0:
        /* 遇到数字则接受并跳转到状态1 */
        if (isdigit(*pnow))
        {
            numbuf[numbufcount++] = *pnow;
            state = 1;
        }
        /* 遇到正负号 */
        else if (*pnow == '-' || *pnow == '+')
        {
            /* 向后查找看符号后面是否存在数字 */
            q = pnow + 1;
            hasdigit = 0;
            while (*q != '\0')
            {
                if (isdigit(*q))
                {
                    hasdigit = 1;
                    break;
                }
                q++;
            }
            /* 若存在，则接受符号，并跳转到状态1 */
            if (hasdigit)
            {
                numbuf[numbufcount++] = *(pnow++);
                /* 抛弃符号和数字间的所有字符 */
                while (pnow != q)
                {
                    garbuf[garbufcount++] = *(pnow++);
                }
                pnow--;
                state = 1;
            }
```

```c
            /* 否则将符号抛弃 */
            else
            {
                while (*pnow != '\0' && *pnow != 'e' && *pnow != 'E')
                {
                    garbuf[garbufcount++] = *(pnow++);
                }
                pnow--;
            }
        }
        /* 对于其他字符则抛弃 */
        else
        {
            garbuf[garbufcount++] = *pnow;
        }
        break;

    /* 状态1: 接受基数的整数部分 */
    case 1:
    /* 如果遇到数字, 则接受它 */
        if (isdigit(*pnow))
        {
            numbuf[numbufcount++] = *pnow;
        }
        /* 如果遇到小数点 */
        else if (*pnow == '.')
        {
            /* 向后查找, 看小数点后面是否存在数字 */
            q = pnow + 1;
            hasdigit = 0;
            while (*q != '\0' && *q != 'e' && *q != 'E')
            {
                if (isdigit(*q))
                {
                    hasdigit = 1;
                    break;
                }
                q++;
            }
            /* 如果找到数字, 则接受小数点, 并跳转到状态2 */
            if (hasdigit)
            {
                numbuf[numbufcount++] = *pnow;
                state = 2;
```

```c
        }
        /* 如果没找到，则抛弃小数点及其后面的字符 */
        else
        {
            while (*pnow != '\0' && *pnow != 'e' && *pnow != 'E')
            {
                garbuf[garbufcount++] = *(pnow++);
            }
            pnow--;
        }
    }
    /* 如果遇到e */
    else if (*pnow == 'e' || *pnow == 'E')
    {
        /* 则向后查找，看e后面是否存在数字 */
        q = pnow + 1;
        hasdigit = 0;
        while (*q != '\0')
        {
            if (isdigit(*q))
            {
                hasdigit = 1;
                break;
            }
            q++;
        }
        /* 如果存在数字，则接受，并跳转到状态3 */
        if (hasdigit)
        {
            numbuf[numbufcount++] = *pnow;
            state = 3;
        }
        /* 否则，将e以及后面的字符抛弃 */
        else
        {
            while (*pnow != '\0')
            {
                garbuf[garbufcount++] = *(pnow++);
            }
            pnow--;
        }
    }
    /* 对于其他字符，则抛弃 */
    else
```

```c
            {
                garbuf[garbufcount++] = *pnow;
            }
            break;
/* 状态2：接受基数的小数部分 */
case 2:
    /* 如果遇到数字，则接受 */
    if (isdigit(*pnow))
    {
        numbuf[numbufcount++] = *pnow;
    }
    /* 如果遇到e */
    else if (*pnow == 'e' || *pnow == 'E')
    {
        /* 则向后查找，看e后面是否存在数字 */
        q = pnow + 1;
        hasdigit = 0;
        while (*q != '\0')
        {
            if (isdigit(*q))
            {
                hasdigit = 1;
                break;
            }
            q++;
        }
        /* 如果存在数字，则接受，并跳转到状态3 */
        if (hasdigit)
        {
            numbuf[numbufcount++] = *pnow;
            state = 3;
        }
        /* 否则，将e以及后面的字符抛弃 */
        else
        {
            while (*pnow != '\0')
            {
                garbuf[garbufcount++] = *(pnow++);
            }
            pnow--;
        }
    }
    /* 对于其他字符，则抛弃 */
```

```c
            else
            {
                garbuf[garbufcount++] = *pnow;
            }
            break;

        /* 状态3：接受指数部分的符号或数字 */
        case 3:
            /* 如果遇到正负号或数字，则跳转到状态4 */
            /* 这里可以肯定正负号后面一定存在数字，因此没有向后查找 */
            if (*pnow == '-' || *pnow == '+' || isdigit(*pnow))
            {
                numbuf[numbufcount++] = *pnow;
                state = 4;
            }
            /* 对于其他字符，则抛弃 */
            else
            {
                garbuf[garbufcount++] = *pnow;
            }
            break;

        /* 状态4：接收指数的数字 */
        case 4:
            /* 如果遇到数字则接收 */
            if (isdigit(*pnow))
            {
                numbuf[numbufcount++] = *pnow;
                state = 4;
            }
            /* 抛弃其他字符 */
            else
            {
                garbuf[garbufcount++] = *pnow;
            }
            break;
        }
        pnow++;
    }

    /* 在结果字符串的末尾添加字符串结束符 */
    numbuf[numbufcount] = '\0';
    garbuf[garbufcount] = '\0';
}
```

```c
/* 判断给定的表示数字的字符串是否为整数 */
int isintstr(char *numstr)
{
    char *p;

    /* 如果不存在小数点、e等字符，表示它是一个整数 */
    p = index(numstr, '.');
    if (p == NULL)
        p = index(numstr, 'e');
    if (p == NULL)
        p = index(numstr, 'E');
    return p == NULL;
}
```

7.7.3 编译、运行

使用 gcc 编译程序，并运行。

```
gcc4.9 -o exp7 exp7.c
./exp7
```

随意输入字符串，测试程序的运行结果，如图 7.8 所示。在字符串"abc12cd3"中获得整数 123，在字符串"aa-2.ff3eaaa2"中获得浮点数–230.000000，在字符串"pawer3ff1"中获得整数 31，最后输入字符串"quit"退出字符串输入状态，计算输入整数和为 154，浮点数之和为–230.000000，最后退出程序测试。

```
user@localhost:~/exper/exp7$ vi exp7.c
user@localhost:~/exper/exp7$ gcc4.9 -o exp7 exp7.c
user@localhost:~/exper/exp7$ ./exp7
Please Input a string: abc12cd3
Get Number "123" From "abc12cd3".
 Integer, val = 123

Please Input a string: aa-2.ff3eaaa2
Get Number "-2.3e2" From "aa-2.ff3eaaa2".
 Double, val = -230.000000

Please Input a string: pawer3ff1
Get Number "31" From "pawer3ff1".
 Integer, val = 31

Please Input a string: quit

Integers sum = 154
Doubles sum = -230.000000
Goodbye!

user@localhost:~/exper/exp7$
```

图 7.8　程序运行结果

7.8 思考与练习

(1) 思考：从软件工程的角度分析，为什么需要建立函数库？

(2) 编写一个程序，模拟扑克牌洗牌。将洗牌后扑克牌的顺序输出到屏幕上，花色可以用字母代替。

(3) 选作题：编写一个计算器，用户从键盘输入算式，程序将结果输出。计算器支持加、减、乘、除、乘方、括号。例如，用户输入"(1+2)*3-6/2"，程序输出6。

第 8 章　进程操作

学习本章要达到的目标：
（1）了解 Linux 进程工作的原理。
（2）掌握 Linux 进程操作函数的使用。
（3）熟悉 Linux 信号量的相关知识。
（4）掌握 Linux 信号量操作的函数，理解并掌握 P、V 操作。

8.1　Linux 进程工作原理

Linux 是一个多任务的操作系统，在 Linux 中采用进程作为任务调度的单位。进程在 Linux 下的概念是程序代码的一次执行。进程与程序的区别在于进程是一段运行的、有生命力的程序，它是一个动态的概念；而程序则是存储在磁盘或其他存储介质中的静态代码，是一种静态的概念。一个进程是基于一个程序运行的，而一个程序可以被重复载入到内存，形成多个进程。进程不仅仅是一段正在运行的代码，还包含了自身运行所需要的数据、参数等资源。

在 Linux 中进程是操作系统调度的基本单元，是操作系统的一种抽象，也是一种虚拟化技术。每个进程都有自己的独立运行内存空间，这个空间的大小是 4GB（32 位地址所能表示的最大空间），被称为虚拟内存空间。这使得它们运行时自己看起来都占有一台计算机的所有资源，这其实是一台虚拟的计算机。进程在运行过程中，Linux 通过软件和硬件的地址转换，最终对应到实际的物理地址，但是这个操作过程对进程来说是完全透明的。

Linux 进程有 5 种状态，Linux 通过维护这 5 个状态来调度进程的运行。这五个状态分别为运行、可中断、不可中断、僵死、停止。其中，停止态是一个特殊的状态，表示进程没有投入运行，也不再运行了。其他几个状态的转化如图 8.1 所示。

Linux 的进程在宏观上是并行的，Linux 可以同时运行多个进程。各个进程之间的运行是相对独立的，它们之间还可以采用某种形式进行通信，互相之间发送信号、传递数据。但是，在微观上，各个进程是串行的，在同一时刻只能有一个进程处于"正在运行"的状态（这里假设 PC 只有一个单核的 CPU）。各个进程是采用一种基于优先级的抢占方式运行的，在每个时间片都有可能得到运行，但是优先级高的进程运行的机率较大。由于 Linux 的时间片很短（大约 1ms，但这个时间相对于硬件来说是比较长的），因此无法觉察到它们的调度，这样看起来好像所有的进程都在齐头并进。

Linux 通过进程号 PID 来标识不同的进程，Linux 中每一个进程都有一个唯一的进程号。Linux 中所有的进程采用树形结构组织，Linux 启动时第一个进程是根进程，该进程进一步调用系统其他进程，完成系统各项功能的加载任务。在终端中运行程序，输入命令，其实是通过终端分支出新的进程，它们都是对应终端的子进程。

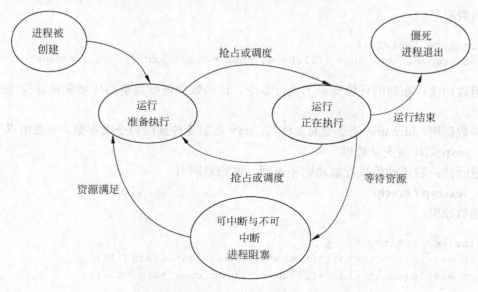

图 8.1　进程状态转换

8.2　进程操作函数

1．fork / vfork

函数原型：

```
#include <unistd.h>
pid_t fork(void);
pid_t vfork(void);
```

函数功能：创建子进程，生成的子进程是父进程的完全复制。
参数说明：无。
返回值：父进程则返回新建的子进程号（即 PID），子进程则返回 0，若调用失败则返回 −1。该函数是唯一一个一次调用两次返回的函数。

2．execv / execl

函数原型：

```
#include <unistd.h>
int execv(const char *path, char * const argv[]);
int execl(const char *path, const char *arg, ...);
```

函数功能：执行命令。
参数说明：path 是命令的路径；argv 是需要传递给命令的参数，该数组以 NULL 结尾；arg 是需要传递给命令的参数，参数直接传递，最后以 NULL 结尾。

返回值：若该函数执行成功则不返回，否则返回-1。

3．execve

函数原型：

```
#include <unistd.h>
int execve(const char *filename, char * const argv[], char * const envp[]);
```

函数功能：在新的环境变量下执行命令。该函数会根据提供的环境变量寻找可执行文件执行。

参数说明：filename 是命令的文件名；argv 是需要传递给命令的参数，该数组以 NULL 结尾；envp 是环境变量数组。

返回值：若该函数执行成功则不返回，否则返回-1。

4．execvp / execlp

函数原型：

```
#include <unistd.h>
int execvp(const char *filename, char * const argv[]);
int execlp(const char *filename, const char *arg, ...);
```

函数功能：根据环境变量执行命令。该函数会根据提供的环境变量寻找可执行文件执行。

参数说明：filename 是命令的文件名；argv 是需要传递给命令的参数，该数组以 NULL 结尾；arg 是需要传递给命令的参数，参数直接传递，最后以 NULL 结尾。

返回值：若该函数执行成功则不返回，否则返回-1。

5．getpid

函数原型：

```
#include <unistd.h>
pid_t getpid(void);
```

函数功能：取得当前进程的进程号。

参数说明：无。

返回值：当前进程的进程号。

6．getppid

函数原型：

```
#include <unistd.h>
pid_t getppid(void);
```

函数功能：取得当前进程父进程的进程号。

参数说明：无。

返回值：当前进程父进程的进程号。

7．getpgid / getpgrp

函数原型：

```
#include <unistd.h>
pid_t getpgid(pid_t pid);
pid_t getpgrp(void);
```

函数功能：获取指定进程（getpgid）或当前进程（getpgrp）的组识别码。

参数说明：pid 是指定进程的进程号，若为 0 则表示当前进程。

返回值：组识别码，错误返回 –1。

8．getpriority

函数原型：

```
#include <sys/time.h>
#include <sys/resource.h>
int getpriority(int which, int who);
```

函数功能：取得制定进程、进程组或用户的优先级。

参数说明：which 可取三个值之一，PRIO_PROCESS，表示 who 为一个进程的进程号；PRIO_PGRP，表示 who 为一个进程组的识别码；PRIO_USER，表示 who 为一个用户的用户 ID。

返回值：返回 –20~20 之间的整数，表示优先级，数值越大优先级越高。

9．setpgid

函数原型：

```
#include <unistd.h>
int setpgid(pid_t pid, pid_t pgid);
```

函数功能：设置指定进程的组识别码。

参数说明：pid 是指定进程的进程号，若为 0 则表示当前进程；pgid 是指定给指定进程的组识别码。

返回值：运行成功则返回组识别码，错误返回 –1。

10．setpriority

函数原型：

```
#include <sys/time.h>
#include <sys/resource.h>
int setpriority(int which,int who, int prio);
```

函数功能：设置指定进程、进程组或用户的优先级。

参数说明：which 可取三个值之一，PRIO_PROCESS，表示 who 为一个进程的进程号；PRIO_PGRP，表示 who 为一个进程组的识别码；PRIO_USER，表示 who 为一个用户的用户 ID。prio 为指定的优先级，优先级是 –20~20 之间的整数，数值越大优先级越高。

返回值：运行成功返回 0，错误返回 –1。

11．wait

函数原型：

```
#include <sys/types.h>
#include <sys/wait.h>
pid_t wait(int *status);
```

函数功能：暂停当前进程的执行，等待子进程的中端或结束。

参数说明：函数返回时，status 保存子进程中断或结束时的状态，可设为 NULL。

返回值：中断或结束的子进程的进程号。

12. waitpid

函数原型：

```
#include <sys/types.h>
#include <sys/wait.h>
pid_t waitpid(pid_t pid, int *status, int options);
```

函数功能：暂停当前进程的执行，等待子进程的中断或结束。

参数说明：pid 是欲等待的子进程的进程号，可以是–1（任何子进程）或 0（组识别码相同的所有子进程）；status 用来在函数返回时保存子进程中断或结束时的状态，可设为 NULL；options 可以为 0，也可以为 WNOHANG（若无子进程结束则立即返回）、WUNTRACED（若子进程暂停则立即返回），或者是两者取或。

返回值：中断或结束的子进程的进程号。

13. _exit

函数原型：

```
#include <unistd.h>
void _exit(int status);
```

函数功能：结束当前进程。

参数说明：status 返回给父进程。

返回值：不返回。

14. atexit

函数原型：

```
#include <unistd.h>
int atexit(void (*function)(void));
```

函数功能：设定当进程结束时需要运行的函数。

参数说明：需要在进程结束时运行的函数的函数指针。

返回值：设置成功返回 0，错误返回–1。

15. on_exit

函数原型：

```
#include <unistd.h>
int on_exit(void (*function)(int ,void *), void *arg);
```

函数功能：设定当进程正常结束（调用 exit 函数或从 main 函数返回）时需要运行的函数。

参数说明：function 是需要在进程结束时运行函数的函数指针；arg 是提供给 funtion 的参数；function 函数的两个参数分别为当前进程推出时的状态码（status）和制定的参数（arg）。

返回值：设置成功返回 0，错误返回 –1。

下面对以上函数进行测试，打开"终端"，创建实验目录。

```
mkdir ~/exper/exp8
cd ~/exper/exp8
```

使用 vi 创建新文件 exp8_1.c：

```
vi exp8_1.c
```

编写代码如下：

```c
#include <stdlib.h>
#include <stdio.h>
#include <signal.h>
#include <unistd.h>
#include <sys/time.h>
#include <sys/resource.h>

//定义进程退出函数
void exit_function()
{
    printf("Into the exit function\n");
    printf("The result of getpid() is:  %d \n",getpid()); //获取进程的PID
    printf("The result of getppid() is:  %d \n",getppid());
    //获取进程的父进程ID
    printf("Out the exit function\n");
}

int main(int argc, char argv[])          //主函数入口
{
    pid_t pid;                           //变量记录创建子进程的PID值
    int result=0;                        //记录函数执行结果
    printf("The result of getppid() is:  %d \n",getppid());
    //获取进程的父进程ID

    printf("The result of getpid() is:  %d \n",getpid()); //当前进程号
    printf("The result of getpgid() is: %d\n",getpgid(0));
    //当前进程组识别码
```

```c
    result=setpgid(0,getppid());       //设置当前进程的组识别码为其父进程号
    if(result<0)                        //如果返回值小于0,设置失败
        printf("Set the group ID failed\n");
//获取设置之后的当前进程的组识别码
    printf("The result of getpgrp() is: %d\n",getpgrp());
    atexit(exit_function);              //设置当前进程结束时需要运行的函数
    printf("The priority of current thread is: %d\n", getpriority(PRIO_PROCESS,getpid()));  //获取当前进程的优先级
    setpriority(PRIO_PROCESS,getpid(),10);//设置当前进程的优先级为10
    printf("The priority of current thread is: %d\n", getpriority(PRIO_PROCESS,getpid()));  //获取当前进程的优先级

    pid = fork();                       //创建一个子进程
    if (pid < 0)                        //判断创建子进程是否成功
    {
        printf("Create child fork failed\n");
        exit(-1);                       //创建失败,退出执行
    }
    else                                //创建成功
    {
        printf("The child thread pid is:%d\n",pid); //输出子进程PID值
    }
    //wait(NULL);                       //暂停当前进程的执行,等待子进程的中断或结束
}
```

文件编写完成之后,保存,退出 vi,执行下列命令进行编译执行:

```
gcc4.9 exp8_1.c -o exp8_1
./exp8_1
```

运行结果如图 8.2 所示,首先通过函数 getppid()获取当前进程的父进程 ID 号,父进程号为 2667,然后使用函数 getpid()获得当前进程的进程号为 7239,调用函数 getpgid()获取当前进程的进程组号为 7239。调用函数 setpgid()将当前进程的组识别码设置为其父进程的 ID,设置完成之后,调用函数 getpgrp()获得进程的组识别码,可以看到输出结果为 2667,说明函数 setpgid()设置成功。调用函数 getpriority()获取当期进程的优先级,输出结果为 0,然后调用函数 setpriority()设置进程的优先级为 10,再次调用函数 getpriority()查看优先级,输出结果为 10,说明设置成功。通过函数 fork()创建一个子进程,子进程的 ID 号为 7240。函数执行完成之后,退出时自动执行函数 exit_function(),因为之前有调用函数 atexit()设置进程退出时执行函数。结果显示父进程先退出,然后子进程再退出,在函数退出时,有输出字符串"The child thread pid is : 0",该部分是函数 fork()的父进程调用返回执行结果。

```
user@localhost:~/exper/exp8$ vi exp8_1.c
user@localhost:~/exper/exp8$ gcc4.9 exp8_1.c -o exp8_1
user@localhost:~/exper/exp8$ ./exp8_1
The result of getppid() is:  2667
The result of getpid() is:   7239
The result of getpgid() is:  7239
The result of getpgrp() is:  2667
The priority of current thread is: 0
The priority of current thread is: 10
The child thread pid is:7240
Into the exit function
The result of getpid() is:   7239
The result of getppid() is:  2667
Out the exit function
The child thread pid is:0
Into the exit function
The result of getpid() is:   7240
The result of getppid() is:  7239
Out the exit function
user@localhost:~/exper/exp8$
```

图 8.2 进程操作函数测试结果 1

图 8.3 所示是另一种执行结果，与图 8.2 中的结果唯一的不同在于，创建的子进程退出时，退出函数输出结果"The result of getppid() is: 1776"，子进程的组识别码不再是其父进程号，而是变为 1776。在图 8.2 中，虽然父进程先执行退出，但并未完全退出，子进程仍然能够找到父进程空间，而图 8.3 中父进程先于子进程完全退出，导致子进程被移交给更上层的管理进程，并且进程号为 1776，所以输出的组识别码为 1776。

```
user@localhost:~/exper/exp8$ ./exp8_1
The result of getppid() is:  2667
The result of getpid() is:   7268
The result of getpgid() is:  7268
The result of getpgrp() is:  2667
The priority of current thread is: 0
The priority of current thread is: 10
The child thread pid is:7269
Into the exit function
The result of getpid() is:   7268
The result of getppid() is:  2667
Out the exit function
The child thread pid is:0
Into the exit function
The result of getpid() is:   7269
The result of getppid() is:  1776
Out the exit function
user@localhost:~/exper/exp8$
```

图 8.3 进程操作函数测试结果 2

使用 vi 重新打开文件，将对语句"wait(NULL);"前的注释"//"去掉，表示父进程将等待子进程的结束再退出，保存文件，重新编译，执行结果如图 8.4 所示。在函数执行过程中，子进程总先于父进程退出，不会出现图 8.3 所示的结果。

```
user@localhost:~/exper/exp8$ vi exp8_1.c
user@localhost:~/exper/exp8$ gcc4.9 exp8_1.c -o exp8_1
user@localhost:~/exper/exp8$ ./exp8_1
The result of getppid() is:   2667
The result of getpid() is:    7327
The result of getpgid() is:   7327
The result of getpgrp() is:   2667
The priority of current thread is: 0
The priority of current thread is: 10
The child thread pid is:7328
The child thread pid is:0
Into the exit function
The result of getpid() is:    7328
The result of getppid() is:   7327
Out the exit function
Into the exit function
The result of getpid() is:    7327
The result of getppid() is:   2667
Out the exit function
user@localhost:~/exper/exp8$
```

图 8.4　进程操作函数测试结果 3

8.3　信　号　量

进程的运行需要占用一定的资源，但是所需的资源很可能被另外一个进程所占用。因此操作系统需要解决进程之间资源合理分配的问题。在进程的使用过程中，可能遇到下面的一些情况。进程甲占有资源 A，申请资源 B；而进程乙占有资源 B，申请资源 A。这样进程甲和进程乙皆无法得到运行，这是资源互斥的一种情况，这种情况叫做死锁。还有，进程甲需要读取资源 A，但资源 A 需要有进程乙产生，如何才能同步资源 A 呢？因此，在多任务操作系统中，需要引进一种有效的机制去处理进程之间的互斥和同步。

Linux 采用信号量（Semaphore）来解决这一问题，一个信号量表示可用资源的数量。对信号量有两种操作，分别叫做 P、V 原语，它们的定义如下：

- P(S)：信号量的值 S=S−1，如果 S⩾0，则正常运行，如果 S<0，则进程暂停运行进入等待队列。
- V(S)：信号量的值 S=S+1，如果 S>0，则正常运行，如果 S⩽0，则从等待队列中选择一个进程使其继续运行，进程 V 操作的进程仍继续运行。

利用 P、V 原语可以解决进程间的同步和互斥的问题。例如，进程甲需要资源 A 才能运行，而进程乙生成资源 A。那么可以设一信号量 S 表示资源 A，S 的初始值为 0。那么进程甲的伪代码：

```
P(S);
进程甲的其他操作;
```

进程乙的代码：

```
进程乙生成资源A的操作;
V(S);
```

进程乙的其他操作；

使用 P、V 原语可以有效地解决进程资源资源分配的问题，本书不再一一列举，有兴趣的读者可以自行参看操作系统的相关教材。

8.4 信号量操作的函数

1．semget
函数原型：

```
#include <sys/sem.h>
int semget(key_t key, int nsems, int semflg);
```

函数功能：创建并打开一个信号量集，或打开一个已创建的信号量集。

参数说明：key 是打开信号量时所需要的键，常采用 IPC_PRIVATE，这样可以由系统分配信号量的编号；nsems 是信号量的个数，通常设置为 1，该参数仅在创建信号量时有效；semflg 是函数操作的标识位，包含操作权限和本函数动作，可以使用 IPC_CREAT 和 IPC_EXCL，IPC_CREAT 表示创建（指定键不存在时）或打开（指定键存在时），IPC_CREAT|IPC_EXCL 表示仅创建（指定键存在时出错），通常使用的参数是 0666|IPC_CREAT。

返回值：若该函数执行成功则返回信号量的 ID，否则返回-1。

2．semop
函数原型：

```
#include <sys/sem.h>
int semop(int semid, struct sembuf *sops, unsign ednsops);
```

函数功能：对指定的信号量进行指定的操作。

参数说明：semid 是指定信号量的 ID，通常为 semget 函数的返回值；sops 是一个结构体数组，表示对信号的操作，下面会具体介绍该结构体，第三个参数表示 sops 数组种元素的个数。

sembuf 结构的定义如下：

```
struct sembuf {
    ushort sem_num;
    short sem_op;
    short sem_flg;
};
```

sem_num 为将要处理的信号量的个数，通常为 1；sem_op 为信号量的操作，其中正数表示进行 V 操作，负数表示进行 P 操作；sem_flg 为操作标志，通常为 SEM_UNDO。

返回值：若该函数执行成功则 0，否则返回-1。

3．semctl
函数原型：

```
#include <sys/sem.h>
```

```
int semctl(int semid, int semnum, int cmd, ...);
```

函数功能：对指定的信号量进行控制操作。
参数说明：semid 是指定信号量的 ID。semnum 是信号量的个数，通常为 1。cmd 是指对信号量的操作。"..."是传递给 cmd 的参数，它的类型和取值取决于 cmd。
cmd 的常用可取值（非完全）如下：

IPC_STAT	读取信号量的状态信息，返回到 arg 的 buf 元素中
IPC_RMID	删除指定的信号量（集）
GETPID	返回最后一个执行 semop 函数的进程的进程号
GETVAL	返回信号量的值
SETVAL	设置信号量的值，取自 arg 的 val 元素

返回值：若该函数执行成功则返回 0，否则返回-1。

8.5 应用实例训练

本章完成"哲学家吃饭"问题的演示程序。首先给大家讲一个小故事：

5 位哲学家围坐在一张圆形桌子上，桌子上有一盘饺子。每一位哲学家要么思考，要么等待，要么吃饺子。为了吃饺子，哲学家必须拿起两只筷子，但是每个哲学家旁边只有一只筷子，也就是筷子数量和哲学家数量相等，所以每只筷子必须由两个哲学家共享。设计一个算法以允许哲学家吃饭。算法必须保证互斥（没有两位哲学家同时使用同一只筷子），同时还要避免死锁（每人拿着一只筷子不放，导致谁也吃不了）。对于每个哲学家都会遵循着如图 8.5 所示的流程图进行操作。

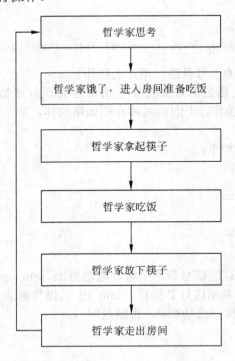

图 8.5 哲学家吃饭问题流程

采用 C 语言编写 Linux 控制台程序，对该故事进行演示。

8.5.1 问题分析

这是一个典型的避免死锁的问题，涉及操作系统中的互斥和同步，死锁和饥饿。可以通过限制同时吃饭的哲学家数（实验中同时只允许 4 个哲学家同时吃饭）或通过给所有哲学家编号，奇数号的哲学家必须首先拿左边的筷子，偶数号的哲学家则首先拿右边的筷子来避免死锁。这里采用了第一种方法。

下面，对程序的架构进行简要的分析。可以发现，Linux 提供信号量操作的函数接口使用起来并不直观简便，因此需要对其进行一些封装。经过封装，提供 5 个操作：信号量的创建、信号量的赋值、P 操作、V 操作、信号量的删除。在此基础之上，在主函数中使用 fork 创建 5 个进程，模拟 5 个哲学家；5 个信号量，模拟 5 只筷子。

设计程序的总体流程如图 8.6 所示。

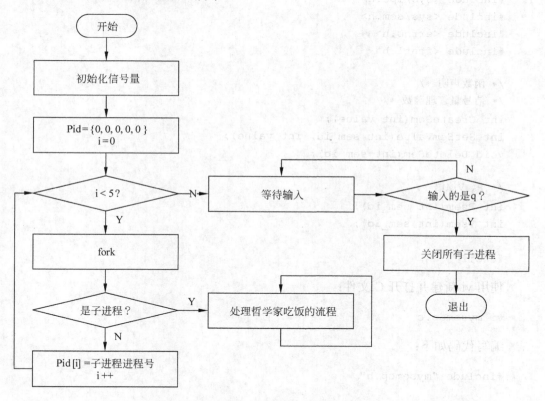

图 8.6　哲学家吃饭程序整体流程图

8.5.2 代码编写

打开"终端"，创建实验目录。

```
mkdir ~/exper/exp8
cd ~/exper/exp8
```

首先编写信号量封装的代码，使用 vi 新建并打开头文件：

vi mysemop.h

编写代码如下：

```c
#ifndef MYSEMOP_H
#define MYSEMOP_H

#include <unistd.h>
#include <stdlib.h>
#include <stdio.h>

#include <sys/types.h>
#include <sys/ipc.h>
#include <sys/sem.h>
#include <errno.h>
#include <fcntl.h>

/* 函数声明 */
/* 信号量管理函数 */
int CreateSem(int value);
int SetSemValue(int sem_id, int value);
void DeleteSem(int sem_id);

/* P、V原语 */
int Psem(int sem_id);
int Vsem(int sem_id);

#endif
```

使用 vi 新建并打开 C 文件：

vi mysemop.c

编写代码如下：

```c
#include "mysemop.h"

/* 创建信号量 */
int CreateSem(int value)
{
    int sem_id;
    /* 获取一个信号量的句柄 */
    sem_id = semget(IPC_PRIVATE, 1, 0666 | IPC_CREAT);
    if (sem_id == -1) return -1;
    /* 设置信号量初始值 */
```

```c
    if (SetSemValue(sem_id, value) == 0) return -1;
    return sem_id;
}

/* 强制设置信号量的值 */
int SetSemValue(int sem_id, int value)
{
    if(semctl(sem_id, 0, SETVAL, value) == -1) return 0;
    return 1;
}

/* 删除信号量 */
void DeleteSem(int sem_id)
{
    if(semctl(sem_id, 0, IPC_RMID) == -1)
        fprintf(stderr, "Failed to delete semaphore\n");
}

/* P原语 */
int Psem(int sem_id)
{
    /* 设计操作结构体 */
    struct sembuf sem_b;
    sem_b.sem_num = 0;
    sem_b.sem_op = -1;
    sem_b.sem_flg = SEM_UNDO;

    /* 调用库函数，进行P操作*/
    if(semop(sem_id,&sem_b,1) == -1){
        fprintf(stderr, "P failed\n");
        return 0;
    }
    return 1;
}

/* V原语 */
int Vsem(int sem_id)
{
    /* 设计操作结构体 */
    struct sembuf sem_b;
    sem_b.sem_num = 0;
    sem_b.sem_op = 1;
    sem_b.sem_flg = SEM_UNDO;

    /* 调用库函数，进行V操作 */
```

```
        if(semop(sem_id,&sem_b,1) == -1){
            fprintf(stderr, "V failed\n");
            return 0;
        }
        return 1;
}
```

之后编写主程序的代码,使用 vi 新建并打 C 文件:

vi main.c

编写代码如下:

```c
#include "mysemop.h"
#include <stdlib.h>
#include <stdio.h>
#include <signal.h>

/* 全局变量 */
int room_sem_id = 0;         /* 代表房间的信号量 */
int chopsticks_sem_id[5];    /* 代表筷子的信号量 */

int main(int argc, char argv[])
{
    /* 变量声明 */
    pid_t pid;
    pid_t chldpid[5];
    int i = 0;
    char ch;

    /* 初始化信号量 */
    room_sem_id = CreateSem(4); /* 房间可容纳下4个哲学家 */
    for (i = 0; i < 5; i++) {   /* 5根筷子,每根筷子同一时间只能被一人使用 */
        chopsticks_sem_id[i] = CreateSem(1);
    }

    /* 创建并初始化子进程 */
    for (i = 0; i < 5; i++) {
        pid = fork();
        if (pid < 0) {
            fprintf(stderr,"When fork philosopher %d Failed!\n", i);
            exit(-1);
        }
        /* 子进程处理的代码 */
        if (pid == 0) {
            /* 哲学家吃饭演示核心 */
            while (1) {
```

```c
            /* 哲学家正在思考 */
            printf("Philopher %d is thinking,No disterb!\n", i);
            sleep(1);

            /* 哲学家饿了，进入房间准备吃饭 */
            Psem(room_sem_id);
            printf("Philopher %d is hungry,so he entered the room.\n",i);

            /* 哲学家拿起左边的筷子 */
            Psem(chopsticks_sem_id[i]);
            printf("Philopher %d pick up left chopstick\n", i);

            /* 哲学家拿起右边的筷子 */
            Psem(chopsticks_sem_id[(i + 1) % 5]);
            printf("Philopher %d pick up right chopstick\n", i);

            /* 哲学家开始吃饭 */
            printf("Philopher %d begins to eat!\n", i);
            sleep(5 - i);

            /* 哲学家吃饭完毕 */
            printf("Philopher %d ends to eat!\n", i);

            /* 哲学家放下右边的筷子 */
            Vsem(chopsticks_sem_id[(i + 1) % 5]);
            printf("Philopher %d put down right chopstick\n", i);

            /* 哲学家放下左边的筷子 */
            Vsem(chopsticks_sem_id[i]);
            printf("Philopher %d put down left chopstick\n", i);

            /* 哲学家离开屋子继续思考 */
            Vsem(room_sem_id);
            printf("Philopher %d left the room!\n",i);
            printf("Philopher %d begins thinking!\n",i);
            sleep(1);
        }
    } else {
        chldpid[i] = pid;
    }
}

/* 主进程等待用户输入 */
do {
    ch = getchar();
} while (ch != 'q');
/* 收到用户输入q以后中止所有子进程后退出 */
```

```
        for (i = 0; i < 5; i++)
            kill(chldpid[i], SIGTERM);
            DeleteSem(chopsticks_sem_id[i]);
        }
        DeleteSem(room_sem_id);
    }
```

8.5.3 编译与运行

使用 gcc 编译该程序。

`gcc4.9 -o philosopher main.c mysemop.c`

运行该程序。

`./philosopher`

程序运行结果如图 8.7 所示，如果需要结束程序，根据程序的编写，按 q 键再按 Enter 键即可退出程序。退出程序时需要结束 5 个子进程，该处使用了信号机制。程序运行结果如图 8.7 所示。

```
user@localhost:~/exper/exp8$ gcc4.9 -o philosopher main.c mysemop.c
user@localhost:~/exper/exp8$ ./philosopher
Philopher 0 is thinking,No disterb!
Philopher 1 is thinking,No disterb!
Philopher 2 is thinking,No disterb!
Philopher 3 is thinking,No disterb!
Philopher 4 is thinking,No disterb!
Philopher 0 is hungry,so he entered the room.
Philopher 0 pick up left chopstick
Philopher 0 pick up right chopstick
Philopher 0 begins to eat!
Philopher 2 is hungry,so he entered the room.
Philopher 2 pick up left chopstick
Philopher 2 pick up right chopstick
Philopher 1 is hungry,so he entered the room.
Philopher 3 is hungry,so he entered the room.
Philopher 2 begins to eat!
Philopher 2 ends to eat!
Philopher 2 put down right chopstick
Philopher 2 put down left chopstick
Philopher 2 left the room!
Philopher 3 pick up left chopstick
Philopher 2 begins thinking!
Philopher 3 pick up right chopstick
Philopher 3 begins to eat!
Philopher 4 is hungry,so he entered the room.
Philopher 2 is thinking,No disterb!
Philopher 0 ends to eat!
Philopher 0 put down right chopstick
Philopher 0 put down left chopstick
Philopher 0 left the room!
Philopher 0 begins thinking!
Philopher 1 pick up left chopstick
Philopher 1 pick up right chopstick
Philopher 1 begins to eat!
Philopher 3 ends to eat!
Philopher 3 put down right chopstick
Philopher 3 put down left chopstick
Philopher 3 left the room!
Philopher 3 begins thinking!
```

图 8.7　程序运行结果

8.6　思考与练习

（1）分析进程和线程的关系，查阅资料，浅析 Windows 进程管理和 Linux 进程管理的异同之处。

（2）分析进程的各个状态。准备运行和阻塞都是进程在运行过程中没有得到 CPU 的状态，它们有什么异同之处？

（3）根据下面的故事，编写演示程序：

爸爸给女儿和儿子喂水果。爸爸随机的挑选橘子或苹果，将桔子剥皮或将苹果削皮放入盘子中，剥橘子皮的速度较快，而削苹果皮的速度较慢。女儿只吃橘子（当然，假设女儿和儿子都是永远也不会吃饱），儿子只吃苹果。盘子只能装下三个水果。儿子吃的较快，但女儿吃的较慢。

第 9 章　信号与定时器

学习本章要达到的目标：
（1）了解 Linux 进程间消息传递相关知识。
（2）熟悉 Linux 信号操作相关的数据结构和函数。
（3）掌握 Linux 关于定时器操作的函数。
（4）能够熟练应用 Linux 定时器库函数进行编程。

9.1　进程间通信与信号

进程间通信完成两个或多个进程之间的信息交换，这种信息交换类似于互联网中两台计算机的交流。进程间通信可分为两种形式，一种是即时通信；另一种是非即时通信。即时通信，要求信息到达对方时要立即被多方所知晓；而非即时通信则没有这个要求。即时通信最主要的方式就是信号。非即使通信有很多种方式，包括共享内存、邮箱、管道等方式，此外还可以采用网络接口，使用网络回环地址进行通信。

信号是 Linux 中进程间传递控制消息的一种机制，其工作原理类似于中断。信号多为系统所用，主要完成对进程的强制控制。此外，信号还可以在进程间传递，通过编写一些自定义的信号动作，在信号来到时让进程进行相应的操作。常用的信号有进程终止信号、定时器信号、用户自定义信号等。

定时器是一种常用的信号，该信号在指定的时间间隔到来，在定时数据采样、情景模拟演示程序、游戏程序中多有应用。

本实验针对信号和定时器的一些知识和操作进行学习。

9.2　Linux 系统中的信号

Linux 系统信号如表 9-1 所示。

表 9-1　Linux 系统信号

信号名称	值	默认动作	说　　明
SIGHUP	1	T	某终端终止连线时发出
SIGINT	2	T	键盘请求中断时发出
SIGQUIT	3	T	键盘请求停止执行时发出
SIGILL	4	T	程序执行了未定义 CPU 指令时发出
SIGTRAP	5	D	子进程被监控暂停时发出至父进程
SIGABRT	6	D	调用 abort 函数时发出

续表

信号名称	值	默认动作	说明
SIGBUS	7	T	总线发生错误时发出
SIGFPE	8	D	数值计算错误时发出
SIGKILL	9	T	终止进程的信号，此信号不可被拦截或忽略
SIGUSR1	10	T	用户自定义信号 1
SIGSEGV	11	D	非法访问未授权内存时发出
SIGUSR2	12	T	用户自定义信号 2
SIGPIPE	13	T	写入无读取端的管道时发出
SIGALRM	14	T	定时器到时时发出
SIGTERM	15	T	终止进程
SIGSTKFLT	16	T	堆栈错误
SIGCHLD / SIGCLD	17	I	子进程暂停或结束时发出至父进程
SIGCONT	18		使暂停的进程继续运行
SIGSTOP	19	P	使进程暂停运行，此信号不可被拦截或忽略
SIGTSTP	20	P	键盘请求暂停时发出
SIGTTIN	21	P	后台进程从终端读取数据时发出
SIGTTOU	22	P	后台进程写入终端数据时发出
SIGURG	23	I	Socket 紧急时发出
SIGXCPU	24	T	进程运行超过 CPU 可用时间是发出
SIGXFSZ	25	T	进程文件大小超过系统限制时发出
SIGVTALRM	26	T	虚拟计时器到时时发出
SIGPROF	27	T	间隔计时器到时时发出
SIGWINCH	28	I	视窗大小改变时发出
SIGIO / SIGPOLL	29	T	非同步 IO 事件发生时发出
SIGPWR	30	T	主机电源不稳时发出
SIGUNUSED	31		未使用

注：默认动作中，T 代表终止进程，D 代表内存倾卸（Core Dump），I 代表忽略，P 代表进程暂停。关于信号的宏定义，在文件/usr/include/bits/signal.h 中。

9.3 信号操作相关数据结构

1. sigaction

定义文件：signal.h。

定义：

```
struct sigaction {
    void (*sa_handler)(int);
    sigset_t sa_mask;
    int sa_flags;
    void (*sa_restorer)(void);
};
```

说明：该数据结构用来保存信号发生时对应动作的信息。其中，sa_handler 是一个函数指针，是信号的处理函数；sa_mask 是信号掩码，表示在处理该信号时哪些信号暂时不被响应；sa_flags 是标志，用来设置信号的相关附加操作信息；sa_restorer 是一个函数指针，该成员并没有任何作用，是一个保留成员。

下面对 sa_flags 的取值做出说明。sa_flags 可以为 0，也可以是以下各宏或各宏的或运算。可使用的宏如下：

SA_NOCLDSTOP　当子进程停止后不通知其父进程
SA_ONESHOT　　在调用指定的信号处理函数前，调用系统预定处理方式
SA_RESTART　　被信号中断的系统调用会自动重新运行
SA_NOMASK　　信号正在被处理时，不会接受该信号的再次到来
SA_NODEFER　　同上

2．timeval

定义文件：bits/time.h 或 sys/time.h。

定义：

```
struct timeval {
    __time_t tv_sec;
    __suseconds_t tv_usec;
};
```

说明：该结构用来存储时间间隔。其中，tv_sec 是秒，tv_usec 是微妙，它们的类型分别为长整型。

3．itimerval

定义文件：sys/time.h。

定义：

```
struct itimerval {
    struct timeval it_interval;
    struct timeval it_value;
};
```

说明：该数据结构记录了一套定时器所需的数据。i_interval 是计时器的总时间，it_value 是向下计时器。当计时器工作时，it_value 自动向下计数，计数至 0 秒 0 微妙时，产生指定的信号（不一定是 SIGALRM），并将 it_interval 的值装入 it_value 再次计时。

9.4　信号操作相关函数

1．sigaction

函数原型：

```
#include <signal.h>
int sigaction(int signum, const struct sigaction *act, struct sigaction *oldact);
```

函数功能：查询或设置指定信号处理的方式。

参数说明：signum 是指定的信号的编号，可以使用头文件中规定的宏；act 是指定的新的信号处理方式；oldact 是用来返回的，若 oldact 不为 NULL，该函数调用结束后 oldact 保存了原来信号的处理方式。

返回值：运行成功返回 0，失败返回-1。

2．signal

函数原型：

```
#include <signal.h>
void (*signal(int signum, void (*handler)(int)))(int);
```

函数功能：设置指定信号处理的方式。

参数说明：signum 是指定的信号的编号，可以使用头文件中规定的宏。handler 是函数指针，是信号到来时需要运行的处理函数。handler 还可以是 SIG_IGN，表示忽略对制定信号的处理；SIG_DFL，采用系统默认的方法进行处理。

返回值：运行成功返回原信号处理函数的指针，失败返回 SIG_ERR。

3．kill

函数原型：

```
#inlcude <sys/types.h>
#include <signal.h>
int kill(pid_t pid, int sig);
```

函数功能：向进程发送指定信号。

参数说明：pid 是指定进程的进程号，也可以是 0（与当前进程同组的所有进程）和-1（系统中所有的进程）。sig 是指定的信号。

返回值：运行成功返回 0，失败返回-1。

4．raise

函数原型：

```
#include <signal.h>
int raise(int sig);
```

函数功能：向自身发送指定信号。

参数说明：sig 是指定的信号。

返回值：运行成功返回 0，失败返回-1。

5．sigemptyset

函数原型：

```
#include <signal.h>
int sigemptyset(sigset_t *set);
```

函数功能：初始化信号集并清空。

参数说明：被初始化的信号集。

返回值：运行成功返回 0，失败返回-1。

6．sigfillset

函数原型：

```
#include <signal.h>
int sigfillset(sigset_t *set);
```

函数功能：初始化信号集并加入所有的信号。
参数说明：被初始化的信号集。
返回值：运行成功返回 0，失败返回-1。

7．sigaddset

函数原型：

```
#include <signal.h>
int sigaddset(sigset_t *set, int signum);
```

函数功能：将指定信号加入到信号集中。
参数说明：set 是信号集，signum 是待加入的信号。
返回值：运行成功返回 0，失败返回-1。

8．sigismember

函数原型：

```
#include <signal.h>
int sigismember(const sigset_t *set, int signum);
```

函数功能：查询某信号是否加入到了指定信号集中。
参数说明：set 是信号集；signum 是待查询的信号。
返回值：信号在信号集中返回 1，不在其中返回 0，失败返回-1。
下面对以上函数进行测试，打开"终端"，创建实验目录。

```
mkdir ~/exper/exp9
cd ~/exper/exp9
```

使用 vi 创建新文件 **exp9_1.c**：

```
vi exp9_1.c
```

编写代码如下：

```
#include <signal.h>
#include <sys/time.h>
#include <stdlib.h>
#include <stdio.h>

//自定义用户信号处理函数
void SigHandler(int signo)
```

```c
    if( signo == SIGALRM )                    //SIGALRM信号
    {
        printf("Receive SIGALRM Signal\n");
    }
    else                                       //其他类型信号
    {
        printf("Receive Others Signal\n");
    }
}

int main()
{
    struct sigaction action;                   //结构体变量,
    if(sigemptyset(&action.sa_mask)==0)        //清空信号集
    {
        printf("Function sigemptyset() success\n");
    }
    else                                       //清空失败
    {
        printf("Function sigemptyset() failed\n");
    }
    action.sa_handler=SigHandler;
    action.sa_flags=SA_NOMASK;
    action.sa_restorer=NULL;

    if ( sigaction(SIGALRM,&action,NULL) == 0) //设定SIGALRM信号处理方式
    {
        printf("Create handler for SIGALRM\n");
    }
    else                                       //设定失败
    {
        printf("Unable to create handler for SIGALRM\n");
        exit(0);                               //创建失败退出
    }

    if(sigismember(&action.sa_mask,SIGALRM)==1)
    //判断SIGALRM信号是否在掩码中
    {
        printf("SIGALRM in the signal set\n");
    }
    else                                       //不在
    {
        printf("SIGALRM not in the signal set\n");
    }
```

```
        sigaddset(&action.sa_mask,SIGALRM);        //向信号掩码中添加SIGALRM信号
        if(sigismember(&action.sa_mask,SIGALRM)==1)
        //判断SIGALRM信号是否在掩码中
        {
            printf("SIGALRM in the signal set\n");
        }
        else                                       //不在
        {
            printf("SIGALRM not in the signal set\n");
        }
        raise(SIGALRM);                            //向进程本身发送信号SIGALRM
        raise(SIGUSR1);                            //向进程本身发送用户自定义信号1
}
```

文件编写完成之后，保存，退出 vi，执行下列命令进行编译执行：

```
gcc4.9 exp9_1.c -o exp9_1
./exp9_1
```

运行结果如图 9.1 所示，首先通过函数 sigemptyset()清空信号集，输出结果显示清空成功。利用用户自定义函数对 struct sigaction 变量进行赋值，然后调用函数 sigaction()设置 SIGALRM 信号的处理方式，输出结果显示设置成功。调用函数 sigismember()判断信号 SIGALRM 是否在信号集中，第一次调用输出结果显示不在，之后调用函数 sigaddset()将信号 SIGALRM 添加到信号集中，再次调用 sigismember()输出结果表示信号 SIGALRM 在信号集中。最后通过函数 raise()向进程自身发送指定信号，第一次发送 SIGALRM 信号，输出"Receive SIGALRM Signal"说明自定义信号处理函数被调用执行，第二次发送 SIGUSR1 信号，输出"用户定义信号 1"，说明信号成功发送，但是并没有被处理，因为 SIGUSR1 并未被绑定信号处理函数函数。

```
user@localhost:~/exper/exp9$ vi exp9_1.c
user@localhost:~/exper/exp9$ gcc4.9 exp9_1.c -o exp9_1
user@localhost:~/exper/exp9$ ./exp9_1
Function sigemptyset() success
Create handler for SIGALRM
SIGALRM not in the signal set
SIGALRM in the signal set
Receive SIGALRM Signal
用户定义信号 1
user@localhost:~/exper/exp9$
```

图 9.1　信号操作函数测试结果

9.5　定时器操作相关函数

1．sleep

函数原型：

```
#include <unistd.h>
unsigned int sleep(unsigned int seconds);
```

函数功能：将进程暂停运行指定时间。暂停时可被其他信号或中断打断，而重新投入运行。

参数说明：暂停运行的时间（秒）。

返回值：剩余的时间（秒）。

2．alarm

函数原型：

```
#include <unistd.h>
unsigned int alarm(unsigned int seconds);
```

函数功能：设置定时器间隔时间。每到指定时间，进程会收到 SIGALRM 信号。

参数说明：定时器间隔时间（秒），若为 0 则表示取消定时器。

返回值：之前定时器剩余时间（秒）。

3．setitimer

函数原型：

```
#include <sys/time.h>
int setitimer(int which, const struct itimerval *new, struct itimerval *old);
```

函数功能：设置定时器。

参数说明：which 是定时器类型选项，可选的值有 ITIMER_REAL，以系统真实的时间来计算，送出 SIGALRM 信号；ITIMER_VIRTUAL，以该进程在用户态下花费的时间来计算，送出 SIGVTALRM 信号；ITIMER_PROF，以该进程在用户态下和内核态下所费的时间来计算，送出 SIGPROF 信号。new 是新的计时器。如果 old 的值不为 NULL，则用来返回原该类型的计时器的指针。

返回值：设置成功返回 0，失败返回-1。

4．getitimer

函数原型：

```
#include <unistd.h>
int getitimer(int which, struct itimerval *value);
```

函数功能：获取指定类型的定时器。

参数说明：which 是定时器类型选项，同 setitimer 函数。value 用来返回指定类型的定时器的指针。

返回值：成功返回 0，失败返回-1。

9.6　应用实例训练

本章完成一个定时器和信号处理的示例程序。程序注册三个定时器，分别对实际时间、进程使用 CPU 时间、用户使用 CPU 时间进行计时，计时时间为 10 秒。同时设定一个用户信号，当该信号在用户指定的空计次循环后到来。在用户信号到来后，打印各个计时器走过的时间值，并计算出内核所用的时间。到实际时间计时器到达 10 秒后产生定时器信号时，程序打印各计时器走过的时间，并退出程序。

9.6.1 程序分析

为了获得定时器的时间，需要使用 setitimer 和 getitimer 计时器。使用这两个计时器要频繁的对 itimerval 和 timeval 这两个结构体进行操作。首先，应该对这两个结构体在本实例中常用到的操作进行封装。封装的函数包括，timeval 的比较，计算两个 timeval 的时间差，计算 itimerval 走过的时间（因为 itimerval 记录的是定时器剩余时间）。为了显示的需要，还需封装一个对 timeval 打印的函数。

之后，需要设计信号和信号处理函数，这里共需要两个信号：SIGALRM 和 SIGUSR1。因为信号处理函数有一个 int 型参数，该参数可以用来区分信号。由于两个信号到来以后都需要进行时间计算，因此可以考虑将两个信号写成一个函数，通过参数识别，在不同的位置进行不同的处理。

程序整体的处理流程如图 9.2 所示。

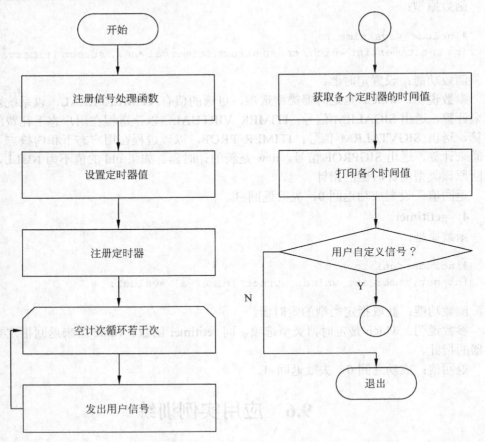

图 9.2　程序整体流程图

9.6.2 程序编写

打开终端，进入实验目录~/exper/exp9，打开 vi，并新建 C 语言程序文件 timerexp.c。

vi timerexp.c

编写程序代码如下：

```c
#include <signal.h>
#include <sys/time.h>
#include <stdlib.h>
#include <stdio.h>

/* 函数声明 */
/* 信号处理函数 */
static void SigHandler(int signo);

/* 操作辅助函数 */
void TimerPassed(const struct itimerval *itimer, struct timeval *tv);
void TimeSubstract(const struct timeval *tv1, const struct timeval *tv2,
    struct timeval *tvres);
int TimeCompare(const struct timeval *tv1, const struct timeval *tv2);
void PrintTimeval(const char *str, const struct timeval *tv);

/* 主函数，程序入口点 */
int main()
{
    /* 变量声明 */
    struct itimerval myitimer;
    long i, count;

    /* 注册信号处理函数 */
    /* 注册用户信号1处理函数 */
    if (signal(SIGUSR1, SigHandler) == SIG_ERR) {
        printf("Unable to create handler for SIGUSR1\n");
        exit(0);
    }
    /* 定时器信号处理函数 */
    /* 这里将同一个函数注册给两个信号，函数内部存在区分信号类型的逻辑 */
    if (signal(SIGALRM, SigHandler) == SIG_ERR){
        printf("Unable to create handler for SIGALRM\n");
        exit(0);
    }

    /* 运行参数输入 */
    printf("Loop times between timer info outputs (300 Recommanded):\n");
```

```c
    scanf("%ld", &count);
    count *= 1000000;

    /* 初始化定时器参数 */
    myitimer.it_interval.tv_sec = 10;
    myitimer.it_interval.tv_usec = 0;
    myitimer.it_value.tv_sec = 10;
    myitimer.it_value.tv_usec = 0;

    /* 注册定时器 */
    setitimer(ITIMER_REAL, &myitimer, NULL);      /* 实时定时器 */
    setitimer(ITIMER_VIRTUAL, &myitimer, NULL);   /* 用户定时器 */
    setitimer(ITIMER_PROF, &myitimer, NULL);      /* CPU定时器 */

    /* 无限循环,等待信号处理 */
    while (1)
    {
        for (i=0; i < count; i++);
        /* 每进行指定次数的循环后,发送用户信号1给自己 */
        raise(SIGUSR1);
    }
}

/* 信号处理函数 */
static void SigHandler(int signo)
{
    /* 变量声明 */
    struct itimerval tmp_itimer;
    struct timeval realtv, cputv, usertv, kerneltv;

    /* 获得实时定时器时间 */
    getitimer(ITIMER_REAL, &tmp_itimer);
    TimerPassed(&tmp_itimer, &realtv);

    /* 获得CPU定时器时间 */
    getitimer(ITIMER_PROF, &tmp_itimer);
    TimerPassed(&tmp_itimer, &cputv);

    /* 获得用户定时器时间 */
    getitimer(ITIMER_VIRTUAL, &tmp_itimer);
    TimerPassed(&tmp_itimer, &usertv);

    /* 计算Linux内核使用CPU时间 */
    TimeSubstract(&cputv, &usertv, &kerneltv);
```

```c
    /* 按照信号进行处理 */
    switch (signo)
    {
    /* 用户信号1 */
    case SIGUSR1:
        /* 输出各种时间值 */
        PrintTimeval("Real Time  ", &realtv);
        PrintTimeval("CPU Time   ", &cputv);
        PrintTimeval("User Time  ", &usertv);
        PrintTimeval("Kernel Time", &kerneltv);
        printf("\n");
        break;

    /* 定时器信号 */
    case SIGALRM:
        /* 输出时间值后退出程序 */
        printf("Time up, the application will escape.\n");
        PrintTimeval("CPU Time   ", &cputv);
        PrintTimeval("User Time  ", &usertv);
        PrintTimeval("Kernel Time", &kerneltv);
        exit(0);
        break;
    }
}

/* 计算时间的流逝 */
void TimerPassed(const struct itimerval *itimer, struct timeval *tv)
{
    TimeSubstract(&(itimer->it_interval), &(itimer->it_value), tv);
}

/* 计算两个时间的差值 */
void TimeSubstract(const struct timeval *tv1, const struct timeval *tv2,
struct timeval *tvres)
{
    /* 变量声明 */
    const struct timeval *tmptv1, *tmptv2;
    int cmpres;

    /* 比较tv1和tv2，将较大值赋给tmptv1，较小值赋给tmptv2 */
    cmpres = TimeCompare(tv1, tv2);
    if (cmpres > 0) {
        tmptv1 = tv1;
        tmptv2 = tv2;
    } else {
```

```c
        tmptv1 = tv2;
        tmptv2 = tv1;
    }

    /* 做差时存在借位的情况 */
    if (tmptv1->tv_usec < tmptv2->tv_usec) {
        /* 结果的秒数多减1，借给微秒 */
        tvres->tv_sec = tmptv1->tv_sec - tmptv2->tv_sec - 1;
        /* 微秒做减法时，先加上借来的1秒（1000000微秒） */
        tvres->tv_usec = tmptv1->tv_usec + 1000000 - tmptv2->tv_usec;
    /* 不存在借位的情况 */
    } else {
        /* 对应的秒和微秒分别做差 */
        tvres->tv_sec = tmptv1->tv_sec - tmptv2->tv_sec;
        tvres->tv_usec = tmptv1->tv_usec - tmptv2->tv_usec;
    }
}

/* 时间值比较大小 */
int TimeCompare(const struct timeval *tv1, const struct timeval *tv2)
{
    /* 如果秒值不一致，则秒值大者较大 */
    if (tv1->tv_sec > tv2->tv_sec)
        return 1;
    else if (tv1->tv_sec < tv2->tv_sec)
        return -1;
    /* 秒值相同的，微秒值较大者较大 */
    else if (tv1->tv_usec > tv2->tv_usec)
        return 1;
    else if (tv1->tv_usec < tv2->tv_usec)
        return -1;
    /* 秒值和微秒值皆相同者等值 */
    else
        return 0;
}

/* 打印时间 */
void PrintTimeval(const char *str, const struct timeval *tv)
{
    printf("%s = %ld sec %ld usec\n", str, tv->tv_sec, tv->tv_usec);
}
```

9.6.3 编译与运行

编译程序并运行。

```
gcc4.9 -o timerexp timerexp.c
./timerexp
```

程序会提示输入空循环的次数，2.7GHz 的 CPU 在空闲时使用 300~500 时大约会 1 秒钟显示一次时间。数值越大显示时间的间隔越长，根据计算机的具体情况而定。此外输出的数据也根据当前系统状态而定。结果如图 9.3 所示。

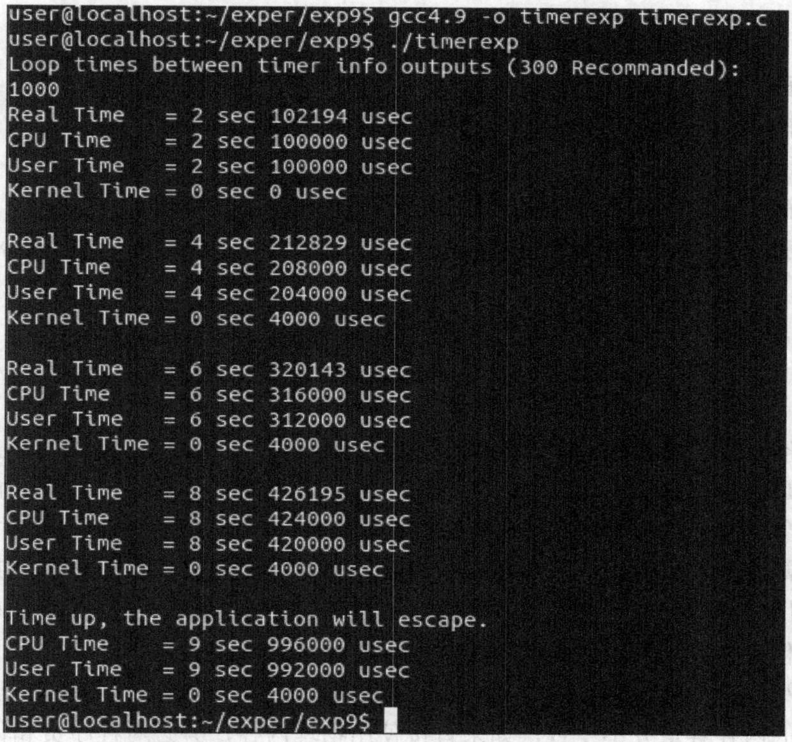

图 9.3 计时器示例程序运行结果

9.7 思考与练习

（1）在 Linux 中分别有信号和信号量的概念，思考它们之间的区别。

（2）制作一个控制台小时钟，每隔 1 秒输出当前的系统时间。然后，扩展程序的灵活性，允许用户提供如输出频率、输出样式等选择。

（3）选作题：编写一个程序，该程序可以采用命令行的方式提供参数，测试参数所指程序的运行时间。可规定完成时间，若再规定时间未完成则中止被测试程序。输入的命令行格式如下：

```
./timetst yourprogram [time]
```

其中，yourprogram 是被测程序，time 是规定的完成时间，若不提供或为 0 则表示无限等待被测程序。可以允许被测程序输入参数。

第 10 章　内存管理与用户操作

学习本章要达到的目标：
（1）了解 Linux 系统进程中内存使用情况和内存分配方法。
（2）熟练应用 Linux 系统内存管理相关函数进行编程。
（3）了解 Linux 系统中用户管理的相关知识。
（4）能够应用 Linux 系统中用户管理的相关函数设计程序，实现对 Linux 系统的用户操作。

10.1　Linux 内存管理

　　Linux 将内存分为物理内存和虚拟内存，物理内存顾名思义是安装在主机里面的内存；虚拟内存则是用户实际使用计算机时所面对的内存，它并不是实际的内存，而是由内存和外存共同抽象出来的内存。用户在使用 Linux 系统时，所进行的操作都是针对虚拟内存的，虚拟内存通常要大于实际内存，在系统中只有正在使用的虚拟内存部分被存放到内存上，对于暂时不用的内存空间会被存储在硬盘或其他外存中。Linux 内核将虚拟内存地址经过一系列的转化，计算出其对应的实际的物理内存地址，再进行操作。那么，为什么 Linux 要"多此一举"进行转化呢？因为，PC 的内存容量来自于计算机内安装物理内存的容量，计算机之间的内存容量并不一致，如果直接使用物理内存，势必对程序员和计算机使用者造成麻烦，因为他们必须总要思考着各个计算机的物理内存大小是不一样的。此外，计算机运行程序的前提是需要将程序的所有机器码加载到内存中才能执行，而计算机内存的空间是有限的、宝贵的，如果程序过大或载入的程序过多，势必会使计算机力不从心。虚拟内存在一定程度上独立于物理内存，其空间通常较大，在虚拟内存上可以运行较大的程序。

　　在 Linux 中，所有的进程都存在于各自独立的内存地址空间中。换言之，所有的进程都认为自己是当前 Linux 系统中独一无二的资源完全享有者。进程中代码的访存操作的地址全部使用这个内存空间的地址。在进程运行过程中，系统会根据进程运行的情况进行地址转化，与内存页面的调换。关于系统如何对内存进行调换，暂不去了解，这里介绍 Linux 对于每个进程独享内存空间的分配情况。

　　对于每个进程所拥有的独立内存空间，依次由程序代码区、全局数据区（清零区）、堆区、栈区、内核空间部分所组成等。程序代码区位于该空间的开始部分，用来存放程序的代码，该部分通常为只读。全局数据区，用来存放全局变量和函数的静态变量。由于通常程序载入时系统会自动地将这部分的内存数据清零，因此又叫清零区。堆区用来存放用户申请得到的内存空间，该空间在进程运行过程中向高地址增长。栈区用来保存程序运行时的函数调用栈和函数的参数、局部变量等信息，该部分向低地址增长。内核空间为所有进程所共享，用来存放内核的代码和数据，通常这部分在整个空间的最末端，为程序的运行提供必要的内核支持。

本章主要让读者了解如何更好地操作进程的虚拟内存空间，以及 Linux 在虚拟内存上提供的一系列特性。Linux 内存调度采用段页式，是一个十分烦琐的工作，有兴趣的读者可以在今后自行查阅资料了解。

10.2　内存操作相关函数

1．malloc

函数原型：

```
#include <stdlib.h>
void *malloc(size_t size);
```

函数功能：申请内存空间分配。该函数会在堆空间为用户申请一片内存空间。
参数说明：分配空间大小的字节数。
返回值：运行成功返回分配到内存空间的首地址，失败返回 NULL。

2．calloc

函数原型：

```
#include <stdlib.h>
void *calloc(size_t nmemb, size_t size);
```

函数功能：申请内存空间分配。该函数会在堆空间为用户申请一部分内存空间。
参数说明：nmemb 是分配内存中元素的个数。size 是分配内存的每个数据元素的大小，单位为字节。实际分配的内存大小为 nmemb 和 size 的乘积个字节。
返回值：运行成功返回分配到内存空间的首地址，失败返回 NULL。

3．free

函数原型：

```
#include <stdlib.h>
void raise(void *ptr);
```

函数功能：释放由 malloc 和 calloc 函数申请的空间。
参数说明：由 malloc 申请的空间的首地址。
返回值：无。

4．mmap

函数原型：

```
#include <unistd.h>
#include <sys/mman.h>
void *mmap(void *start, size_t length, int prot, int flags, int fd, off_t offset);
```

函数功能：建立内存映射，将文件映射到内存，通过内存操作完成对文件的操作。

参数说明：start 是映射的目标地址，通常为 NULL，表示系统自动选择。length 是映射的长度。prot 是映射的保护方式，取值情况在下面详述。flags 是分配内存特性标志位，取值情况下面详述。fd 是文件描述词，关于文件的操作将在第 11 章中详细讲解。offset 映射文件的偏移量，表示从文件的第几个字节开始映射，该大小必须为页大小的整数倍。

关于 prot 的取值，可以是如下各宏，也可以是各宏或运算组合：

PROT_EXEC	可执行
PROT_READ	可读
PROT_WRITE	可写
PROT_NONE	无读写权限

关于 flags 的取值，可以是如下各宏，在调用 mmap()时必须指定 MAP_SHARED 或 MAP_PRIVATE，也可以是各宏或运算组合：

MAP_FIXED	若 start 所指地址无法建立映射，则放弃操作
MAP_SHARED	对映射区域的写操作会反映到文件，且允许其他进程使用
MAP_PRIVATE	对映射区域的写操作会反映到一个文件的副本
MAP_ANONYMOUS	建立的内存映射不针对文件，此时忽略参数 fd
MAP_DENYWRITE	只允许通过映射区域对文件进行写操作，其他方式对文件写操作被拒绝

返回值：若映射成功则返回映射区的内存起始地址，否则返回 MAP_FAILED(–1)，错误原因存在于 error 中，错误代码如下：

EBADF　参数 fd 不是有效的文件描述词

EACCES　存取权限有误。如果是 MAP_PRIVATE 情况下文件必须可读，使用 MAP_SHARED 则要有 PROT_WRITE 以及该文件要能写入

EINVAL　参数 start、length 或 offset 有一个不合法

EAGAIN　文件被锁住，或是有太多内存被锁住

ENOMEM　内存不足

5．munmap

函数原型：

```
#include <unistd.h>
#include <sys/mman.h>
int munmap(void *start, size_t length);
```

函数功能：取消由 mmap 映射的内存区域。

参数说明：start 是由 mmap 映射内存区域的首地址。length 是由 mmap 映射内存区域的长度。

返回值：运行成功返回 0，失败返回–1。

6．getpagesize

函数原型：

```
#include <unistd.h>
```

```
size_t getpagesize(void);
```

函数功能：获取内存页面大小。
参数说明：无。
返回值：页面大小，单位为字节。

7. bcopy / memcpy
函数原型：

```
#include <string.h>
void bcopy(const void *src, void *dest, int n);
void memcpy(void *dest, const void *src, size_t n);
```

函数功能：内存复制。
参数说明：src 是复制内存的源地址；dest 是复制内存的目标地址；n 是复制内存的长度，单位为字节。
返回值：无。

8. memmove
函数原型：

```
#include <string.h>
void memmove(void *dest, const void *src, size_t n);
```

函数功能：内存复制。可以保证当源地址和目标地址有重叠时正确复制，但效率稍低。
参数说明：src 是复制内存的源地址；dest 是复制内存的目标地址；n 是复制内存的长度，单位为字节。
返回值：无。

9. memccpy
函数原型：

```
#include <string.h>
void *memccpy(void *dest, const void *src, int c, size_t n);
```

函数功能：内存复制并查找字符。
参数说明：src 是复制内存的源地址；dest 是复制内存的目标地址；c 是待查找的字符；n 是复制内存的长度，单位为字节。
返回值：dest 中出现编码为 c 的字符所在地址的下一个地址，若不存在该字符返回 NULL。

10. memchr
函数原型：

```
#include <string.h>
void *memchr(const void *s, int c, size_t count);
```

函数功能：在指定内存区域内查找字符。

参数说明：s 是指定内存区域的起始地址；c 是待查找的字符；count 为复制内存的长度，单位为字节。

返回值：返回第一次出现字节 c 的地址，若不存在则返回 NULL。

11. bcmp / memcmp

函数原型：

```
#include <string.h>
int bcmp(const void *s1, const void *s2, int n);
int memcmp(const void *s1, const void *s2, size_t n);
```

函数功能：内存比较。按字典顺序逐个字节进行比较。

参数说明：s1、s2 是被比较的内存区域起始地址；n 是内存区域的长度，单位为字节。

返回值：若 s1 字典顺序靠前，返回负数；若 s2 字典顺序靠前，返回正数；两个内存区域内容相同，返回 0。

12. bzero

函数原型：

```
#include <string.h>
void bzero(void *s, int n);
```

函数功能：将指定内存区域用 0 填充。

参数说明：s 是指定内存区域的起始地址；n 是其长度，单位为字节。

返回值：无。

13. memset

函数原型：

```
#include <string.h>
void *memset(void *s, int c, size_t n);
```

函数功能：将指定内存区域指定字节填充。

参数说明：s 是指定内存区域的起始地址；c 是指定填充的字节；n 是其长度，单位为字节。

返回值：与 s 相同。

下面对以上函数进行测试，打开"终端"，创建实验目录。

```
mkdir ~/exper/exp10
cd ~/exper/exp10
```

使用 vi 创建新文件 exp10_1.c：

```
vi exp10_1.c
```

编写代码如下：

```
#include <unistd.h>
#include <stdlib.h>
```

```c
#include <stdio.h>
#include <string.h>
#include <fcntl.h>
#include <sys/mman.h>

int main()                                              //主函数入口
{
    int page_size=getpagesize();                        //获取页大小
    printf("The page size of system is: %d\n",page_size); //输出页大小
    int fd=open("./testfile",O_RDONLY);                 //打开测试文件
    if(fd<=0)                                           //打开失败则退出程序执行
    {
        printf("Open file failed and exit\n");
        exit(1);
    }

    //内存映射,将文件fd对应的内容映射到自动内存区,共享可读权限,偏移量为0
    char * src = (char *)mmap(NULL,page_size,PROT_READ,MAP_SHARED,fd,0);
    if(src<=0)  //判断映射结果,小于0映射失败,退出程序执行
    {
        printf("Function mmap execute failed\n");
        exit(1);
    }
    printf("The src value after mmap is : %s\n",src);   //输出内存映射结果
    char * dst=(char *)malloc(page_size);               //动态申请一个堆空间
    if(dst<=0)                                          //申请失败则退出程序
    {
        printf("Function malloc execute failed\n");
        exit(1);
    }
    bcopy(src,dst,page_size);                           //将文件映射内容复制到动态堆空间

//输出复制结果
printf("The dst value after bcopy(src,dst,page_size) is : %s\n",dst);

    char * temp = (char *)memccpy(dst,src,'W',page_size);
    //内存复制并查找字符'W'

//输出字符'W'之后的内容
printf("The result of memccpy(dst,src,'W',page_size) : %s\n",temp);
if(temp)  //如果找到字符,则将dst中字符'W'之后的字符设置为'\0'
    {
        *temp='\0';
    }
}
```

```
//输出复制查找之后的dst内容
    printf("The dst value after memccpy()  is : %s\n",dst);

//将dst中的第一个字符替换为'Q'
printf("The dst value after memset(dst,'Q',1) is : %s\n",memset(dst,
'Q',1));
    printf("The result of memchr(src,'W',page_size)is:%s\n",memchr(src,'W',
    page_size) );//在src中查找字符'W',并输出从第一个字符'W'地址开始的之后的内容
        printf("The result of memcmp(dst,src,page_size) is : %d\n",memcmp(dst,
        src, page_size));            //比较dst 和src的大小
memmove(dst,src,page_size);       //将src中的内容移动到dst中

//输出dst结果
    printf("The dst value after memmove(dst,src,page_size) is : %s\n",dst);
bzero(dst,page_size);             //用'0'填充dst区域

//输出bzero之后的dst值
    printf("The dst value after bzero(dst)  is : %s\n",dst);
    if(munmap(src,page_size)==0)//释放内存映射
    {
        printf("munmap success\n");
    }
    else
    {
        printf("munmap failed\n");
    }
    close(fd);                    //关闭文件
    free(dst);                    //释放动态堆区
}
```

文件编写完成之后,保存,退出 vi。然后创建一个测试文件,命名为 testfile,并编辑其内容,内容任意,作为测试使用。执行下列命令进行编译执行:

```
gcc4.9 exp10_1.c -o exp10_1
vi testfile
./exp10_1
```

程序运行结果如图 10.1 所示,首先调用函数 getpagesize()获取系统定义的页大小,输出结果为 4096,说明当前系统支持的页大小为 4096 字节。利用函数 mmap()映射的文件内容为 "1234abcdABCDWXYZwxyz",然后调用函数 bcopy()进行内容复制,输出结果显示复制成功,变量 dst 的值变为 "1234abcdABCDWXYZwxyz"。函数 memccpy()进程内存空间的复制并查找,查找字符为 'W',首先将变量 src 指向空间的 4096 个字符复制到 dst 空间中,返回结果为一个指针,指针指向 dst 空间中第一个字符 'W' 之后的位置,输出结果为 "XYZwxyz",说明函数执行正确,同时将函数返回结果位置处置 '\0',然后 dst 的值变为 "1234abcdABCDW"。执行函数 memset()将变量 dst 的第一个字符设置为 'Q',

输出结果显示设置正确。函数 memchr() 的返回结果为 "WXYZwxyz"，说明函数能够找到 src 变量指向空间中的第一个 'W' 字符，并返回第一个字符 'W' 的指针。函数 memcmp() 对 dst、src 变量进行比较，返回结果为 32，说明 dst 大于 src，返回值为 'Q' – '1' 的值。函数 memmove() 将 src 的值复制到 dst 中，输出结果显示复制正确。函数 bzero() 将 dst 空间数据清空，重置为 '\0'，输出结果显示正确。测试完成之后，使用函数 munmap() 释放文件映射，free() 释放动态申请的堆空间。

```
user@localhost:~/exper/exp10$ gcc4.9 exp10_1.c -o exp10_1
user@localhost:~/exper/exp10$ vi testfile
user@localhost:~/exper/exp10$ ./exp10_1
The page size of system is: 4096
The src value after mmap is : 1234abcdABCDWXYZwxyz

The dst value after bcopy(src,dst,page_size) is : 1234abcdABCDWXYZwxyz

The result of memccpy(dst,src,'W',page_size) : XYZwxyz

The dst value after memccpy()  is : 1234abcdABCDW
The dst value after memset(dst,'Q',1) is : Q234abcdABCDW
The result of memchr(src,'W',page_size) is : WXYZwxyz

The result of memcmp(dst,src,page_size) is : 32
The dst value after memmove(dst,src,page_size) is : 1234abcdABCDWXYZwxyz

The dst value after bzero(dst) is :
munmap success
user@localhost:~/exper/exp10$
```

图 10.1　内存操作函数测试结果

10.3　Linux 系统中的用户操作

用户这一概念的产生是因为安全性而提出的。早期的操作系统是没有用户这一概念的，如 DOS，任何人只要打开计算机就会拥有该计算机的完全权限。随着计算机的普及和网络时代的到来，个人信息的安全越来越受到人们的重视，因此对于计算机软件的安全性提出了更高的要求。这种要求自然而然地落在计算机软件中的基础性软件操作系统上面。

人们使用"用户"作为操作系统安全性管理的对象。计算机操作系统中的一个用户对应着现实世界中的一个人，操作系统对于不同的人设定不同的权限，来保护计算机中的数据。操作系统通过登录的方式来确定当前操作计算机的用户。为了保证登录的安全，每个用户配有一个密码，相当于钥匙，密码是不被公开的，因此每个人只能使用自己的用户名和密码获得计算机相应的操作权限。

Linux 是一个多用户的操作系统。在启动计算机使用 Linux 之前需要进行登录。登录后才可进行其他操作。Linux 用户的权限的定义是细化到文件的。每个用户可以操作哪个文件，不能操作哪个文件，操作的权限有哪些，这些都有着比较详细的规定。通过这些规定，可以确定每个用户的权限。对于用户的私密文件，文件的所有者可以取消其他用户的访问权，这样便可以保证文件内部数据安全。

为了使文件权限的规定既细致又要尽量少的占用存储空间，此外在添加用户和文件的同时不会因为安全性的原因过多的增加系统的开销，因此 Linux 将用户组织成了用户组进行管理。Linux 将多个用户组织成为用户组。文件的权限在文件拥有者、文件拥有者所在组、系统所有其他用户三个等级上分别做出规定，属于针对某一文件同一等级的用户具有相同的权限。这种做法不仅满足了用户权限的个性化，又满足了解决存储空间、减少系统开销的要求。

10.4 用户管理相关数据结构

1. passwd

定义文件：pwd.h

定义：

```
struct passwd {
    char *pw_name;
    char *pw_passwd;
    uid_t pw_uid;
    gid_t pw_gid;
    char *pw_gecos;
    char *pw_dir;
    char *pw_shell;
};
```

说明：该数据结构用来记录一个用户的详细信息。pw_name 是用户名，为登录系统时所提供的用户名；pw_passwd 是密码；pw_uid 是用户 ID；pw_gid 是用户所在组的用户组 ID；pw_gecos 是用户的全名，该名称通常用来进行显示；pw_dir 为用户的主目录，即 home 目录，该目录通常用来存放用户的个人文档。pw_shell 是用户所使用的 Shell 程序，这里规定了用户的操作界面。

2. group

定义文件：grp.h

定义：

```
struct group {
    char *gr_name;
    char *gr_passwd;
    gid_t gr_gid;
    char **gr_mem;
};
```

说明：该数据结构用来记录一个用户组的详细信息。gr_name 是用户组的组名；gr_passwd 为用户组的密码；gr_gid 是用户组的 ID，系统中用户组名和用户组 ID 都是唯一的；gr_mem 是一个字符串的数组，是用户组中的成员列表。

10.5 用户管理相关函数

1. getuid

函数原型：

```
#include <sys/types.h>
#include <unistd.h>
uid_t getuid(void);
```

函数功能：取得当前进程的用户 ID。

参数说明：无。

返回值：用户 ID。

2. geteuid

函数原型：

```
#include <sys/types.h>
#include <unistd.h>
uid_t geteuid(void);
```

函数功能：取得当前进程的有效用户 ID（Effective User ID）。用户 ID 和有效用户 ID 在通常情况下是一致的，但用户 ID 是一种固有属性，而有效用户 ID 是一种动态属性，也就是说在运行过程中可以动态地、临时地切换有效用户 ID 以获取额外临时权限（可能会带来安全问题）；而用户 ID 则只是一种相对静态的属性描述。

参数说明：无。

返回值：用户 ID。

3. getpwuid

函数原型：

```
#include <sys/types.h>
#include <pwd.h>
struct passwd *getpwuid(uid_t uid);
```

函数功能：根据用户 ID 找到系统中某用户的详细信息。

参数说明：用户 ID。

返回值：记录指定用户 ID 的用户详细信息的 passwd 结构体指针，操作失败返回 NULL。

4. getpwnam

函数原型：

```
#include <sys/types.h>
#include <pwd.h>
struct passwd *getpwnam(const char *name);
```

函数功能：根据用户名找到系统中某用户的详细信息。

参数说明:用户名。
返回值:记录指定用户名的用户详细信息的 passwd 结构体指针,操作失败返回 NULL。

5. getpwent

函数原型:

```
#include <sys/types.h>
#include <pwd.h>
struct passwd *getpwent(void);
```

函数功能:依次获得系统中某用户的详细信息。
参数说明:无。
返回值:第一次调用该函数返回第一个用户的数据,第二次则返回第二个……直到全部用户信息都返回后,返回 NULL。若运行失败返回 NULL。

6. setpwent

函数原型:

```
#include <sys/types.h>
#include <pwd.h>
void setpwent(void);
```

函数功能:是用户信息读取指针复位,再次调用 getpwent 时返回第一个用户数据。
参数说明:无。
返回值:无。

7. setuid

函数原型:

```
#include <sys/types.h>
#include <unistd.h>
int setuid(uid_t uid);
```

函数功能:设置当前进程的用户 ID。仅当有效用户 ID 为 0(root)时,该函数有效,通过该函数能够改变进程的用户 ID 和有效用户 ID。
参数说明:用户 ID。
返回值:执行成功返回 0,失败返回-1。

8. seteuid

函数原型:

```
#include <sys/types.h>
#include <unistd.h>
int seteuid(uid_t uid);
```

函数功能:设置当前进程的有效用户 ID。
参数说明:有效用户 ID。
返回值:执行成功返回 0,失败返回-1。

下面对以上函数进行测试,打开"终端",使用 vi 创建新文件 exp10_2.c:

vi exp10_2.c

编写代码如下:

```c
#include <unistd.h>
#include <stdlib.h>
#include <stdio.h>
#include <string.h>
#include <pwd.h>
#include <sys/types.h>

int main()                                      //主函数入口
{
    uid_t uid=getuid();                         //获取当前进程的用户ID
    uid_t euid=geteuid();                       //获取当前进程的有效用户ID
    printf("The uid of current thread is:%d\n",uid);    //输出ID信息
    printf("The euid of current thread is:%d\n",euid);

//根据当前进程的用户ID获取用户的详细信息
struct passwd * user_info=getpwuid(uid);
printf("The inform of uid=%d as follow: \nname      passwd      uid      gid      gecos      dir      shell\n",uid);
    printf("%s      %s      %d      %d      %s      %s      %s\n",user_info->pw_name,user_info->pw_passwd,user_info->pw_uid,user_info->pw_gid,user_info->pw_gecos,user_info->pw_dir,user_info->pw_shell);
    //输出用户的详细信息

    user_info=getpwnam("user");                 //获取用户user的详细信息
    printf("The inform of name=%s as follow: \n",user_info->pw_name);
    printf("passwd: %s   uid : %d   gid: %d   gecos: %s   dir: %s   shell: %s\n",user_info->pw_passwd,user_info->pw_uid,user_info->pw_gid,user_info->pw_gecos,user_info->pw_dir,user_info->pw_shell);
    //输出用户的详细信息

    user_info=getpwent();                       //依次获取系统中用户的信息
    printf("The inform of name=%s as follow: \n",user_info->pw_name);
    printf("passwd: %s   uid : %d   gid: %d   gecos: %s   dir: %s   shell: %s\n",user_info->pw_passwd,user_info->pw_uid,user_info->pw_gid,user_info->pw_gecos,user_info->pw_dir,user_info->pw_shell);
    //输出用户的详细信息

    user_info=getpwent();                       //依次获取系统中用户的信息
    printf("The inform of name=%s as follow: \n",user_info->pw_name);
    printf("passwd: %s   uid : %d   gid: %d   gecos: %s   dir: %s   shell:
```

```c
%s\n",user_info->pw_passwd,user_info->pw_uid,user_info->pw_gid,user_
info->pw_gecos,user_info->pw_dir,user_info->pw_shell);
//输出用户的详细信息

user_info=getpwent();                //依次获取系统中用户的信息
printf("The inform of name=%s as follow: \n",user_info->pw_name);
printf("passwd: %s   uid : %d   gid: %d   gecos: %s   dir: %s   shell: 
%s\n",user_info->pw_passwd,user_info->pw_uid,user_info->pw_gid,user_
info->pw_gecos,user_info->pw_dir,user_info->pw_shell);
//输出用户的详细信息

setpwent();                          //复位用户信息读取指针
user_info=getpwent();                //再次获取系统中用户的信息
printf("The inform of name=%s as follow: \n",user_info->pw_name);
printf("passwd: %s   uid : %d   gid: %d   gecos: %s   dir: %s   shell: 
%s\n",user_info->pw_passwd,user_info->pw_uid,user_info->pw_gid, user_
info->pw_gecos,user_info->pw_dir,user_info->pw_shell);
//输出用户的详细信息

if(setuid(1001)<0)                   //设置当前进程的用户ID为1001
{
    printf("set uid as 1001 failed\n");
}
else                                 //返回0设置成功
{
    printf("set uid as 1001 success\n");

    //输出新的用户ID信息
    printf("The uid of current thread is:%d\n",getuid());
    printf("The euid of current thread is:%d\n",geteuid());
}

if(setuid(1000)<0)                   //设置当前进程的用户ID为1000
{
    printf("set uid as 1000 failed\n");
}
else
{
    printf("set uid as 1000 success\n");

    //输出新的用户ID信息
    printf("The uid of current thread is:%d\n",getuid());
    printf("The euid of current thread is:%d\n",geteuid());
```

        }
    }

文件编写完成之后，保存，退出 vi，执行下列命令进行编译执行：

```
gcc4.9 exp10_2.c -o exp10_2
./exp10_2
```

程序运行结果如图 10.2 所示，首先通过函数 getuid()、geteuid()获取当前进程的用户 ID 和有效用户的 ID，都是 1000。通过函数 getpwuid()获取用户 ID 为 1000 的用户的详细信息，用户名为 user，密码不显示，组 ID 为 1000，实名为 user，主目录为/home/dell，shell 脚本为/bin/bash。调用函数 getpwnam()获取用户名为 user 的详细信息，结果与 getpwuid()的结果相同，说明函数执行正确。连续执行 getpwent()函数三次获得系统中用户的信息，然后执行一次 setpwent()复位用户信息读取指针，最后在执行一次 getpwent()函数，获取的用户信息与第一次执行的结果一样，说明函数 setpwent()能够复位指针。执行函数 setuid()设置当前进程的用户 ID 为 1001，结果显示设置错误，然后再次执行设置为 1000，结果显示设置成功，因为当前用户的 ID 为 1000，所以拥有将用户 ID 设置为 1000 的权限，不拥有设置为其他 ID 号的权限。

图 10.2 用户管理函数测试结果 1

在终端执行命令 su 切换到超级用户状态下，重新编译程序，执行，结果如图 10.3 所示。当前进程的用户 ID 和有效用户 ID 都为 0，测试函数的结果与图 10.2 类似，但是在最后调用函数 setuid()将用户的 ID 设置为 1001 时成功，并且用户的 ID 和有效用户的 ID 都被更改为 1001，当再次执行函数 setuid()设置为 1000 时失败。设置为 1001 时，进程的有效用户 ID 为 0，拥有超级用户权限，所以能够设置成功。当设置为 1001 之后，再次设置为 1000 时，没有权限，所示设置失败。

```
root@localhost:/home/dell/exper/exp10# gcc4.9 exp10_2.c -o exp10_2
root@localhost:/home/dell/exper/exp10# ./exp10_2
The uid of current thread is:0
The euid of current thread is:0
The inform of uid=0 as follow:
name      passwd     uid     gid     gecos    dir       shell
root      x          0       0       root     /root     /bin/bash
The inform of name=user as follow:
passwd: x   uid : 1000   gid: 1000   gecos: user   dir: /home/dell   shell: /bin/bash
The inform of name=root as follow:
passwd: x   uid : 0      gid: 0      gecos: root   dir: /root        shell: /bin/bash
The inform of name=daemon as follow:
passwd: x   uid : 1      gid: 1      gecos: daemon dir: /usr/sbin    shell: /usr/sbin/nologin
The inform of name=bin as follow:
passwd: x   uid : 2      gid: 2      gecos: bin    dir: /bin         shell: /usr/sbin/nologin
The inform of name=root as follow:
passwd: x   uid : 0      gid: 0      gecos: root   dir: /root        shell: /bin/bash
set uid as 1001 success
The uid of current thread is:1001
The euid of current thread is:1001
set uid as 1000 failed
root@localhost:/home/dell/exper/exp10#
```

图 10.3 用户管理函数测试结果 2

10.6 用户组管理相关函数

1. getgid

函数原型：

```
#include <sys/types.h>
#include <unistd.h>
gid_t getgid(void);
```

函数功能：取得当前进程的用户组 ID。
参数说明：无。
返回值：用户组 ID。

2. getegid

函数原型：

```
#include <sys/types.h>
#include <unistd.h>
gid_t getegid(void);
```

函数功能：取得当前进程的有效用户组 ID（Effective Group ID）。
参数说明：无。
返回值：用户组 ID。

3. getgrgid

函数原型：

```
#include <sys/types.h>
#include <grp.h>
struct group *getgrgid(gid_t gid);
```

函数功能：根据用户组 ID 找到系统中某用户组的详细信息。
参数说明：用户组 ID。
返回值：记录指定用户组 ID 的用户组详细信息的 group 结构体指针，操作失败返回 NULL。

4．getgrnam
函数原型：

```
#include <sys/types.h>
#include <grp.h>
struct group *getgrnam(const char *name);
```

函数功能：根据用户组名找到系统中某用户组的详细信息。
参数说明：用户组名。
返回值：记录指定用户组名的用户组详细信息的 group 结构体指针，操作失败返回 NULL。

5．getgrent
函数原型：

```
#include <sys/types.h>
#include <grp.h>
struct group *getgrent(void);
```

函数功能：依次获得系统中某用户组的详细信息。
参数说明：无。
返回值：第一次调用该函数返回第一个用户组的数据，第二次则返回第二个……直到全部用户组信息都返回后，返回 NULL。若运行失败返回 NULL。

6．setgrent
函数原型：

```
#include <sys/types.h>
#include <grp.h>
void setgrent(void);
```

函数功能：是用户组信息读取指针复位。再次调用 getgrent 时返回第一个用户组数据。
参数说明：无。
返回值：无。

7．setgid
函数原型：

```
#include <sys/types.h>
#include <unistd.h>
int setgid(gid_t gid);
```

函数功能：设置当前进程的用户组 ID。仅当有效用户 ID 为 0（root）时，该函数有效。
参数说明：用户组 ID。
返回值：执行成功返回 0，失败返回 –1。

8. setegid

函数原型：

```
#include <sys/types.h>
#include <unistd.h>
int setegid(gid_t gid);
```

函数功能：设置当前进程的有效用户组 ID。
参数说明：有效用户组 ID。
返回值：执行成功返回 0，失败返回–1。

本节有关用户组的管理函数与用户管理的函数基本类似，在此就不再举例了。

10.7 应用实例训练

本章分别针对内存操作和用户操作完成两个简单的测试程序。

针对内存操作程序完成的操作有：根据用户的输入从进程的内存空间中分配内存，然后向内存中写入数据（写入内容随意），再读出，并比较写入的数据是否正确，如果错误则在屏幕输出错误信息，最后释放申请的内存。该程序的整体流程如图 10.4 所示。

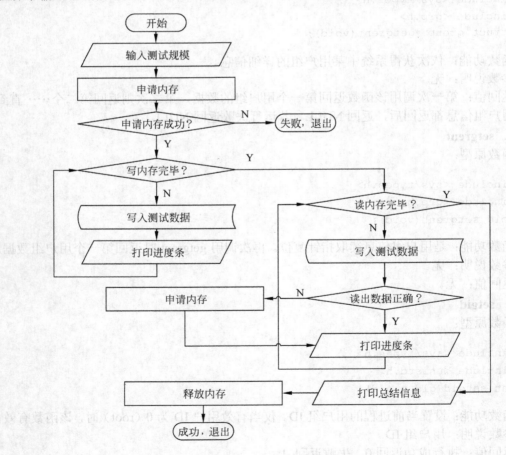

图 10.4　内存测试程序流程图

针对用户操作完成一个用户管理的演示程序，要求该程序要求具有用户和用户组的浏览功能。程序整体流程如图 10.5 所示。

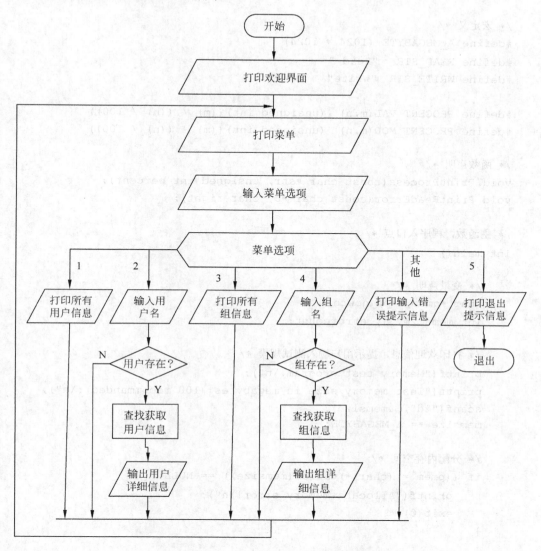

图 10.5　Linux 用户浏览程序流程图

10.7.1　编写代码

进入实验目录，使用 vi 建立源代码文件。

```
vi memexp.c
```

编写源代码如下：

```
#include <unistd.h>
#include <stdlib.h>
```

```c
#include <stdio.h>
#include <string.h>

/* 宏定义 */
#define A_MEGABYTE (1024 * 1024)
#define READ_STR   "Read "
#define WRITE_STR  "Write"

#define PROCENT_VAL(m,n)  (unsigned int)((m) / ((n) / 100))
#define PROCENT_MOD(m,n)  (unsigned int)((m) % ((n) / 100))

/* 函数声明 */
void PrintProcess(const char *str, unsigned int percent);
void PrintReadError(const char *p, char right);

/* 主函数,程序入口点 */
int main()
{
    /* 变量声明 */
    char *pmem, *p, nowch;
    int memsize, i, errorcount;

    /* 打印欢迎信息,提示用户输入测试规模 */
    printf("Memory test program.\n");
    printf("Test memory size in megabytes (100 recommanded):\n");
    scanf("%d", &memsize);
    memsize *= A_MEGABYTE;

    /* 分配内存空间 */
    if ((pmem = (char *)valloc(memsize)) == NULL) {
        printf("Allocate memory error!\n");
        exit(0);
    }

    /* 对内存写入测试数据 */
    printf("Allocate memory successfully!\n");
    printf("Start writing data to memory:\n");
    for (i = 0, p = pmem; i < memsize; i++, p++)
    {
        *p = (char)(i & 0xFF);
        if (PROCENT_MOD(i, memsize) == 0)
            PrintProcess(WRITE_STR, PROCENT_VAL(i, memsize));
    }
    PrintProcess(WRITE_STR, 101);
    printf("\n");
```

```c
    /* 读取内存中的测试数据 */
    printf("Start reading data from memory:\n");
    errorcount = 0;
    for (i = 0, p = pmem; i < memsize; i++, p++)
    {
        /* 判断读取的内容是否正确 */
        nowch = (char)(i & 0xFF);
        if (nowch != *p) {
            PrintReadError(p, nowch);
            PrintProcess(READ_STR, PROCENT_VAL(i, memsize));
            errorcount++;
        }
        if (PROCENT_MOD(i, memsize) == 0)
            PrintProcess(READ_STR, PROCENT_VAL(i, memsize));
    }
    PrintProcess(READ_STR, 101);
    printf("\n");

    /* 打印综合信息 */
    printf("Write and read %d bytes, wrong: %d\n", memsize, errorcount);

    /* 释放内存 */
    free(pmem);
    printf("Free memory successfully!\n");

    return 0;
}

/* 进度条打印中的字符配置宏 */
#define PBAR_BLANK_CH '-'
#define PBAR_FULL_CH  '#'

/* 打印进度条 */
void PrintProcess(const char *str, unsigned int percent)
{
    /* 进度条缓冲区 */
    char processbar[51] = { 0 };

    /* 初始化进度条 */
    memset(processbar, PBAR_BLANK_CH, 50);

    /* 绘制正常进度条 */
    if (percent <= 100) {
        memset(processbar, PBAR_FULL_CH, percent / 2);
        printf("%s: [%s] %d%%\r", str, processbar, percent);
```

```c
        /* 绘制完成后的进度条 */
    } else {
        memset(processbar, PBAR_FULL_CH , 50);
        printf("%s: [%s] Done\r", str, processbar);
    }
    fflush(stdout);
}

/* 打印错误信息 */
void PrintReadError(const char *p, char right)
{
    printf("Read error : at 0x%x, now: %d, right: %d\n", (int)p, *p, right);
}
```

接下来编写第二个程序。
打开 vi，并新建 C 语言程序文件 userctrl.c。

```
vi userctrl.c
```

编写程序代码如下：

```c
#include <stdio.h>
#include <stdlib.h>
#include <sys/types.h>
#include <unistd.h>
#include <pwd.h>
#include <grp.h>

/* 函数定义 */
void PrintPwdInDetail(struct passwd *pwd);
void PrintGrpInDetail(struct group *grp);
void PrintPwdSimple(struct passwd *pwd);
void PrintGrpSimple(struct group *grp);

void ListAllPwd();
void ListAllGrp();

void PrintMenu();
void HandleChoice(int choice);

/* 主函数，程序入口点 */
int main()
{
    /* 变量声明 */
```

```c
    int ch;

    /* 输出欢迎界面 */
    printf("==============================\n");
    printf("  Linux User Display Program\n");
    printf("==============================\n\n");

    while (1)
    {
        /* 打印菜单 */
        PrintMenu();

        /* 提示用户输入选项 */
        printf("Please Choose: ");
        scanf("%d", &ch);

        /* 处理用户选项 */
        HandleChoice(ch);
    }
}

/* 打印菜单 */
void PrintMenu()
{
    printf("Menu:\n");
    printf("  1 - List Users,  2 - User Detail,\n");
    printf("  3 - List Groups, 4 - Group Deatil,\n");
    printf("  5 - Exit\n");
}

/* 选项处理 */
void HandleChoice(int choice)
{
    /* 变量声明 */
    char str[80];            /* 字符串输入缓冲 */
    struct passwd *pwd;      /* 用户信息缓冲 */
    struct group *grp;       /* 用户组信息缓冲 */

    printf("\n");
    switch (choice)
    {
        /* 对于选项1的处理 */
        case 1:
```

```c
        /* 列出所有用户简要信息 */
        ListAllPwd();
        break;

    /* 对于选项2的处理 */
    case 2:
        /* 提示输入用户名 */
        printf("User Name: ");
        scanf("%s", str);

        /* 获取用户信息 */
        pwd = getpwnam(str);
        /* 若用户存在,则输出用户详细信息 */
        if (pwd != NULL)
        {
            printf("\n");
            PrintPwdInDetail(pwd);
        }
        /* 否则输出提示信息 */
        else
            printf("No such user!\n");
        break;

    /* 对于选项3的处理 */
    case 3:
        /* 列出所有用户组的简要信息 */
        ListAllGrp();
        break;

    /* 对于选项4的处理 */
    case 4:
        /* 提示输入用户组名 */
        printf("Group Name: ");
        scanf("%s", str);

        /* 获取用户组信息 */
        grp = getgrnam(str);
        /* 若用户组存在,则输出用户组详细信息 */
        if (grp != NULL)
        {
            printf("\n");
            PrintGrpInDetail(grp);
        }
```

```c
            /* 否则输出提示信息 */
            else
                printf("No such Group!\n");
            break;

        /* 对于选项5的处理 */
        case 5:
            /* 输出退出提示信息 */
            printf("Goodbye.\n\n");
            /* 退出 */
            exit(0);
            break;

        /* 对于不存在的选项 */
        default:
            /* 输出提示信息 */
            printf("Wrong Choice.\n");
            break;
    }
    printf("\n");
}

/* 打印用户详细信息 */
void PrintPwdInDetail(struct passwd *pwd)
{
    printf("User Name : %s\n", pwd->pw_name);
    printf("Password  : %s\n", pwd->pw_passwd);
    printf("User ID   : %d\n", pwd->pw_uid);
    printf("Group ID  : %d\n", pwd->pw_gid);
    printf("Full Name : %s\n", pwd->pw_gecos);
    printf("Home Dir  : %s\n", pwd->pw_dir);
    printf("Shell     : %s\n", pwd->pw_shell);
}

/* 打印用户组详细信息 */
void PrintGrpInDetail(struct group *grp)
{
    char **nowmem = grp->gr_mem;
    printf("Group Name : %s\n", grp->gr_name);
    printf("Password   : %s\n", grp->gr_passwd);
    printf("Group ID   : %d\n", grp->gr_gid);
    printf("Members    : ");
```

```c
        /* 输出用户组成员 */
        /* 如果该用户组存在成员 */
        if (*nowmem)
            /* 首先输出第一个用户 */
            printf("\n\t%s", *(nowmem++));
        /* 若不存在,输出"None" */
        else
            printf("None");

        /* 若存在成员,则遍历成员,依次输出所有成员名 */
        while (*nowmem)
            printf(", %s", *(nowmem++));
        printf("\n");
}

/* 打印用户简要信息 */
void PrintPwdSimple(struct passwd *pwd)
{
    printf("%5d : %s\n", pwd->pw_uid, pwd->pw_name);
}

/* 打印用户组简要信息 */
void PrintGrpSimple(struct group *grp)
{
    printf("%5d : %s\n", grp->gr_gid, grp->gr_name);
}

/* 打印所有的用户列表 */
void ListAllPwd()
{
    struct passwd *pwd;

    /* 移动用户读取指针到头位置 */
    setpwent();

    /* 依次读取每个用户的信息 */
    while ((pwd = getpwent()) != NULL)
    {
        /* 打印每个用户的简要信息 */
        PrintPwdSimple(pwd);
    }
}
```

```
/* 打印所有用户组列表 */
void ListAllGrp()
{
    struct group *grp;

    /* 移动用户组读取指针到头位置 */
    setgrent();

    /* 一次读取每个用户组的信息 */
    while ((grp = getgrent()) != NULL)
    {
        /* 打印每个用户组的简要信息 */
        PrintGrpSimple(grp);
    }
}
```

10.7.2 编译与运行

首先使用 gcc4.9 编译第一个程序并运行。

```
gcc4.9 memexp.c -o memexp
./memexp
```

运行的过程中程序提示输入测试内存的大小，根据系统情况，推荐使用 50~200 之间的数值。较小的测试值大小会使整个过程过快，而看不清过程。如果输入物理内存还大的测试大小，就会看到程序开始使用硬盘上的交换分区。会观察到使用交换分区时处理速度明显变慢。尽量不要输入大于 3000 的数值，因为这样可能会导致系统瘫痪或分配失败。程序正常运行的结果如图 10.6 所示。

```
user@localhost:~/exper/exp10$ ./memexp
Memory test program.
Test memory size in megabytes (100 recommended):
100
Allocate memory successfully!
Start writing data to memory:
Write: [################################################] Done
Start reading data from memory:
Read : [################################################] Done
Write and read 104857600 bytes, wrong: 0
Free memory successfully!
user@localhost:~/exper/exp10$
```

图 10.6 内存测试程序运行结果

编译第二个程序并运行。

```
gcc4.9 userctrl.c -o userctrl
./userctrl
```

程序运行如图 10.7 所示。进入程序后，程序首先弹出系统菜单，选择 1 和 3 时，程序会打印出 Linux 系统中的用户和用户组列表，列表通常会很长。选择 2 和 4 时，程序首先会提示输入用户名,程序会打印相应用户的详细信息。

```
user@localhost:~/exper/exp10$ gcc4.9 userctrl.c -o userctrl
user@localhost:~/exper/exp10$ ./userctrl
==============================
 Linux User Display Program
==============================
Menu:
 1 - List Users,   2 - User Detail,
 3 - List Groups,  4 - Group Deatil,
 5 - Exit
Please Choose: 2

User Name: user

User Name : user
Password :  x
User ID   :  1000
Group ID  :  1000
Full Name :  user
Home Dir  :  /home/dell
Shell     :  /bin/bash

Menu:
 1 - List Users,   2 - User Detail,
 3 - List Groups,  4 - Group Deatil,
 5 - Exit
Please Choose: 4

Group Name: user

Group Name : user
Password :   x
Group ID :   1000
Members  :   None

Menu:
 1 - List Users,   2 - User Detail,
 3 - List Groups,  4 - Group Deatil,
 5 - Exit
Please Choose: 5

Goodbye.
user@localhost:~/exper/exp10$
```

图 10.7 Linux 用户信息浏览程序运行界面

10.8 思考与练习

(1) 链表是一种常用的线性动态数据存储结构,可以比较容易地进行数据的插入、删除等动态操作。链表由一个个的节点链接而成。每个节点包括两个部分:第一部分为数据部分,记录了所需要存储的数据信息;第二部分为指针,记录了下一个节点的地址。这样程序只需要保存一个头节点就可以通过节点中的指针了解到整个链表。编写一套链表操作函数,完成链表的数据查找、添加、删除等功能,还可以添加一些功能,包括链表的数据量统计、链表反转等操作。

(2) 查阅相关资料,深入了解 Linux 利用 Shadow 系统来保障其用户的密码安全。

(3) 本章实例中完成的程序实现了 Linux 中用户信息的浏览,查阅相关资料,了解如何对 Linux 中的用户信息进行增加、修改、删除,并完善本章实例中的程序代码。

第 11 章　文件操作

学习本章要达到的目标：
（1）了解 Linux 文件系统的目录结构。
（2）理解 Linux 的文件模型。
（3）掌握 Linux 关于文件操作的函数的功能。
（4）熟练应用 Linux 系统中文件操作的函数进行程序设计。

11.1　Linux 的文件系统

在计算机的日常操作中，经常接触到"文件"这一概念，人们平时编辑的文档、运行的程序、听的音乐和看的电影在计算机中都是采用文件的形式进行存储的。文件是现代操作系统中提供给用户操作的界面。文件的使用极大地方便了用户对硬盘数据的日常操作，因为不能总是按照硬盘的柱面、磁道、扇区等信息来操作硬盘，这对于一个计算机的使用者来说太过困难。

几乎所有的操作系统所使用的文件系统在面向用户的结构上都是大同小异的，都采用树或森林的结构。都存在访问的根节点，在 Windows 系统中是"我的电脑"，在 UNIX 系列的系统中是根目录"/"。这些节点下可以直接保存文件，也可以建立目录或文件夹。在目录和文件夹里保存文件或再建立子目录或子文件夹。这种形式非常适合于对资料分级归类进行整理，也符合人们的日常习惯。例如，人们的地址常常被分级归类：国家、省或州、城市、区、街道、楼、层、房间等。

在之前的章节中，已经粗略地介绍过了 Linux 中文件系统的目录组织和 Linux 中的文件类型。这里作为回顾，再简要地介绍相关知识。Linux 没有盘符的概念，文件路径的起始为根目录"/"。通常在根目录下包含如下目录：

boot	启动相关的程序和配置
bin	常用的 Linux 命令，这些命令通常为可执行文件或这些文件的链接
sbin	通常为根用户准备的命令
lib	系统常用库
usr	用户安装的文件、库、开发库等
root	根用户的用户文件
home	普通用户的用户文件
etc	系统或程序的配置文件

var	系统中服务器数据、日志等
proc	系统状态信息
dev	系统设备
mnt、media	其他分区的挂载点（如 Windows 分区、光盘或软盘等）
tmp	临时文件
lost+found	磁盘孤立扇区

以上所列的目录是 Linux 系统下的一条潜规则，虽然不是硬性规定，但如果遵守这些约定对于使用 Linux 是很有帮助的。在 Linux 系统中，对于用户来说，计算机的一切皆为文件。如果了解嵌入式编程或对计算机底层设备的操作有所了解，会知道对于设备的控制无外乎就是读数据和写数据。而文件是数据的载体，对于它的操作也是读写。因此，"一切皆为文件"的抽象给系统的使用和编程带来了统一的界面和接口。在编程的过程中无论面对何种设备，应用程序可以采用同样的接口、同样的编程模式，这样可以有效地提高系统开发的效率。Linux 中采用不同的文件类型来标识这些文件究竟是存储在硬盘上的数据还是计算机中的设备。Linux 的文件类型在第 2 章中介绍 ls 命令时进行了介绍，读者可以参考。

对于应用程序的开发，需要把文件看成是"流"。"流"是一种数据结构，它类似于水流，或现在工厂中的流水线。在操作文件的过程中，需要控制一个假想中的指针。该指针指向文件的一个位置，这个位置便是当前操作文件的位置。这个指针会随着我们的操作而自动移动。例如，我们需要读文件中的若干个字节，那么我们需要若干次的调用读字节函数，每次读字节以后，指针都会向后移动。当然，为了迎合文件需要随机读写的要求，通常还增加了指针移动操作，这虽然是对流的一种破坏，但给操作带来了更大的便利。

具体实现流功能、指针移动等都是在内核下完成的，关于内核的知识，将在本书的第 3 部分进行详细介绍。为了更好地理解 Linux 下的文件系统，下面对内核下如何完成数据的读写做简要介绍。

Linux 在内核中实现了一个虚拟文件系统（VFS），这个文件系统是对所有文件系统的一个抽象，可以将其理解为一个转接口。它向下需要通过实现其数据结构，来实现其功能；向上给用户一个统一的编程界面。这样，在 Linux 下对文件的操作会经历如下的过程，首先应用程序通过用户态函数接口，调用 VFS 操作接口，VFS 根据不同的情况调用具体的文件系统实现算法，这些算法对硬件操作，完成文件操作。VFS 主要包含了 4 个数据结构：超级块、索引点、目录项和文件。其中，超级块代表了整个的文件系统，记录了文件系统的整体信息；索引点代表了操作系统中的一个文件，无论该文件是否已打开，它包含了文件操作的所有信息；目录项代表了一个目录，用来组成文件的路径，并利用其实现路径的管理；文件代表了被进程打开的文件，是可以读写的实体。上面所说的文件操作中的"流"思想就是需要在这里被实现的。

11.2 文件操作相关函数

11.2.1 文件控制

1．rename

函数原型：

```
#include <stdio.h>
int rename(const char *oldpath, const char *newpath);
```

函数功能：文件重命名。

参数说明：oldpath 是文件的原路径；newpath 是文件的新路径。

返回值：运行成功返回 0，失败返回 –1。

2．remove

函数原型：

```
#include <stdio.h>
int remove(const char *pathname);
```

函数功能：删除文件。

参数说明：文件路径。

返回值：运行成功返回 0，失败返回 –1。

3．chown

函数原型：

```
#include <sys/types.h>
#include <unistd.h>
int chown(const char *path, uid_t owner, gid_t group);
```

函数功能：修改文件的所有者。

参数说明：path 是欲修改文件的路径；owner 是指定的所有者；group 是指定的文件组。

返回值：运行成功返回 0，失败返回 –1。

4．chmod

函数原型：

```
#include <sys/types.h>
#include <sys/stat.h>
int chmod(const char *path, mode_t mode);
```

函数功能：修改文件的访问权限。

参数说明：path 是欲修改文件的路径；mode 是文件的访问权限。权限其实就是一个整数，用三位八进制数表示，具体的说明见 2.2.6 节。此外还可以使用如下宏或组合：

S_IRUSR / S_IREAD	文件所有者具有读权限
S_IWUSR / S_IWRITE	文件所有者具有写权限
S_IXUSR / S_IEXEC	文件所有者具有执行权限
S_IRGRP	用户组具有读权限
S_IWGRP	用户组具有写权限
S_IXGRP	用户组具有执行权限
S_IROTH	其他所有用户具有读权限
S_IWOTH	其他所有用户具有写权限
S_IXOTH	其他所有用户具有执行权限

返回值：运行成功返回 0，失败返回 –1。

下面对以上函数进行测试，打开"终端"，创建实验目录。

```
mkdir ~/exper/exp11
cd ~/exper/exp11
```

使用 vi 创建新文件 exp11_1.c：

```
vi exp11_1.c
```

编写代码如下：

```c
#include <stdio.h>
#include <stdlib.h>
#include <string.h>
#include <ctype.h>
#include <sys/types.h>
#include <sys/stat.h>

int main(int argc, char *argv[])           //主函数入口
{
    char * oldpath="./oldfile";            //当前目录下旧文件名
    char * newpath="./newfile";            //当前目录下新文件名
    system("ls -l | grep 'file'");         //列出当前文件夹下文件

     if( rename(oldpath,newpath)<0)        //对文件进程重命名
    {
        printf("rename failed\n");         //重命名失败
    }
    else
    {
        printf("rename success\n");        //重命名成功
    }
    system("ls -l | grep 'file'");         //列出当前文件夹下文件

    if(chown(newpath,0,0)<0)               //将文件的所属用户和所属组都更改为root
```

```
    {
        printf("chown failed\n");           //更改失败
    }
    else
    {
        printf("chown success\n");          //更改成功
    }
    system("ls -l | grep 'file'");          //列出当前文件夹下文件

    //更改文件的权限,更改为所属用户和组拥有执行权限
    if(chmod(newpath,S_IEXEC|S_IXGRP)<0)
    {
        printf("chmod failed\n");           //更改失败
    }
    else
    {
        printf("chmod success\n");          //更改成功
    }
    system("ls -l | grep 'file'");          //列出当前文件夹下文件

    if(remove(newpath)==0)                  //删除文件
    {
        printf("remove success\n");         //删除成功
    }
    else
    {
        printf("remove failed\n");          //删除失败
    }
    system("ls -l | grep 'file'");          //列出当前文件夹下文件
}
```

文件编写完成之后,保存,退出 vi,执行下列命令进行编译执行。

```
gcc4.9 exp11_1.c -o exp11_1
./exp11_1
```

程序运行结果如图 11.1 所示,第一次执行程序,输出结果失败,因为当前目录下面没有 oldfile 文件。使用命令 touch oldfile 创建文件,再次执行程序,输出结果显示函数 rename() 能够完成文件的重命名,函数 chown() 无法更改文件的所属用户和所属组,函数 chmod() 能够完成文件权限的更改,对文件只保留对所属用户和所属组的可能执行权限,函数 remove() 能够成功把文件删除。再次执行命令 touch oldfile 创建文件,并且切换到超级用户权限执行程序,此次函数 chown() 执行成功,完成对文件所属组和所属用户的更改,更改为 root,其他函数执行结果与第二次执行相同。

```
user@localhost:~/exper/exp11$ vi exp11_1.c
user@localhost:~/exper/exp11$ gcc4.9 exp11_1.c -o exp11_1
user@localhost:~/exper/exp11$ ./exp11_1
rename failed
chown failed
chmod failed
remove failed
user@localhost:~/exper/exp11$ touch oldfile
user@localhost:~/exper/exp11$ ./exp11_1
-rw-rw-r-- 1 user user     0 4月  1 11:16 oldfile
rename success
-rw-rw-r-- 1 user user     0 4月  1 11:16 newfile
chown failed
-rw-rw-r-- 1 user user     0 4月  1 11:16 newfile
chmod success
---x--x--- 1 user user     0 4月  1 11:16 newfile
remove success
user@localhost:~/exper/exp11$ touch oldfile
user@localhost:~/exper/exp11$ su
密码：
root@localhost:/home/dell/exper/exp11# ./exp11_1
-rw-rw-r-- 1 user user     0 4月  1 11:16 oldfile
rename success
-rw-rw-r-- 1 user user     0 4月  1 11:16 newfile
chown success
-rw-rw-r-- 1 root root     0 4月  1 11:16 newfile
chmod success
---x--x--- 1 root root     0 4月  1 11:16 newfile
remove success
root@localhost:/home/dell/exper/exp11#
```

图 11.1 文件控制函数测试结果

11.2.2 目录操作

1．getcwd

函数原型：

```
#include <unistd.h>
char *getcwd(char *buf, size_t size);
```

函数功能：获取当前工作目录。

参数说明：buf 是用来存放返回的当前路径的字符串空间，size 是字符串空间大小。

返回值：如果函数执行成功，则返回当前目录，失败则返回 NULL，错误代码保存在 error 中。

2．chdir

函数原型：

```
#include <unistd.h>
int getcwd(const char *path);
```

函数功能：改变当前工作目录。

参数说明：指定的目录路径。

返回值：运行成功返回 0，失败返回 -1。

3．opendir

函数原型：

```
#include <sys/types.h>
#include <dirent.h>
DIR *opendir(const char *name);
```

函数功能：打开目录。
参数说明：指定的目录路径。
返回值：目录的目录流（目录的句柄），失败返回 NULL。

4. closedir
函数原型：

```
#include <sys/types.h>
#include <dirent.h>
int closedir(DIR *dir);
```

函数功能：关闭已打开的目录。
参数说明：已打开的目录流。
返回值：运行成功返回 0，失败返回 –1。

5. readdir
函数原型：

```
#include <sys/types.h>
#include <dirent.h>
struct dirent *readdir(DIR *dir);
```

函数功能：读取目录中一个文件的内容，并将目录流指针后移。
参数说明：指定的目录流。
返回值：目录中一个文件（节点）的内容，到目录尾或发生错误是返回 NULL。下面介绍一下 dirent 结构体。该结构体定义如下：

```
struct dirent {
    ino_t d_ino;
    off_t d_ff;
    signed short int d_reclen;
    unsigned char d_type;
    char d_name[256];
};
```

其中，d_ino 是该节点的 inode，inode 是内核表示文件的一种方式，这里不再赘述；d_ff 是目录流中该节点的偏移量；d_reclen 是 d_name 的字符串长度（不包含字符串末尾 "\0" 字符的长度）；d_type 是该节点的文件类型；d_name 是该节点的文件名。

6. telldir
函数原型：

```
#include <sys/types.h>
#include <dirent.h>
```

```
off_t telldir(DIR *dir);
```

函数功能：获取指定目录流当前指针位置。
参数说明：指定的目录流。
返回值：运行成功返回当前指针位置，失败返回-1。

7. seekdir

函数原型：

```
#include <sys/types.h>
#include <dirent.h>
void seekdir(DIR *dir, off_t offset);
```

函数功能：设置指定目录流的指针位置。
参数说明：dir 指定的目录流，offset 是指定的指针位置。
返回值：无。

下面对以上函数进行测试，打开"终端"，使用 vi 创建新文件 exp11_2.c：

```
vi exp11_2.c
```

编写代码如下：

```c
#include <stdio.h>
#include <stdlib.h>
#include <string.h>
#include <ctype.h>
#include <unistd.h>
#include <dirent.h>
#include <sys/types.h>

int main(int argc, char *argv[])
{
    int res, i;
    char buf[4096];
    char *dirname=getcwd(buf,4096);        //获取当前工作目录
    printf("current dir is %s\n",buf);     //输出目录

    if(chdir("/home/dell/exper")==0)       //更改工作目录
    {
        //更改成功，获取当前工作目录
        printf("change dir success and current dir is %s\n",getcwd(buf,4096));
    }
    else
    {
        printf("change dir failed\n");     //更改目录失败
    }
```

```c
    DIR * curdir= opendir(buf);                     //打开目录
    if(curdir==NULL)                                //打开失败
    {
        printf("open dir %s failed\n",buf);
        exit(1);
    }
    else
    {
        printf("open dir %s success\n",buf);        //打开成功
    }

    struct dirent * dirvalue=readdir(curdir);       //读取目录文件
    off_t offset;                                   //文件偏移量
    if(dirvalue)                                    //读取文件成功
    {
        printf("the file offset :%ld  and the file name : %s\n", offset=
        dirvalue->d_off,dirvalue->d_name);          //输出文件偏移量和文件名
    }

    dirvalue=readdir(curdir);                       //读取目录文件
    if(dirvalue)
    {
        printf("the file offset :%ld  and the file name : %s\n", dirvalue->
        d_off,dirvalue->d_name);                    //输出文件偏移量和文件名
    }

    dirvalue=readdir(curdir);                       //读取目录文件
    if(dirvalue)
    {
        printf("the file offset :%ld  and the file name : %s\n", dirvalue->
        d_off,dirvalue->d_name);                    //输出文件偏移量和文件名
    }

    //获取目录流当前指针位置
    printf("the   offset   of   current   file:%ld\n",  telldir(curdir));
    seekdir(curdir,offset);                         //设定目录流的指针位置

    //获取目录流当前指针位置
    printf("the offset of current file:%ld\n", telldir(curdir));

    if(closedir(curdir)==0)                         //关闭目录流
    {
        printf("close current dir  success\n");     //关闭成功
    }
```

```
        else
        {
            printf("close current dir failed\n");    //关闭失败
        }
}
```

文件编写完成之后,保存,退出 vi,执行下列命令进行编译执行:

```
gcc4.9 exp11_2.c -o exp11_2
./exp11_2
```

程序运行结果如图 11.2 所示,执行函数 getcwd()获取当前工作目录,输出结果为 "/home/dell/exper/exp11",说明函数获取工作目录正确。执行函数 chdir()更改工作目录,更改成功之后,重新调用函数 getcwd()获取工作目录,输出结果为 "/home/dell/exper",可以验证更改成功。调用函数 opendir()打开当前工作目录,输出结果显示打开成功,然后调用函数 readdir()读取目录中文件,输出文件偏移量和文件名,连续读取三次,调用函数 telldir()获取目录流当前指针位置,对比最后一个调用 readdir()输出结果和 telldir()的输出结果,可以验证函数正确执行。执行函数 seekdir()将当前目录流的指针重新定位到起始位置,然后调用函数 telldir()获取目录流指针位置,将输出结果与第一次调用 readdir()函数的结果进行对比,可以验证函数执行的正确性。最后通过函数 closedir()关闭目录流,输出结果显示关闭成功。

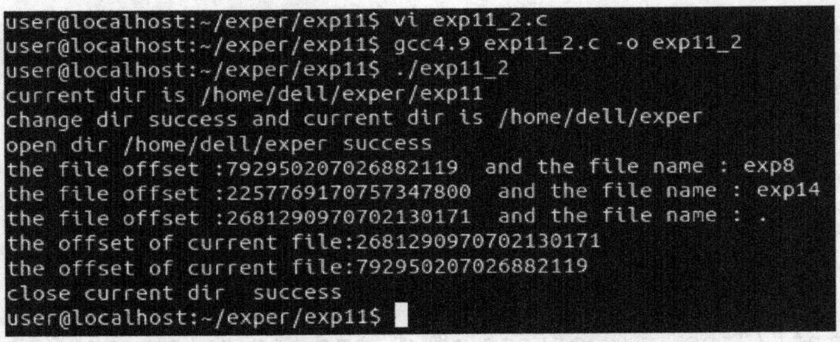

图 11.2 目录操作函数测试结果

11.2.3 文件流读写控制

1. fopen

函数原型:

```
#include <stdio.h>
FILE *fopen(const char *path, const char *mode);
```

函数功能:打开文件,获取文件流指针。

参数说明:path 是指定文件的路径。mode 是文件打开的模式,可以使用的值有:r 以只读形式打开,文件必须存在;r+以可读写形式打开,文件必须存在;w 以只写形式打开,文件内容被清空;w+以可读写形式打开,文件内容被清空;a 以追加只写形式打开,文件不存在则新建；a+以追加可读写形式打开，文件不存在则新建。mode 所指向的字符串中可以包含字符 b，表示打开的文件为字节流文件而非字符流文件。

返回值：文件的流指针。

2. fclose

函数原型：

```
#include <stdio.h>
int fclose(FILE *stream);
```

函数功能：关闭已打开的文件。

参数说明：文件流指针。

返回值：运行成功返回 0，失败返回 EOF。

3. ftell

函数原型：

```
#include <stdio.h>
long ftell(FILE *stream);
```

函数功能：获取文件流指针当前的读写位置。

参数说明：文件流指针。

返回值：运行成功返回当前读写位置，失败返回–1。

4. fseek

函数原型：

```
#include <stdio.h>
int fseek(FILE *stream, long offset, int whence);
```

函数功能：设置文件流指针的读写位置。

参数说明：stream 是指定的文件流指针。offset 是指定的读写位置。whence 是设置读写位置的基准，它可以取三个值：SEEK_SET，文件开始处；SEEK_CUR，当前读写指针处；SEEK_END，文件末尾处。

返回值：运行成功返回 0，失败返回–1。

5. feof

函数原型：

```
#include <stdio.h>
int feof(FILE *stream);
```

函数功能：判断文件流指针的当前读写位置是否已达到文件尾。

参数说明：文件流指针。

返回值：达到文件尾返回非 0 值，未达到时返回 0。

6. fgetc

函数原型：

```
#include <stdio.h>
int fgetc(FILE *stream);
```

函数功能：从指定的文件流中读取一个字符。
参数说明：文件流指针。
返回值：读到的字符，达到文件尾返回 EOF。

7. fputc
函数原型：

```
#include <stdio.h>
int fputc(int c, FILE *stream);
```

函数功能：将单个字符写入指定的文件流中。
参数说明：c 是欲写入的字符，stream 是指定的文件流指针。
返回值：运行成功返回参数 c，失败返回 EOF。

8. fgets
函数原型：

```
#include <stdio.h>
char *fgets(char *s, int size, FILE *stream);
```

函数功能：从指定的文件流中读取一个字符串。
参数说明：s 是字符串读取后存放的首地址。size 是存放字符串的数据体积（注意，它不是字符串的长度，因为字符串末尾需要 '\0' 字符标记结束，因此实际可以存储字符串的最大长度为(size - 1)）。stream 是文件流指针。
返回值：运行成功返回 s，运行失败返回 NULL。

9. fputs
函数原型：

```
#include <stdio.h>
int fputs(char *s, FILE *stream);
```

函数功能：将字符串写入指定的文件流中。
参数说明：s 是欲写入的字符字符串，stream 是指定的文件流指针。
返回值：运行成功返回写入文件字符串的字符个数，失败返回 EOF。

10. fread
函数原型：

```
#include <stdio.h>
size_t fread(void *ptr, size_t size, size_t nmenb, FILE *stream);
```

函数功能：从指定文件流中读取一段数据。
参数说明：ptr 是读取数据在内存的存放地址，size 是单个数据单元的字节数，nmenb 是要读取的数据单元个数（该函数实际读取的字节数位 size*nmemb，将它拆分成两个参数为了编程上的简便），stream 是指定的文件流指针。

返回值：实际读取到的数据单元个数。

11．fwrite

函数原型：

```
#include <stdio.h>
size_t fwrite(void *ptr, size_t size, size_t nmenb, FILE *stream);
```

函数功能：将指定的一段数据写入指定文件流。

参数说明：ptr 是欲写入的数据在内存的存放地址，size 是单个数据单元的字节数，nmenb 是要读取的数据单元个数（该函数实际读取的字节数位 size*nmemb，将它拆分成两个参数为了编程上的简便），stream 是指定的文件流指针。

返回值：实际写入的数据单元个数。

下面对以上函数进行测试，打开"终端"，使用 vi 创建新文件 exp11_3.c：

```
vi exp11_3.c
```

编写代码如下：

```
#include <stdio.h>
#include <stdlib.h>
#include <string.h>

int main(int argc, char *argv[])
{
    char *path="./testfile";              //文件名
    char buf[100];                        //字符缓冲区
    int c;
    long site;
    FILE * file=fopen(path,"w+");         //以可读可写方式打开文件，文件内容被清空
    if(file==NULL)                        //打开文件失败
    {
        printf("open file failed\n");
        exit(1);                          //退出程序执行
    }
    else
    {
        printf("open file success\n");    //打开文件成功
    }

    if(fputc('A',file)==EOF)              //向文件中写入字符'A'
    {
        printf("put char to file failed\n");    //写入失败
    }
```

```c
    else
    {
        printf("put char to file success\n");    //写入成功
    }

    if(fputs("1234ABCDabcdWXYZwxyz",file)==EOF)  //向文件中写入字符串
    {
        printf("put string to file failed\n");   //写入字符串失败
    }
    else
    {
        printf("put string to file success\n");  //写入字符串成功
    }

    c=fwrite("6789OPQR\n\r",1,10,file);          //向文件中写入8个字符
    if(c>0)                                       //写入成功
    {
        printf("write file success and the data length is : %d\n",c);
    }
    else
    {
        printf("write file failed\n");           //写入失败
    }

    site=ftell(file);                            //获取文件流指针当前读写位置
    if(site==-1)                                 //获取失败
    {
        printf("get current read/write site failed\n");
    }
    else
    {
        printf("current read/write site is :%ld\n",site);
                                                 //获取成功，并输出位置
    }

    if(fseek(file,0,SEEK_SET)==-1)   //重定位文件流指针，定位到文件起始位置
    {
        printf("seek the read/write site failed\n");    //重定位失败
    }
    else
    {
        printf("seek the read/write site success\n");   //重定位成功
    }
```

```c
    site=ftell(file);                           //获取文件流指针当前读写位置
    if(site==-1)                                //获取失败
    {
        printf("get current read/write site failed\n");
    }
    else
    {
        printf("current read/write site is :%ld\n",site);
                                                //获取成功,并输出位置
    }

    if((c=fgetc(file))==EOF)                    //读取文件中的一个字符
    {
        printf("get char from file failed\n");  //读取失败
    }
    else
    {
        //读取成功,并输出读取的字符
        printf("get char from file success and the char is :%c\n",c);
    }

    //从文件中读取一个字符串,字符串长度为8,其中最后一个字符为'\0'
    if(fgets(buf,8,file)==NULL)
    {
        printf("get string from file failed\n");    //读取失败
    }
    else
    {
        //读取成功,并输出字符串内容
        printf("get string from file success and the string is :%s\n",buf);
    }

    c=fread(buf,1,8,file);                      //从文件中读取8个字符
    if(c>0) //读取成功
    {
        buf[c]='\0';                            //将字符串之后的一个字符置'\0'
        //输出读取的字符串
        printf("read file success and the data is : %s\n",buf);
    }
    else
    {
        printf("read file failed\n");           //读取失败
    }
```

```c
        //读取文件中其他的内容,直到文件结束
        printf("read the rest char of the file : ");
        while((c=fgetc(file))!=EOF)
        {
            printf("%c",c);                             //输出字符
        }
        printf("\n");

        if(feof(file)==0)                               //判断文件流指针是否在文件尾
        {
            printf("not in the tail of file\n");        //不在文件尾
        }
        else
        {
            printf("in the tail of file\n");            //在文件尾
        }

        if(fclose(file)==EOF)    //关闭文件
        {
            printf("close file failed\n");              //关闭失败
        }
        else
        {
            printf("close file success\n");             //关闭成功
        }
}
```

文件编写完成之后,保存,退出 vi,执行下列命令进行编译执行:

```
gcc4.9 exp11_3.c -o exp11_3
./exp11_3
```

程序运行结果如图 11.3 所示,首先通过函数 fopen()打开文件,获取文件流指针,然后分别调用函数 fputc()、fputs()、fwrite()向文件中写入内容。调用函数 ftell()获取文件流指针的当前读写位置,输出结果为 31,然后调用函数 fseek()将文件流指针重定位到文件起始位置,再次调用函数 ftell()查看当前文件流指针位置,输出结果为 0,验证了函数 fseek()的正确性。依次调用函数 fgetc()、fgets()、fread()从文件中读取内容,然后通过函数 fgetc()循环读取文件内容,直到文件尾,读取结束之后,调用函数 feof()判断文件流指针位置,输出结果显示已位于文件尾。最后通过函数 fclose()关闭文件流,输出结果显示关闭成功。程序执行完成之后,执行命令 cat testfile 查看文件内容,将命令执行结果与程序执行结果比较,可以看出函数执行都是正确的。

```
user@localhost:~/exper/exp11$ vi exp11_3.c
user@localhost:~/exper/exp11$ gcc4.9 exp11_3.c -o exp11_3
user@localhost:~/exper/exp11$ ./exp11_3
open file success
put char to file success
put string to file success
write file success and the data length is : 10
current read/write site is :31
seek the read/write site success
current read/write site is :0
get char from file success and the char is :A
get string from file success and the string is :1234ABC
read file success and the data is : DabcdWXY
read the rest char of the file : Zwxyz67890PQR

in the tail of file
close file success
user@localhost:~/exper/exp11$ cat testfile
A1234ABCDabcdWXYZwxyz67890PQR
user@localhost:~/exper/exp11$
```

图 11.3 文件流操作函数测试结果

11.2.4 文件读写操作

1．open

函数原型：

```
#include <sys/types.h>
#include <sys/stat.h>
#include <fcntl.h>
int open(const char *pathname, int flags, mode_t mode);
```

函数功能：打开指定文件，返回文件标识符。

参数说明：pathname 是欲打开文件的路径；flags 是一些标志位，具体的定义下面会详细介绍；mode 用来指明文件的操作权限，该值仅在建立文件的时候起作用，关于 mode 的取值，详见 11.2.2 节中关于 chmod 函数的讲解。常用 flags 的取指情况较如下：

O_RDONLY 以只读的形式打开文件
O_WRONLY 以只写的形式打开文件
O_RDWR   以可读写的形式打开文件
O_CREAT   如果被打开文件不存在，则自动建立文件
O_EXCL   与 O_CREAT 一起使用，若文件存在则报错
O_TRUNC   以可写方式打开时，清空文件内容

返回值：运行成功返回文件标识符，失败返回 0。

2．creat

函数原型：

```
#include <sys/types.h>
#include <sys/stat.h>
#include <fcntl.h>
int creat(const char *pathname, mode_t mode);
```

函数功能：创建新文件。
参数说明：相当于调用 open(filename, O_WRONLY | O_CREAT | O_TRUNC, mode)。
返回值：见 open 函数。

3．mktemp
函数原型：

```
#include <stdlib.h>
char * mktemp(char *template);
```

函数功能：创建临时内存文件。
参数说明：临时文件的文件名，最后 6 个字符必须为 "XXXXXX"。
返回值：创建成功返回指向文件名的字符串指针，失败返回 NULL。

4．close
函数原型：

```
#include <unistd.h>
int close(int fd);
```

函数功能：关闭文件。
参数说明：文件标识符。
返回值：运行成功返回 0，失败返回 –1。

5．read
函数原型：

```
#include <unistd.h>
ssize_t read(int fd, void *buf, size_t count);
```

函数功能：从指定的文件中读取数据。
参数说明：fd 是文件标识符；buf 是内存中的数据缓冲区，从文件中读取的数据就放在这个位置；count 是要读取数据的尺寸。
返回值：运行成功则返回实际读取到的数据的尺寸，运行失败或遇到中断等情况，则返回 –1。

6．write
函数原型：

```
#include <unistd.h>
ssize_t write(int fd, void *buf, size_t count);
```

函数功能：将数据写入指定的文件中。
参数说明：fd 是文件标识符；buf 是内存中的数据缓冲区，写入文件的数据就放在这个位置；count 是要写入数据的尺寸。
返回值：运行成功则返回实际写入文件数据的大小，运行失败或遇到中断等情况，则返回 –1。

7. lseek

函数原型:

```
#include <sys/types.h>
#include <unistd.h>
off_t lseek(int fd, off_t offset, int whence);
```

函数功能：修改文件的读写位置。

参数说明：fd 是文件标识符。offset 是移动的偏移量。whence 是移动的基准位置，它有三个可取值：SEEK_SET，以文件的起始位置为基准；SEEK_CUR，以文件的当前读写位置为基准；SEEK_END，以文件的末尾位置为基准。

返回值：运行成功返回改变文件读写指针后文件实际读写位置的绝对量，失败返回–1。

8. pipe

函数原型：

```
#include <unistd.h>
int pipe(int filedes[2]);
```

函数功能：创建无名管道。管道是进程间通信的一种形式，可实现一个进程写数据，另一个进程读数据，数据组织与队列（FIFO）类似。无名管道使用完毕后可以通过 close 函数关闭。

参数说明：管道两端所对应的文件标识符，其中 filedes[0]为读端的标识符；filedes[1]为写端的标识符。

返回值：运行成功返回 0，失败返回–1。

9. mkfifo

函数原型：

```
#include <sys/types.h>
#include <sys/stat.h>
int mkfifo(const char *pathname, mode_t mode);
```

函数功能：创建有名管道，该管道被看作一个文件。使用有名管道，首先需要使用 open 函数分别打开读端和写端（根据 mode 参数的配置区分读端和写端，O_RDONLY 表示打开读端；O_WRONLY 表示打开写端）。有名管道使用完毕后可以通过 close 函数关闭。

参数说明：pathname 是管道的文件名；mode 是管道的权限，参考本节关于 open 函数的介绍。

返回值：运行成功返回 0，失败返回–1。

函数 open()、create()、close()、read()、write()、lseek()与 12.2.3 节介绍的函数类似，在此不再进行测试实验，下面对函数 mktemp()、pipe()、mkfifo()的功能进行测试，打开"终端"，使用 vi 创建新文件 exp11_4.c。

```
vi exp11_4.c
```

编写代码如下：

```c
#include <stdio.h>
#include <stdlib.h>
#include <string.h>
#include <ctype.h>
#include <sys/types.h>
#include <sys/stat.h>
#include <fcntl.h>
int main(int argc, char *argv[])
{
    char *result;                              //记录返回结果
    char * pathname="mkfifofile";
    char names[2][9];                          //保存内存临时文件名
    char buf[1024];                            //缓冲区
    int fd[2];                                 //无名管道
    int filefd;                                //记录有名管道文件标识
    int len;                                   //记录读取字节长度

    strcpy(names[0],"TMXXXXXX");               //给name[0]赋值
    result = mktemp(names[0]);                 //创建一个临时内存文件
    if(result==NULL)                           //判断创建是否成功
    {
        printf("mktemp error\n");
    }
    else                                       //创建临时内存文件成功
    {
        //输出临时内存文件名及创建时输入的参数值
        printf("The file name of mktemp is :%s  and the parameter value is:%s\n",result,names[0]);
    }

    strcpy(names[1],"TNXXXXXX");               //给name[0]赋值
    result = mktemp(names[1]);                 //创建一个临时内存文件
    if(result==NULL)                           //判断创建是否成功
    {
        printf("mktemp error\n");
    }
    else                                       //创建临时内存文件成功
    {
        //输出临时内存文件名及创建时输入的参数值
        printf("The file name of mktemp is :%s  and the parameter value is:%s\n",result,names[1]);
    }

    if(pipe(fd)<0)                             //创建无名管道
    {
```

```c
        printf("unable to create noname pipe\n");      //创建失败
    }
    else
    {
        printf("create noname pipe success and the pipe ID are %d and
%d\n",fd[0],fd[1]);                                   //创建成功,并输出管道ID
    }

    //在创建之前先删除管道,因为mkfifo()创建的管道必须是不存在的
    unlink(pathname);
    if(mkfifo(pathname,0777)<0)                       //创建有名管道,并且赋予管道所有权限
    {
        printf("unable to create pipe with name\n");//创建有名管道失败
    }
    else
    {
        printf("create pipe with name success\n");    //创建有名管道成功
    }

    //在子进程中向管道中写入信息,父进程中读取子进程写入的内容
    //fork()函数子进程中返回0,父进程中返回进程ID
    if(fork()==0)                                      //子进程
    {
        len=write(fd[1],pathname,strlen(pathname));   //向无名管道中写入字符串
        printf("write info into the child of noname pipe is %s and the string
        lenght is %d\n",pathname,len);
        close(fd[0]);                                 //关闭无名管道
        close(fd[1]);

        filefd = open(pathname,O_WRONLY);             //以只写权限打开有名管道
        if(filefd<0)                                  //打开失败
        {
            printf("open pipe failed\n");
        }
        else                                          //打开成功
        {
            printf("open pipe success\n");
            len=write(filefd,pathname,strlen(pathname));//向管道中写入字符串

            //输出向管道中写入的信息,并输出写入字符串长度
            printf("write info into the child of pipe name is %s and the string
            lenght is %d\n",pathname,len);
        }
        close(filefd);                                //关闭有名管道
```

```
        }
        else                                       //父进程中读取管道信息
        {
            len=read(fd[0],buf,sizeof(buf));       //从无名管道中读取字符串
            buf[len]='\0';
            printf("read info from child of noname pipe is %s and the string length
            is %d\n",buf,len);                     //输出读取内容及读取长度
            close(fd[0]);                          //关闭无名管道
            close(fd[1]);

            filefd = open(pathname,O_RDONLY);      //以只读权限打开有名管道
            if(filefd<0) //打开失败
            {
                printf("open pipe failed\n");
            }
            else  //打开成功
            {
                printf("open pipe success\n");
                len=read(filefd,buf,sizeof(buf));  //从管道中读取字符串
                buf[len]='\0';

                //输出向管道中写入的信息,并输出写入字符串长度
                printf("read info from child of pipe with name is %s and the
                string length is %d\n",buf,len);
            }
            close(filefd);                         //关闭有名管道
        }
    }
```

文件编写完成之后,保存,退出 vi,执行下列命令进行编译执行:

```
gcc4.9 exp11_4.c -o exp11_4
./exp11_4
```

程序运行结果如图 11.4 所示,首先输出的是两次调用函数 mktemp()创建临时内存文件的结果,输入参数分别是 TMXXXXXX 和 TNXXXXXX,创建的临时内存文件名分别是 TMAvzaYx 和 TNoNgV6x,输出结果显示临时内存文件创建成功之后,输入参数内容会被创建的临时内存文件名替换。调用函数 pipe()创建两个无名管道,管道 ID 分别是 3、4,然后再调用函数 mkfifo()创建有名管道。调用函数 fork()创建一个子进程,在子进程中分别向有名管道和无名管道中写入内容,在父进程中分别从无名管道和有名管道中读取内容,输出结果显示管道的写入和读取都能正确执行。对程序进行了三次测试,前两次输入结果相同,第三次与前两次输出结果不同,主要是输出结果的顺序不同,内容是完全相同的,只能说明子进程和父进程在交替执行,输出结果与调度有关。

```
user@localhost:~/exper/exp11$ vi exp11_4.c
user@localhost:~/exper/exp11$ gcc4.9 exp11_4.c -o exp11_4
/tmp/ccJtx7OA.o: 在函数'main'中：
exp11_4.c:(.text+0x3a): 警告: the use of `mktemp' is dangerous, better use `mkstemp'
or `mkdtemp'
user@localhost:~/exper/exp11$ ./exp11_4
The file name of mktemp is :TMAVzaYx  and the parameter value is:TMAVzaYx
The file name of mktemp is :TNoNgV6x  and the parameter value is:TNoNgV6x
create noname pipe success and the pipe ID are 3 and 4
create pipe with name success
read info from child of noname pipe is mkfifofile and the string length is 10
write info into the child of noname pipe is mkfifofile and the string lenght is 10
open pipe success
open pipe success
read info from child of pipe with name is mkfifofile and the  string length is 10
write info into the child of pipe name is mkfifofile and the string lenght is 10
user@localhost:~/exper/exp11$ ./exp11_4
The file name of mktemp is :TMnUO1rT  and the parameter value is:TMnUO1rT
The file name of mktemp is :TNLL5Wqi  and the parameter value is:TNLL5Wqi
create noname pipe success and the pipe ID are 3 and 4
create pipe with name success
read info from child of noname pipe is mkfifofile and the string length is 10
write info into the child of noname pipe is mkfifofile and the string lenght is 10
open pipe success
open pipe success
read info from child of pipe with name is mkfifofile and the  string length is 10
write info into the child of pipe name is mkfifofile and the string lenght is 10
user@localhost:~/exper/exp11$ ./exp11_4
The file name of mktemp is :TMLCs1me  and the parameter value is:TMLCs1me
The file name of mktemp is :TNvHDLbS  and the parameter value is:TNvHDLbS
create noname pipe success and the pipe ID are 3 and 4
create pipe with name success
write info into the child of noname pipe is mkfifofile and the string lenght is 10
read info from child of noname pipe is mkfifofile and the string length is 10
open pipe success
open pipe success
write info into the child of pipe name is mkfifofile and the string lenght is 10
read info from child of pipe with name is mkfifofile and the  string length is 10
user@localhost:~/exper/exp11$
```

图 11.4　文件操作函数测试结果

11.3　应用实例训练

本章的实例训练是来完成一个"小小辞典"，它是一个电子辞典软件的简化版本。这里主要借用该软件的开发来理解 Linux 下的文件操作。作为简化版本的电子辞典，主要提供查单词和添加单词两个功能。

11.3.1　程序分析

由于本实验主要是理解文件操作，这里先不把问题复杂化。通常，词典中的词条会包含单词、音标、解释、例句、短语等项目，电子词典还可能会提供朗读等信息。这里，只保留其中最主要的两项：单词和解释。

对于文件中数据的组织，常常会分类两类，一类是为计算机运行时提供数据的，这类文件常采用二进制形式行存储，该类文件通过文本查看软件是无法阅读的，但因为其存储格式同计算机内部操作的数据格式基本一致，因此计算机程序读取起来比较方便；另一种是为人阅读或修改而提供的，常采用文本形式进行存储，这类文件虽然可以通过文本察看软件进行阅读，但计算机解读麻烦，常常需要转换。实验中，两个记录项皆为文本类型，因此采用文本形式比二进制形式更方便。这里采用"\n"(换行符)为分隔符,进行存储,单词、解释交替存储。

选择了文本形式存储以后,那么使用流方式较方便,因此这里选择标准库函数中提供文件流操作的相关函数。

首先,需要提供行读写的封装函数;其次,提供词典操作函数。在最上层完成界面的编写。

程序流程图如图 11.5 所示。

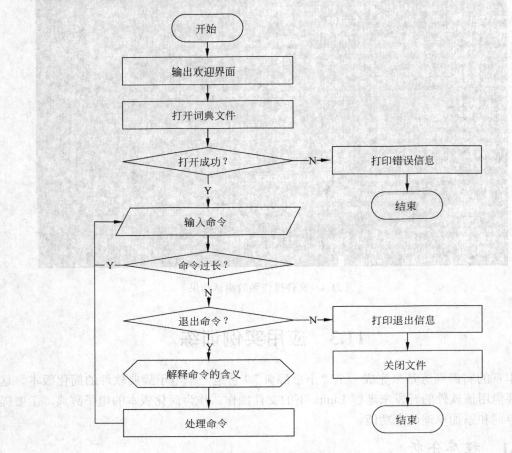

图 11.5 程序总体流程图

11.3.2 程序编写

打开终端,打开 vi,并新建 C 语言程序文件 dictionary.c。

```
vi dictionary.c
```

编写程序代码如下:

```
#include <stdio.h>
#include <stdlib.h>
```

```c
#include <string.h>
#include <ctype.h>

/* 宏定义 */
#define DEFAULT_FILENAME "mydict.dat"

#define FIND_WORD_CMD    1
#define ADD_WORD_CMD     2
#define HELP_CMD         3
#define EXIT_CMD         4
#define UNKNOWN_CMD      -1

/* 函数的定义 */
void FileReadLine(FILE *file, char *buf);
void FileWriteLine(FILE *file, char *buf);

int DictFindWord(FILE *file, char *word, char *exp);
void DictAddWord(FILE *file, char *word, char *exp);

int DecodeCommand(char *cmdbuf, char *wordbuf, char *expbuf, int bufsize);
int GetCommandCatagory(char cmdcatach);
void PrintHelpInfo();

/* 主函数,程序入口点 */
int main(int argc, char *argv[])
{
    int res, i;
    char *dictfilename;
    FILE *dictfile;
    char nowch;
    char cmdbuf[100], wordbuf[80], expbuf[80];

    /* 确定字典文件的文件名 */
    if (argc < 2)
        dictfilename = DEFAULT_FILENAME;
    else
        dictfilename = argv[1];

    /* 打开字典文件 */
    dictfile = fopen(dictfilename, "a+");
    /* 如果打开失败,输出错误信息 */
    if (dictfile == NULL)
    {
        printf("Error: Cannot open the dictionary file.\n");
        return 1;
```

```c
    }

    /* 输出欢迎信息 */
    printf("\n *** Little Console Dictionary ***\n\n");

    while (1)
    {
        /* 输出提示符,等待用户输入命令 */
        printf("? ");
        i = res = 0;

        /* 接收用户输入的命令,采用这种方式主要是为了避免 scanf 函数不支持 */
        /* 空格键的问题 */
        while ((nowch = getchar()) != '\n')
        {
            /* 命令最长为100个字符,超过这一长度则不再接收,并记录 */
            if (i < 99)
                cmdbuf[i++] = nowch;
            else
                res = -1;
        }

        /* 如果输入的命令过长,则打印错误信息,并返回重新接收命令 */
        if (res == -1)
        {
            printf("Too long command.\n");
            continue;
        }

        /* 接收的字符串末尾添加"\0",以便程序正常处理 */
        cmdbuf[i] = '\0';

        /* 对命令进行译码,得到命令类型和参数 */
        res = DecodeCommand(cmdbuf, wordbuf, expbuf, 80);

        /* 根据不同的命令,进行不同的操作 */
        switch(res)
        {
            /* 处理查询单词的命令处理 */
            case FIND_WORD_CMD:
                /* 用户未输入要查询的单词则输出错误信息 */
                if (strlen(wordbuf) < 1)
                {
                    printf("Too few parameters: l [word]\n");
                    break;
```

```c
        }
        /* 进行单词查找 */
        res = DictFindWord(dictfile, wordbuf, expbuf);
        /* 若单词找到，则输出查询结果 */
        if (res == 1)
        {
            printf("Word: %s\n", wordbuf);
            printf("Expression: %s\n", expbuf);
        }
        /* 否则输入出错误信息 */
        else
        {
            printf("No such word \'%s\'\n", wordbuf);
        }
        break;

    /* 增加词典词条的命令处理 */
    case ADD_WORD_CMD:
        /* 缺少用户输入的参数，则输出错误信息 */
        if (strlen(wordbuf) < 1 || strlen(expbuf) < 1)
        {
            printf("Too few parameters: a [word] [exp]\n");
            break;
        }
        /* 添加单词到词典 */
        DictAddWord(dictfile, wordbuf, expbuf);
        /* 操作完成后输出信息 */
        printf("Add word \'%s\' into dictionary successfully.\n",
        wordbuf);
        break;

    /* 输出帮助信息的命令处理 */
    case HELP_CMD:
        PrintHelpInfo();
        break;

    /* 退出的命令处理 */
    case EXIT_CMD:
        /* 输出结束信息 */
        printf("Goodbye\n");
        /* 关闭词典文件 */
        fclose(dictfile);
        return 0;
        break;
```

```c
            /* 对于非法命令的处理 */
            default:
                printf("Unknown Command\n");
                break;
        }
    }

    /* 虽然不会执行该语句，但有时可以避免编译器输出警告信息 */
    return 0;
}

/* 读取文件file中的一行文本，放到buf中 */
void FileReadLine(FILE *file, char *buf)
{
    char nowch;

    /* 循环读取一个字符，直到遇到"\n"或文件结束符为止 */
    nowch = fgetc(file);
    while (nowch != '\n' && nowch != EOF)
    {
        *(buf++) = nowch;
        nowch = fgetc(file);
    }
    *buf = '\0';
}

/* 向文件file中写入一行文本,写入的内容为buf */
void FileWriteLine(FILE *file, char *buf)
{
    fputs(buf, file);
    fputc('\n', file);
}

/* 在词典文件file中查找单词word，然后将解释放到exp中 */
int DictFindWord(FILE *file, char *word, char *exp)
{
    /* 将流指针移动到文件开头 */
    fseek(file, 0, SEEK_SET);

    /* 搜索至文件尾 */
    while (!feof(file))
    {
        /* 读取文件中的单词行 */
        FileReadLine(file, exp);
```

```c
        /* 比较是否与被查询单词相同，若相同则读出解释行并返回 */
        if (strcmp(word, exp) == 0)
        {
            FileReadLine(file, exp);
            return 1;
        }

        /* 其他情况忽略解释行 */
        FileReadLine(file, exp);
    }

    /* 返回0表示未找到要查询的单词 */
    return 0;
}

/* 添加单词word，解释exp到词典文件file中 */
void DictAddWord(FILE *file, char *word, char *exp)
{
    /* 将流指针移动到文件尾 */
    fseek(file, 0, SEEK_END);

    /* 分别添加单词行和解释行 */
    FileWriteLine(file, word);
    FileWriteLine(file, exp);
}

/* 命令译码，输入命令为cmdbuf，输出的第一个参数放到wordbuf中，第二个参数放到expbuf
中，命令的类型由返回值返回，各个缓冲区的大小由bufsize指定 */
int DecodeCommand(char *cmdbuf, char *wordbuf, char *expbuf, int bufsize)
{
    char cmdcata, nowch;
    int i, j;

    /* 寻找命令中的第一个字母字符，该字符作为命令的类型 */
    nowch = *(cmdbuf++);
    /* 忽略之前所有的非字母字符 */
    while (nowch != '\0' && !isalpha(nowch))
        nowch = *(cmdbuf++);

    /* 如果命令为空字符串，则返回失败 */
    if (nowch == '\0') return UNKNOWN_CMD;

    /* 记录这个类型字符 */
    cmdcata = nowch;
```

```c
    /* 忽略这个字符后面的空白字符 */
    nowch = *(cmdbuf++);
    while (nowch != '\0' && isspace(nowch))
        nowch = *(cmdbuf++);

    /* 读取到后面的空白字符，将这些字符读取到wordbuf中 */
    i = 0;
    while (nowch != '\0' && !isspace(nowch))
    {
        if (i < bufsize - 1)
            wordbuf[i++] = nowch;
        nowch = *(cmdbuf++);
    }
    wordbuf[i++] = '\0';

    /*忽略到wordbuf之后的空白字符 */
    while (nowch != '\0' && isspace(nowch))
        nowch = *(cmdbuf++);

    /* 将后面的所有字符读取到expbuf中 */
    j = 0;
    while (nowch != '\0')
    {
        if (j < bufsize - 1)
            expbuf[j++] = nowch;
        nowch = *(cmdbuf++);
    }
    expbuf[j++] = '\0';

    /* 解释命令类型字符的命令类型 */
    return GetCommandCatagory(cmdcata);
}

/* 将命令类型字符翻译成命令类型 */
int GetCommandCatagory(char cmdcatach)
{
    switch (cmdcatach)
    {
        case 'l': return FIND_WORD_CMD; break;
        case 'a': return ADD_WORD_CMD; break;
        case 'h': return HELP_CMD; break;
        case 'q': return EXIT_CMD; break;
        default: return UNKNOWN_CMD; break;
```

```c
    }
}

/* 输出帮助信息 */
void PrintHelpInfo()
{
    printf("Help:\n");
    printf("l [word]        Look up the dictionary for some word.\n");
    printf("a [word] [exp]  Add the new word into dictionary.\n");
    printf("h               Show the help information.\n");
    printf("q               Quit.\n");
}
```

11.3.3 编译与运行

编译程序并运行。

```
gcc4.9 dictionary.c -o dictionary
./dictionary
```

程序运行如图 11.6 所示。进入程序以后程序会出现提示符 "?" 提供输入命令。可以利用预先设定的 4 条命令进行操作。在不清楚如何输入命令时，输入 h 即可查看帮助信息。

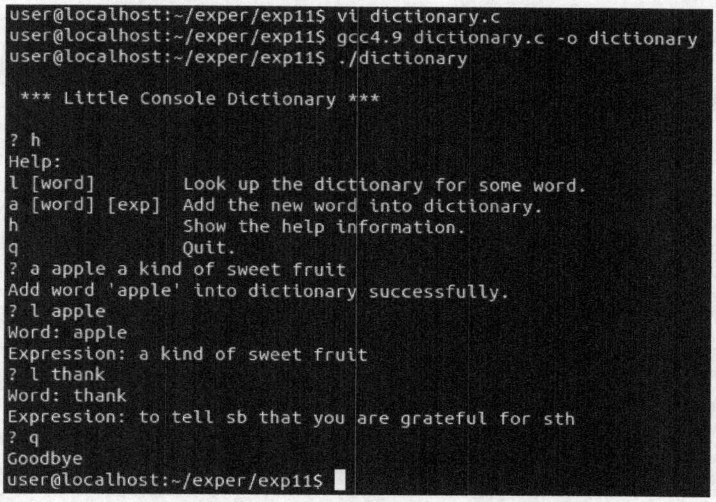

图 11.6 "小小辞典" 运行界面

11.4 思考与练习

（1）阅读相关的资料，了解不同的文件系统是怎样将文件存储到磁盘上的，文件在磁盘上的物理结构是怎样的。

（2）本章实例中的程序还有很多可扩展的地方。例如，可以同时从多个字典文件中提取词条，词典的维护功能还需修改词条、删除词条等功能，可以为词典添加模糊查找功能等。你的任务就是利用本书中的实验和其他书中所学的知识，来完善"小小辞典"。

（3）编写一个个人理财小软件，该软件可以接受用户输入的各种收入和支出情况，在屏幕上输出简要的报表。在完成上述功能后，还可以尝试着添加一些人工智能的内容进入软件。例如，让它分析支出情况，给出消费建议等。

第 3 部分　Linux 内核篇

Linux 是自由软件的一种，可以免费获得内核源代码。Linux 是众多的操作系统中的经典之作，因此学习过"操作系统原理"课程的读者应该都或多或少地与 Linux 内核打过交道。

对于初学者来说，面对 Linux 内核源代码，一时之间无从下手，不知从何学起。本篇以当前最新的 Linux 内核源代码为依据，分析内核各功能模块原理，并给出大量的场景分析和实例验证，使读者能够快速地学习理论、深入实践，从而为内核开发打下坚实的基础。

本部分主要内容提要：
- 第 12 章分析 Linux 内核编译选项的含义，根据不同的硬件对最新发布的 Linux 内核进行裁剪与编译；
- 第 13 章介绍 Linux 内核编程应注意的事项，模块的符号表导入与导出和参数传递，内核模块的编写方法；
- 第 14 章介绍 x86 体系结构中断控制器硬件结构与原理，Linux 内核中断上半部和下半部处理机制以及在嵌入式 Linux 下开中断的方法；
- 第 15 章介绍 Linux 系统调用机制的实现原理，向 Linux 系统增加自定义的系统调用的方法；
- 第 16 章介绍 Linux 系统物理内存管理机制，重点学习伙伴算法和 Slab 分配器的工作原理，操作系统提供的有关内存管理的内核函数；
- 第 17 章介绍 Linux 操作系统内核定时器中的实时时钟、时间戳计数器和可编程间隔定时器的硬件工作原理，Linux 内核定时器的管理机制，Linux 内核中定时器加载与使用方式；
- 第 18 章介绍 Linux 下设备驱动程序的原理和设备驱动程序的设计方法，用两种方法将驱动程序加入内核：采用模块方式设计及加载驱动程序、在内核编译时将驱动添加进内核。

第 12 章　Linux 内核裁剪与编译

学习本章要达到的目标：
（1）理解 Linux 内核编译选项的含义。
（2）学会根据不同的硬件配置定制内核。
（3）理解内核编译过程中每一步的功能，并编译 Linux3.19.3 内核。

12.1　内核编译选项

当 Linux 操作系统发布以后，一般是不需要编译内核的。但是在实际应用中，当增加操作系统对新的硬件设备的支持或增加内核新的功能、对内核代码或内核配置进行优化时，需要去重新编译 Linux 内核，然后重新发布自己的 Linux 内核版本。要完成这项工作，需要熟悉 Linux 内核的编译选项。下面来看 Linux 内核的一些常用的编译选项。

12.1.1　常规设置

General setup

→ Prompt for development and/or incomplete code/drivers　〔显示处于开发调试中或尚未完善的代码或驱动〕
选中：测试人员或者开发者。
不选：其他情况。
注：Linux 支持的各种应用中（如驱动程序，文件系统，网络协议等）有一部分尚处在开发阶段，其功能性、稳定性或测试级别还未达到常规应用程度，因此在实际应用中这一项都是选 Y 的；否则，很多驱动不能用，其实 fedora、ubuntu 等发行版的内核也是选 Y 的，有位网友说的很有意思，"Linux 永远都是测试版"。

→ Local version - append to kernel release　〔追加本地版本号〕
在内核版本后面加上自定义的版本字符串，在 shell 下，可以使用命令 "uname –a" 进行查看。

→ Support for paging of anonymous memory (swap)　〔使用交换分区或支持虚拟内存〕
此选项是用来设置内核支持虚拟内存，也就是使计算机拥有比实际内存更多的内存空间用来执行程序，此内存一般是通过硬盘来进行虚拟的。这个选项一般情况下是选择的。

→ System V IPC
System V 进程间通信(IPC)支持，许多程序需要这个功能。这个功能一般是必选。

→ POSIX Message Queues
POSIX 消息队列的支持，这是 POSIX 进程间通信的一部分。

→ BSD Process Accounting　〔将进程的统计信息写入文件〕

用户级的程序就可以通过特殊的系统调用方式来通知内核把进程统计信息记录到一个文件，当这个进程存在时，信息就会被内核记录进文件。信息通常包括建立时间、所有者、命令名称、内存使用、控制终端等，这个选项一般是选择的。

12.1.2 可加载模块支持

Loadable module support
→ Enable loadable module support —— 使能可加载模块支持

一些特性是否编译为模块的原则是不常使用的，特别是在系统启动时不需要的驱动可以将其编译为模块，在需要时进行加载。如果使能此选项则可以通过 make modules_install 把内核模块安装在/lib/modules/中。

→ Automatic kernel module loading —— 使能模块自动加载

如果选择了这个选项，在内核需要一些模块时它可以自动调用 modprobe 命令来加载需要的模块。

12.1.3 处理器类型及特性

Processor type and features
→ Subarchitecture Type (PC-compatible) —— CPU 架构选择

为了使 Linux 可以支持多种 PC 标准，一般使用的 PC 是遵循 IBM 兼容结构(PC/AT)，通过此选项可以选择 AMD Elan 等架构，通常选择 PC-compatible。

→ Processor family（386）—— 处理器系列选择

编译内核时会对每种 CPU 做最佳化，一般来说，是什么型号的就选什么型号。通常选择 586/K5/5x86/6x86/6x86MX。

→ Generic x86 support

通用 x86 支持，如果在 Processor family 中没有选择任何 CPU，可以选择此项。

12.1.4 可执行文件格式

Executable file formats
→ Kernel support for ELF binaries —— 内核对 ELF 文件格式的支持

ELF 是开放平台下最常用的二进制文件格式，支持动态连接，支持不同的硬件平台，一般情况下都要选择。

→ Kernel support for a.out and ECOFF binaries

早期 UNIX 系统的可执行文件格式，目前已经被 ELF 格式取代。

12.1.5 网络支持

Networking support
Networking options 选项中
→ UNIX domain sockets —— 本机高效率的 Socket

这是仅能在本机上运行的高效率 Socket，简称 UNIX socket。很多进程使用为这种机制在操作系统内部进行进程间通信，如 X Window 和 syslog 等。
- **TCP/IP networking**
  TCP/IP 网络协议的支持

12.1.6 设备驱动程序选项

- **Device Drivers**
  <block devices> 块设备选项中
  - **RAM disk support** ——内存虚拟磁盘的支持
    用内存作为虚拟的磁盘，其大小固定为一个固定值。
  - **<ATA/ATAPI/MFM/RLL support>**
  - **generic/default IDE chipset support** ——通用 IDE 芯片组支持

  <SCSI device support> SCSI 接口器件支持
  - **SCSI device support**
    对于具有 SCSI/SATA/USB/光纤/FireWire/IDE-SCSI 接口的设备就需要选上。
  - **SCSI disk support** ——SCSI 盘的支持
    一般地，具有 SCSI 接口的硬盘或 U 盘需要此选项。

  <Serial ATA and Parallel ATA drivers> SATA 与 PATA 设备
  - **ATA ACPI support**
    对于使用 SATA 或 PATA 接口的硬盘或光驱等设备的支持。
  - **Intel PIIX/ICH SATA support** ——这两个选项是对具体芯片组的支持，
  - **Via SATA support** ——一般选择模块方式

  <Networking device support> 网卡驱动选项
  - **Ethernet (10 or 100Mb)**
    这是以前应用最广泛的 10/100M 网卡。
  - **Ethernet (1000 Mb)**
    这是当前已成装机主流的 1000M 网卡。
  - **Ethernet (10000 Mb)**
    这是未来网络发展的趋势：万兆网卡。
  - **Wireless LAN**
    无线网卡的支持。

  <Input device support> 输入设备支持
  - **Generic input layer (needed for keyboard,mouse,...)**
    通用输入层的支持，要使用键盘、鼠标等就要选择此项。
  - **Keyboards**
    键盘驱动，在通用 PC 中，通常选 AT 键盘。

Mouse

鼠标驱动，在通用 PC 中，通常选 PS/2 鼠标。

<Character devices>字符设备

Virtual terminal ——————————— Linux 的虚拟终端

选项此选项后 Linux 启动时，在屏幕可以看到一些显示信息，另外还负责键盘输入信息等。只有在某些嵌入式 Linux 应用场合才会不选择这个选项，因为这些嵌入式 Linux 要求尽可能的简化，通常无需这些操作。

Support for console on virtual terminal ——— 支持虚拟终端上的控制台

选择此项，支持在终端上各种信息的输出。内核将一个虚拟终端用作系统控制台，可以将模块错误、内核错误、启动信息等警告信息发送到这个虚拟终端。对于通常的 Linux 来说，这是必备的。

<Graphics support>图形设备/显卡支持

Support for frame buffer devices ——— 帧缓冲设备支持

帧缓冲设备是为了让应用程序使用统一的接口操作显示设备，这是内核对硬件设备进行的抽象，通常使用桌面的用户需要选择这选项。

12.1.7 文件系统

在 File systems 选项中，在 Linux 的 PC 中进行安装最常用的标准文件系统 EXT2、EXT3 的相关选项一般都要选择，当前正在处于开发和调试阶段的文件系统是 EXT4，但还没有正式发布，读者从 3.19.3 内核源码中会发现，EXT4 现已加进内核选项。在嵌入式设备中还有其他常用的文件系统，对于各种文件系统的性能在此不再赘述，有兴趣的读者可自行查阅相关资料。

12.1.8 对于其他配置选项的说明

对于 Linux 内核配置选项还有很多，但在本书没有详述，请读者在配置编译选项时，一定要对每一个选项都进行查看，保证所编译的内核能在所对应的硬件下运行。对于 PC 来说，不确定的硬件或选项，通常可以采用默认的选项，或参考所安装的 Linux 的发行版的配置文件（.config）的说明。

12.2 内核编译与定制

12.2.1 获得 Linux 内核与补丁

要编译 Linux，首先当然是要获得 Linux 的内核源码（Kernel Source Code）。最新的 Linux 官方源码是可以从 www.kernel.org 或其映像站点下载，图 12.1 所示为官网首页，当前最新稳定的可用内核版本为 3.19.3，最新的内核源文件和补丁文件在主页上可以找到。而最新 3.x 版本一般放在/pub/linux/kernel/v3.0/，其在官方网站上的目录索引如图 12.2 所示。

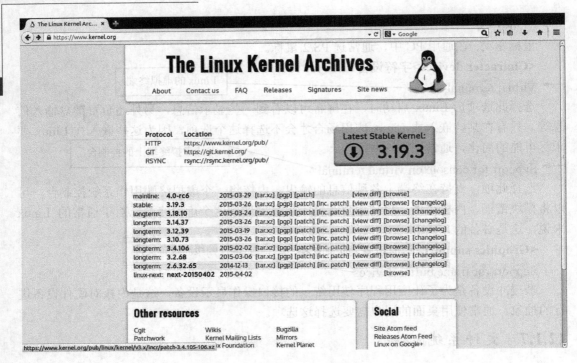

图 12.1　Linux 内核官网主页

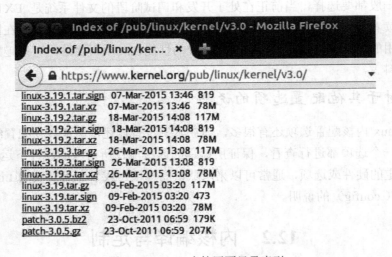

图 12.2　Linux 内核网页目录索引

将下载的内核源代码放在 Linux 系统目录文件夹/usr/src/中。本书用以下命令下载最新 3.19.3 内核源码包。

```
cd /usr/src/
sudo wget http://www.kernel.org/pub/linux/kernel/v3.0/linux-3.19.3.tar.xz
```

下载 Linux-3.19.3 内核补丁，其在官方网站上的目录索引如图 12.3 所示。

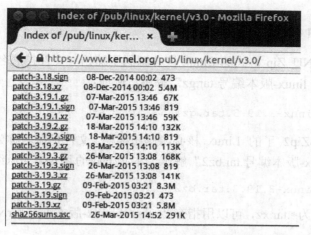

图 12.3　Linux 内核补丁网页目录索引

下载补丁的命令如下：

```
cd /usr/src/
sudo wget http://www.kernel.org/pub/linux/kernel/v3.0/patch-3.19.3.xz
```

12.2.2　准备编译需要的工具

要想顺利完成内核编译，首先要检查或安装必要的工具：

（1）安装 gcc、make 等编译工具：

```
apt-get install build-essential
```

（2）安装 make menuconfig 时必须的库文件：NCurses(libncurses5-dev 或 ncurses-devel)，这是当 make menuconfig 时用作生成菜单窗口的程序库：

```
apt-get install libncurses-dev
apt-get install kernel-package
```

（3）安装 Linux 系统生成 kernel-image 的一些配置文件和工具：

```
apt-get install fakeroot
apt-get install initramfs-tools, module-init-tools
```

（4）一般在编译 Linux 内核时，一般还需要以下工具（这些工具一般是可选的）：
- GNU C++ Compiler (g++ 或 gcc-c++) - 编译 make xconfig 使用的 Qt 窗口时需要；
- Qt 3 (qt-devel 或 qt3-devel) - make xconfig 时用作 Qt 窗口的程序库；
- GTK+ (gtk+-devel) - make gconfig 时用作 GTK+窗口的程序库；
- Glade (libglade2-devel) - 要编译 make gconfig 时的 GTK+窗口时需要。

在 Ubuntu 系统中，可以使用下面的命令来获得相关的软件包：

```
apt-get update
apt-get install libncurses5-dev wget bzip2
```

12.2.3 解压内核

如果下载了 GNU Zip 格式的 Linux 核心源码压缩档（文件扩展名称为*.tar.gz），可以用指令"tar -zxvf linux-版本编号.tar.gz"解压。例如：

```
tar -xzvf  linux-3.19.3.tar.gz
```

如果下载了 BZip2 了的 Linux 核心源码压缩档（文件扩展名称为 *.tar.bz2），可以用指令"tar -jxvf linux-版本编号.tar.bz2"解压，本文下载的是 bz2 的压缩包，操作如下：

```
tar -xjvf  linux-3.19.3.tar.bz2
```

下载的文件名为*.tar.xz，可以用指令"tar -xvf linux-版本编号.tar.xz"解压，操作如下：

```
tar -xvf  linux-3.19.3.tar.xz
```

把源码包解压到/usr/src 中，通过运行解压命令后，发现/usr/src 中多了一个 linux-3.19.3 文件夹，如图 12.4 所示。

```
root@localhost:/usr/src# ls
linux-3.16.6  linux-3.19.3  linux-3.19.3.tar.xz  patch-3.19.3.xz
root@localhost:/usr/src#
```

图 12.4 内核解压后的文件夹

12.2.4 给内核打补丁

这一步在内核的编译过程中是可选的，如果对内核有特殊的要求，可以将自己写的补丁打到内核中去。

对于本章中所下载的 linux-3.19.3 内核源码包在 PC 上编译是不需要这一步骤的。如果读者有新的要求，可以写补丁包。例如，对当前的 linux-3.19.3 制作的补丁包（文件名为 patch-3.19.3.xz），可以使用 patch 命令给 Linux 内核源码打入补丁，输入命令如下，结果如图 12.5 所示。

```
cd linux-3.19.3
xzcat ../patch-3.18.3.xz | patch -p1
```

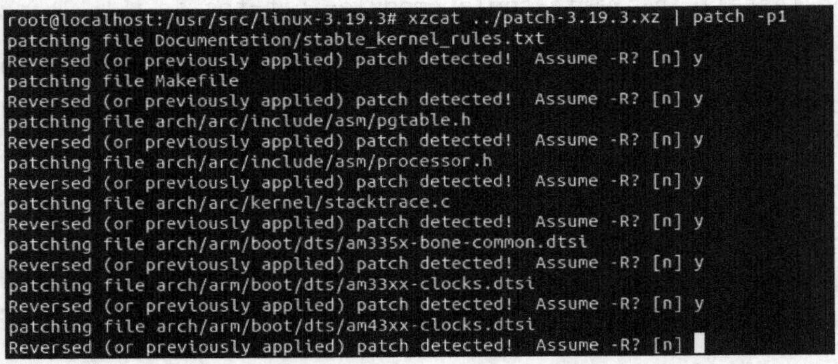

```
root@localhost:/usr/src/linux-3.19.3# xzcat ../patch-3.19.3.xz | patch -p1
patching file Documentation/stable_kernel_rules.txt
Reversed (or previously applied) patch detected!  Assume -R? [n] y
patching file Makefile
Reversed (or previously applied) patch detected!  Assume -R? [n] y
patching file arch/arc/include/asm/pgtable.h
Reversed (or previously applied) patch detected!  Assume -R? [n] y
patching file arch/arc/include/asm/processor.h
Reversed (or previously applied) patch detected!  Assume -R? [n] y
patching file arch/arc/kernel/stacktrace.c
Reversed (or previously applied) patch detected!  Assume -R? [n] y
patching file arch/arm/boot/dts/am335x-bone-common.dtsi
Reversed (or previously applied) patch detected!  Assume -R? [n] y
patching file arch/arm/boot/dts/am33xx-clocks.dtsi
Reversed (or previously applied) patch detected!  Assume -R? [n] y
patching file arch/arm/boot/dts/am43xx-clocks.dtsi
Reversed (or previously applied) patch detected!  Assume -R? [n]
```

图 12.5 内核打补丁

12.2.5 设定编译选项

当编译 Linux 内核时，其中最重要的步骤就是如何定制新内核的配置选项，哪些是必选的，哪些是要编译成可加载模块(Loadable Modules)，进行动态加载，哪些不需要编译进新内核中。这些要根据使用的具体情况而定，定制的原则是：在满足功能需求的前提下，使新内核占用空间最少，耗费资源越少，运行速度最快。

在定制编译选项时，Linux 系统提供了多个方法进行设定编译选项：

- config；
- menuconfig；
- xconfig；
- gconfig；
- oldconfig。

也可以通过以下的命令来取得旧编译选项（注意，如果是初学者编译 Linux 内核，可以与旧的编译选项进行对比选择）：

```
cp /boot/config-'uname -r' .config
```

make config 终端问答文字格式的编译选项，make menuconfig 菜单选项格式的配置界面，如图 12.6 所示，在这里可以通过键盘来设置各个选项。

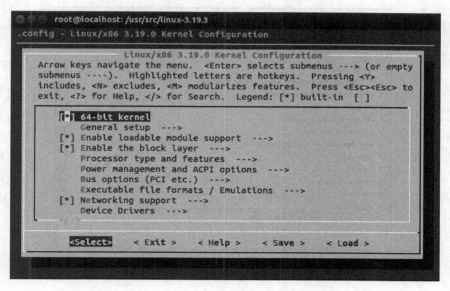

图 12.6　make menuconfig 编译选项界面

make xconfig 为基于 Qt/Tcl 的图形配置界面，如图 12.7 所示；make gconfig 为基于 GTK+ 的图形配置界面，如图 12.8 所示。上面的这两个基于图形界面的编译选项可通过鼠标操作编译选项，操作比较方便。

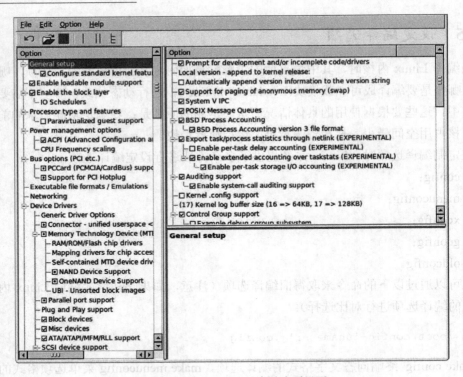

图 12.7 make xconfig 编译选项界面

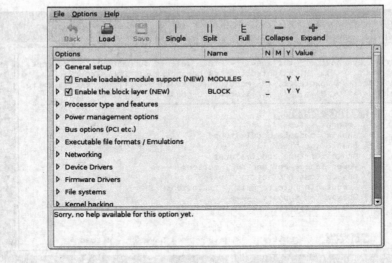

图 12.8 make gconfig 编译选项界面

　　make oldconfig 命令只选择新编译选项。一般情况下，当编译 Linux 内核时，执行 make menuconfig 弹出对话框，可以对内核的编译选项进行新的设定，并生成一个.config 文件，make 时就是根据 config 文件的设定值进行编译内核。如果再重新执行 Make menuconfig 时，内核编译选项又重新回到了以前的默认值。这时可以使用 make oldconfig 命令。当设定内核编译选项之后，执行 make oldconfig 命令就可把前面设定好的内核编译选项存储起来。当下次再执行 make menuconfig 命令时，出现的设定就是前一次的设定内容。

注意：如果是在 PC 下，没有特殊的要求，初学者编译内核，可以先选择"默认"的编译选项，如果出现问题，可以对照旧的编译配置文件，逐步查找并解决问题。

12.2.6 编译与安装内核

首先，用 make mrproper 命令清除所有旧的配置和编译目标等文件。

```
cd /usr/src/linux-3.19.3
make mrproper
```

接着，执行命令 make 来编译内核，在默认情况下，make 是一个顺序执行的工具。它按次序调用底层编译器来编译 C/C++源文件。在某些情况下，有的源文件不需以其他源文件为基础即可编译，这时可以使用 –j 选项调用 make 完成并行编译操作。make 指令格式如下：

```
make -jn
```

n 代表同时编译的进程，可以加快编译速度，n 由用户计算机的配置与性能决定，当前的典型值为 10。make 编译内核过程如图 12.9 所示。

图 12.9　make 编译内核过程

经过上面编译内核的步骤，会在 arch/x86/boot 目录下生成名为 bzImage 的文件，如图 12.10 所示，那就是编译出来的新内核。为方便管理，需要把它移动至目录 /boot 中，并改名为 "vmlinuz-核心版本"。为保存编译选项方便日后参考，同时也要把.config 复制至/boot 及改名为"config-核心版本"。这些步骤，可以通过输入命令 make install 来完成：

```
make install
```

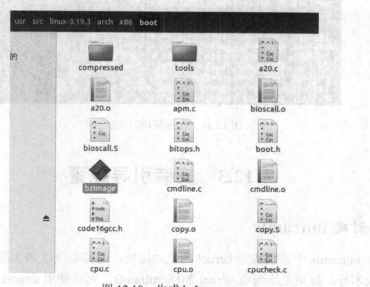

图 12.10　生成 bzImage

接下来执行命令：

```
make modules
```

来编译模块，如图 12.11 所示。

```
root@localhost:/usr/src/linux-3.19.3# make modules
  CHK     include/config/kernel.release
  CHK     include/generated/uapi/linux/version.h
  CHK     include/generated/utsrelease.h
  CALL    scripts/checksyscalls.sh
  Building modules, stage 2.
  MODPOST 3832 modules
root@localhost:/usr/src/linux-3.19.3#
```

图 12.11　编译模块

最后执行命令：

```
make modules_install
```

make modules_install 将内核模块安装到/lib/modules 中，其执行过程如图 12.12 所示。

```
root@localhost:/usr/src/linux-3.19.3# make modules_install
  INSTALL arch/x86/crypto/aes-x86_64.ko
  INSTALL arch/x86/crypto/aesni-intel.ko
  INSTALL arch/x86/crypto/blowfish-x86_64.ko
  INSTALL arch/x86/crypto/camellia-aesni-avx-x86_64.ko
  INSTALL arch/x86/crypto/camellia-aesni-avx2.ko
  INSTALL arch/x86/crypto/camellia-x86_64.ko
  INSTALL arch/x86/crypto/cast5-avx-x86_64.ko
  INSTALL arch/x86/crypto/cast6-avx-x86_64.ko
  INSTALL arch/x86/crypto/crc32-pclmul.ko
  INSTALL arch/x86/crypto/crct10dif-pclmul.ko
  INSTALL arch/x86/crypto/ghash-clmulni-intel.ko
  INSTALL arch/x86/crypto/glue_helper.ko
  INSTALL arch/x86/crypto/salsa20-x86_64.ko
  INSTALL arch/x86/crypto/serpent-avx-x86_64.ko
  INSTALL arch/x86/crypto/serpent-avx2.ko
  INSTALL arch/x86/crypto/serpent-sse2-x86_64.ko
  INSTALL arch/x86/crypto/sha1-ssse3.ko
  INSTALL arch/x86/crypto/sha256-ssse3.ko
  INSTALL arch/x86/crypto/sha512-ssse3.ko
  INSTALL arch/x86/crypto/twofish-avx-x86_64.ko
  INSTALL arch/x86/crypto/twofish-x86_64-3way.ko
  INSTALL arch/x86/crypto/twofish-x86_64.ko
  INSTALL arch/x86/kernel/cpu/mcheck/mce-inject.ko
  INSTALL arch/x86/kernel/cpuid.ko
  INSTALL arch/x86/kernel/iosf_mbi.ko
  INSTALL arch/x86/kernel/msr.ko
```

图 12.12　内核模块的安装过程

12.3　安装引导配置

12.3.1　创建 initramfs

为了在 initramfs 中添加指定 kernel 的驱动模块，内核模块 3.19.3 是需要创建 initramfs 的 kernel 版本号，如果是给当前 kernel 制作 initramfs，可以使用 uname -r 查看当前的版本号。mkinitramfs 会把/lib/modules/${kernel_version}/ 目录下的一些启动时需要使用的模块添加到 initramfs 中。本实例中通过执行以下命令来实现：

```
mkinitramfs -o /boot/initrd.img-3.19.0 /lib/modules/3.19.0
```

12.3.2 设置 grub

在/boot/grub 文件夹中的 menu.list 中添加项，具体请参考 menu.lst 原来的 grub 引导项，如图 12.13 所示。其中第 166 行：

```
UUID=a46c7f7a-3ab7-4fbe-b6ba-0b8f1a21297c
```

这一串数据根据不同的机器可能不同。

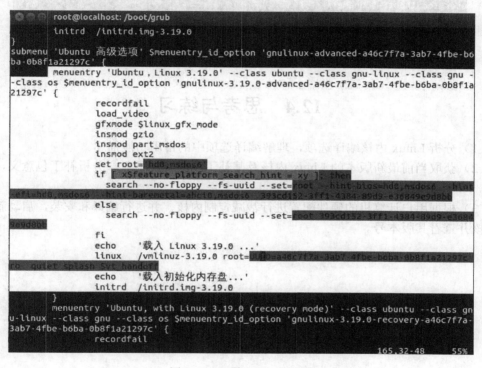

图 12.13　添加 grub 引导项

12.3.3 启动选项

重新启动系统后，进入启动选项目录，如图 12.14 所示。其中，Ubuntu, Linux 3.19.0 就是新加入的启动选项。

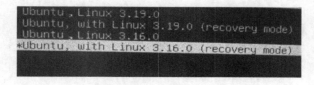

图 12.14　启动选项目录

图 12.15 和图 12.16 分别所示为运行新内核之前和运行新内核之后 uname 显示的内核版本，可以看出新内核已经正常工作了。

```
user@localhost:~$ uname -a
Linux localhost 3.16.0 #2 SMP Sun Oct 26 20:52:50 CST 2014 x86_64 x86_64 x86_64
GNU/Linux
user@localhost:~$ uname -r
3.16.0
user@localhost:~$
```

图 12.15　运行新内核之前

```
user@localhost:~$ uname -a
Linux localhost 3.19.0 #1 SMP Fri Apr 3 07:55:59 CST 2015 x86_64 x86_64 x86_64 G
NU/Linux
user@localhost:~$ uname -r
3.19.0
user@localhost:~$
```

图 12.16　运行新内核之后

12.4　思考与练习

（1）分析 Linux 内核编译选项，理解编译选项中的常用功能描述。

（2）获取当前最新版本的 Linux 内核及其补丁，打开补丁包，分析补丁包意义，举例说明。

（3）根据用户计算机的硬件配置进行裁减定制内核，并进行编译和安装，启动新安装的内核并查看其版本号。

第 13 章　模块机制与操作

学习本章要达到的目标：
（1）了解内核编程应注意的事项。
（2）熟悉模块的符号表导入与导出功能。
（3）熟悉模块的参数使用方法。
（4）理解 Linux 内核的模块机制。
（5）熟悉 Linux 内核模块的编写方法及模块 Makefile 的书写格式。

13.1　关于内核编程

Linux 可以运行在两种模式下：用户模式(User Mode)和内核模式(Kernel Mode)。当编写一个普通程序时，有时会包含 stdlib.h 文件，也就是使用了 C 标准库，这是典型的用户模式编程。在这种情况下，用户模式的应用程序要链接标准 C 库。在内核模式下不存在 libc 库，也就没有这些函数供调用。

此外，在内核模式下编程还存在一些限制：
- 不能使用浮点运算。这是因为 Linux 内核在切换模式时不保存处理器的浮点状态。
- 不要让内核程序进行长时间等待。Linux 操作系统本身是抢占式的，但是内核是非抢占式内核，就是说用户空间的程序可以抢占运行，但是内核空间程序则不能。
- 尽可能保持代码的清洁。内核调试不像调试应用程序那样方便，因此，前期代码编写的过程中保持代码的清洁易懂，将大大方便后期的调试。
- 本章中内核部分的中断机制实例、系统调用实例、内存管理实例、定时器管理实例和驱动程序设计实例都需要在 Linux 内核态下进行编程。

13.2　Linux 的模块机制

13.2.1　Linux 内核结构

一般情况下，操作系统采用两种体系结构：一种是微内核（Micro Kernel）；另一种是单内核（Monolithic Kernel，有时也叫宏内核 Macro Kernel）。

对于微内核结构的操作系统，最常用的功能模块被设计成内核模式运行的一个或一组进程，而其他大部分不重要的功能模块都作为单独的进程在用户模式下运行，它们通过信号量或邮箱等信息传递方式进行通信。最基本的思想就是要尽量小。通常，微内核只包含了进程调度、内存管理和进程间通信这几个根本的功能。这种设计增加了系统的灵活性，易于维护，易于移植。只需要把微内核本身进行移植就能够完成将整个内核移植到新的平台上。

对于单内核结构的操作系统，其内核一般作为一个大进程的方式存在。该进程内部又被分为若干模块，在运行时，它是一个独立的二进制映象（也就是一段大程序代码）。因为是在同一个进程内，各个功能模块间的通信是通过直接调用其他功能模块中的函数来实现，而不是微内核那样在多个进程内进行消息传递。因此在运行效率上，单内核具有一定的优势。

Linux 操作系统的内核是单一体系结构(Monolithic kernel)的，也就是说，整个 Linux 内核是一个单独的非常大的程序。因此，系统的速度和性能都很高，但是可扩展性和可维护性就比较差。为了弥补单一体系结构的这一缺陷，Linux 操作系统使用了一种全新的机制——模块(Module)机制。用户根据需要，在无须要对内核重新编译的情况下，模块可以动态地载入内核或从内核中移出。如图 13.1 所示，模块可通过 insmod 命令插入内核，也可以通过 rmmod 命令从内核中删除。

13.2.2 模块的实现

下面从模块的编译、模块许可声明和模块安装与初始化三个方面来说明 Linux3.19 内核模块的实现。

1．模块编译

在 Linux 3.19 内核中，模块的编译需要配置过的内核源代码；编译过程首先会到内核源码目录下，读取顶层的 Makefile 文件，然后再返回模块源码所在目录；经过编译、链接后生成的内核模块文件的后缀为 ko。

Linux 3.19 内核模块的 Makefile 模板：

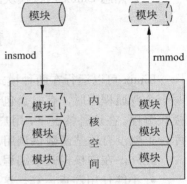

图 13.1 模块的安装与删除示意图

```
ifneq ($(KERNELRELEASE),)
mymodule-objs:= mymodule 1.o mymodule 2.o    #依赖关系
obj-m += mymodule.o                           #编译链接后将生成mymodule.o模块

else
PWD := $(shell pwd)
KVER := $(shell uname -r)
KDIR := /lib/modules/$(KVER)/build

all:
    $(MAKE) -C $(KDIR) M=$(PWD)               #此处将再次调用make

clean:
    rm -rf *.o *.mod.c *.ko *.symvers *.order *.markers *~
endif
```

当在命令行执行 make 命令时，将调用 Makefile 文件。KERNELRELEASE 是在内核源码的顶层 Makefile 中定义的一个变量，在第一次读取执行此 Makefile 时，

$(KERNELRELEASE)未被设置,因此第一行 ifneq 失败,从 else 后面开始执行,设置 KDIR、PWD 等变量。

如果 make 的目标是 clean,直接执行 clean 标号后的操作,执行 clean 后面的 rm 命令后就结束了。当 make 的目标为 all 时,-C$(KDIR)指明跳转到内核源码目录下读取那里的 Makefile;M=$(PWD)表明然后返回到当前目录继续读入、执行当前的 Makefile,也就是第二次调用 make。当从内核源码目录返回时,$(KERNELRELEASE)已被定义,此时第一行 ifneq 成功,make 将继续读取 else 之前的内容。ifneq 的内容为 kbuild 语法的语句,指明模块源码中各文件之间的依赖关系,以及要生成的目标模块名。

语句 "mymodule-objs:= mymodule 1.o mymodule2.o" 表示 mymoudule.o 由 mymodule1.o 与 mymodule2.o 链接生成。语句"obj-m:=mymodule.o"表示编译链接后将生成 mymodule.o 模块,也就是要插入内核的模块文件。

2. 声明模块的许可证

从 Linux 内核 2.4.10 开始,动态加载的模块必须通过 MODULE_LICENSE 宏声明此模块的许可证,否则在动态加载此模块时,会收到内核被污染"module license 'unspecified' taints kernel."的警告。

打开 linux/module.h 文件中可以看到,动态加载模块时,被内核接受的许可证有 GPL、GPLv2、GPL and additional rights、Dual BSD/GPL、Dual MPL/GPL、Proprietary。其中最常用的是 GPL 和 Dual BSD/GPL。GPL 是英文 GNU General Public License 的缩写。其书写格式如下:

```
MODULE_LICENSE("GPL");
MODULE_LICENSE("Dual BSD/GPL");
```

3. 模块的初始化与退出

在 Linux3.19 内核中,内核模块需要调用宏 module_init()与 module_exit()去注册初始化与退出函数。一般情况下,可以采用以下模板格式:

```
#include <linux/module.h>
MODULE_LICENSE("GPL");           //声明模块的许可证

/*声明模块安装初始化和退出函数*/
static int __init mod_init_xxx(void);
static void __exit mod_exit_xxx(void);
module_init(mod_init_xxx);
module_exit(mod_exit_xxx);

/*定义模块安装初始化函数*/
int mod_init_xxx(void)
{
    /*可以在这里添加初始化代码*/
    return 0;
}
```

```
/*定义模块退出函数*/
void mod_exit_xxx(void)
{
   /*可以在这里添加释放代码*/
}
MODULE_AUTHOR("xxx");                    //注明模块作者
MODULE_DESCRIPTION("xxxxx");             //注明模块功能描述
MODULE_VERSION("Ver x.x");               //注明模块版本
```

13.2.3 Linux 模块导出符号表

模块被加载后，就会动态连接到内核。注意，它与用户空间中的动态连接库类似，只有被显示导出后的外部函数，才可以被动态库调用。在内核中，导出内核函数需要使用特殊的指令：EXPORT_SYMBOL()和 EXPORT_SYMPOL_GPL()。

导出的内核函数可以被其他模块调用，而未导出的函数模块则无法被其他模块调用。模块代码的链接和调用规则相对内核映像中的代码来说，是非常严格的。在内核态下的用户可以调用任意非静态接口，因为所有的内核源代码文件被链接成了同一个镜像，所以可以得出，被导出的符号表所含的函数也是非静态的。

导出的内核符号表被看作是导出的内核接口，也可以看作内核 API。

实现内核符号的导出，是比较简单的，在声明函数后，再使用语句 EXPORT_SYMBOL( ) 进行导出操作就可以了。例如：

```
EXPORT_SYMBOL(symbol_name);
EXPORT_SYMBOL_GPL(symbol_name);          //只适用于包含GPL许可证的模块
```

如果某一模块使用另一个模块中用 EXPORT_SYMBOL(symbol_xxxxx)或 EXPORT_SYMPOL_GPL(symbol_xxxxx)志出的符号 symbol_xxxxx，则在该模块中使用 extern 声明 symbol_xxxxx 为外部符号。

13.2.4 模块参数

Linux 操作系统内核提供了一种模块带参数的机制，模块的编写者可以在模块加载时提供一些信息，这些参数对于所有模块来说是一个全局变量。

定义一个模块参数可通过 module_param()完成：

```
module_param(name, type, perm);
```

其中，参数 name，是用户可见的参数名，也是模块中存放模块参数的变量名。参数 type 代表参数的类型，可以是 byte、short、ushort、int、uint、long、ulong、charp、bool 或 invbool，它们分别代表字节型、短整型、无符号短整型、整型、无符号整型、长整型、无符号长整型、字符指针和布尔类型等等。后一个参数 perm 指定了模块在 sysfs 文件系统下对应的文件权限，可以是八进制的格式，如 0644（所有者可以读写，同组内用户可以读，其他用户可读）；或是 S_Ifoo 的定义形式，如 S_IRUGO|S_IWUSR(任何人可读，所有者可写)，如果该值为零，则在表示禁止所有的 sysfs 文件系统下对应的文件权限。

13.2.5 模块使用计数

在一些高级语言中，如 C#或 Java 常常对引用类型的变量进行计数，在 Java 中有垃圾的自动回收机制，如果一个变量的引用计数为 0，则 JVM 将启动垃圾回收例程，回收这个变量。在 Linux 模块机制也有类似的思想，但是这些需要用户去完成。

内核记录加载系统中每一个模块的使用情况。如果不这么做，内核就无法知道什么时候可以安全地删除一个模块，所谓的安全删除，就是当试图删除一个模块时保证没有其他的应用程序使用这个模块。

在 Linux 操作系统 2.4 内核中使用下面两个宏来完成对模块引用计数的操作。

```
/*使模块使用计数器加1，表示模块的使用者增加一个*/
MOD_INC_USE_COUNT;

/*使模块使用计数器减1，表示模块的使用者减少一个*/
MOD_DEC_USE_COUNT;
```

在 Linux 操作系统 2.6 以后的内核中，使用下面的两个函数来完成对模块引用计数的操作。

```
/*使模块使用计数器加1，表示模块的使用者增加一个；若返回为0，表示调用失败，希望使用的模
块没有被加载或正在被卸载中*/
int try_module_get(struct module *module);

/*使模块使用计数器减1，表示模块的使用者减少一个,没有返回值*/
void module_put(struct module *module)
```

13.3 内核调试函数 printk( )

本章的模块代码中用到了内核调试函数 printk( )，在用户空间里经常使用 printf( )函数来输出打印信息。printk( )是内核使用的函数，因为内核没有链接标准 C 函数库，其实 printk()接口和 printf()基本相似，它可以在控制台显示多达 1024 个字符。printk()函数执行时首先设法获取控制台信号量，然后将要输出的字符存储到控制台的日志缓冲区，再调用控制台驱动程序来刷新缓冲区。若 printk()无法获得控制台信号量，就只能把要输出的字符存储到日志缓冲区，并依赖拥有控制台信号量的进程来刷新这个缓冲区。在 printk()存储任何数据到日志缓冲区之前，必须使用日志缓冲区锁，这样才能保证并发调用 printk()时不会出错。如果已经获得了控制台信号量，那么刷新日志缓冲区之前，可以多次调用 printk()，所以不能用 printk()语句来标明任何程序的测试时间。

printk()和 printf()这两个函数也有区别，如 printk( )并不支持浮点数运算，因为内核在切换模式时不保存处理器的浮点状态；另外，printk()可以指定一个记录级别，内核根据这个级别来判断是否在终端上打印消息。

printk()的语法格式为：

```
printk(记录级别 "格式化输出信息");
```

其中"记录级别"是在 include/linux/kern_level.h 中的简单宏定义,其在内核源代码中形式如图 13.2 所示的第 7~14 行。它们扩展开是如"<number>"这样的字符串,加入 printk() 函数要打印消息的开头。

```
user@localhost:/usr/src/linux-3.19.3/include/linux$ cat -n kern_levels.h
     1  #ifndef __KERN_LEVELS_H__
     2  #define __KERN_LEVELS_H__
     3
     4  #define KERN_SOH       "\001"       /* ASCII Start Of Header */
     5  #define KERN_SOH_ASCII '\001'
     6
     7  #define KERN_EMERG     KERN_SOH "0" /* system is unusable */
     8  #define KERN_ALERT     KERN_SOH "1" /* action must be taken immediately */
     9  #define KERN_CRIT      KERN_SOH "2" /* critical conditions */
    10  #define KERN_ERR       KERN_SOH "3" /* error conditions */
    11  #define KERN_WARNING   KERN_SOH "4" /* warning conditions */
    12  #define KERN_NOTICE    KERN_SOH "5" /* normal but significant condition */
    13  #define KERN_INFO      KERN_SOH "6" /* informational */
    14  #define KERN_DEBUG     KERN_SOH "7" /* debug-level messages */
    15
    16  #define KERN_DEFAULT   KERN_SOH "d" /* the default kernel loglevel */
```

图 13.2 记录级别在内核源代码中的宏定义

内核用这个指定的记录等级和当前终端的记录等级 console_loglevel 进行比较,从而决定是否向终端打印输出。表 13.1 给出了所有记录等级、编号及说明。

表 13.1 记录等级说明

记录等级	字符串代号	描述
KERN_EMERG	"<0>"	紧急事件消息,系统崩溃之前提示,表示系统不可用
KERN_ALERT	"<1>"	报告消息,表示必须立即采取措施
KERN_CRIT	"<2>"	一个临界情况,通常涉及严重的硬件或软件操作失败
KERN_ERR	"<3>"	一个错误,驱动程序常用 KERN_ERR 来报告硬件的错误
KERN_WARNING	"<4>"	正常但又重要的条件,用于提醒。常用于与安全相关的消息
KERN_NOTICE	"<5>"	一个普通的,不过也有可能需要注意的情况
KERN_INFO	"<6>"	非正式的消息,提示信息,如驱动程序启动时的打印硬件信息
KERN_DEBUG	"<7>"	用于调试信息,完成编码后,这类信息一般都要删除

内核将最重要的记录等级 KERN_EMERG 定为"<0>",将无关紧要的记录等级 KERN_DEBUG 定为"<7>"。

例如:

```
printk("没有等级信息,则采用默认级别!\n");
printk(KERN_INFO "内核提示信息\n");
printk(KERN_DEBUG "内核调试信息\n");
```

如果没有特别指定一个记录等级,函数会选用默认的 DEFAULT_MESSAGE_LOGLEVEL,现在默认等级是 KERN_WARNING。由于这个默认值将来存在变化的可能性,所以还是应该给消息指定一个记录等级。

本章后面的实例中考虑到仅仅是打印消息验证模块正常工作,所以使用了 KERN_INFO 级别,然后通过命令 dmesg 来查看。当然,也可以通过修改/etc/rsyslog.conf

文件来设置以上 8 个级别哪些显示到控制台，哪些附加到系统日志中。

13.4 应用实例训练

13.4.1 编写模块源程序

首先运行以下命令建立目录 exp13，并进入 exp13 目录，然后运行以下命令：

```
mkdir module
mkdir module1
mkdir module2
```

建立了 module、module1 和 module2 三个目录，然后分别在这三个目录下编写程序：在 module 目录下编写 module.c 源文件，实现数字求和、数字阶乘操作，并将它们导出，由 module1 和 module2 目录下的模块进行调用。

1. 编写 module 模块

在 module 目录下编写 module.c 文件，代码如下。
头文件及声明如下：

```c
#include <linux/init.h>
#include <linux/module.h>
MODULE_LICENSE("Dual BSD/GPL");        //声明许可证

static int __init mod_init_modtest(void);
static void __exit mod_exit_modtest(void);
module_init(mod_init_modtest);         //指定模块初始化函数mod_init_modtest
module_exit(mod_exit_modtest);         //指定模块退出函数mod_exit_modtest
int sum_op(int numdata);
int factorial_op(int N);
```

定义要导出的函数，其中 sum_op()用于计算比某一数字小的所有正整数的和，factorial_op() 用于计算某一数字的阶乘操作。

```c
/*数字求和函数*/
int sum_op(int numdata)
{
    char i = 0;
    char ret = 0;
    printk(KERN_INFO"sum operation\n");
    while(i <= numdata)
        ret += i++;
    return ret;
}
```

```c
/*数字求阶乘函数*/
int factorial_op(int N)
{
    char i=1;
    int Nx=1;
    printk(KERN_INFO"factorial operation\n");
    if( N == 0)
        return Nx;
    for(;i<=N;i++)
        Nx=Nx*i;
    return Nx;
}

/*导出这两个函数*/
EXPORT_SYMBOL(sum_op);
EXPORT_SYMBOL(factorial_op);
```

接下来编写模块的安装初始化及退出函数：

```c
/*安装初始化模块*/
int mod_init_modtest(void)
{
    printk(KERN_INFO"--------Module_export_symbol init !---------\n");
    return 0;
}
/*退出模块*/
void mod_exit_modtest(void)
{
     printk(KERN_INFO"-----Module_export_symbol was deleted!-----\n");
}
```

对模块的作者、功能描述和版本相关信息作说明：

```c
MODULE_AUTHOR("book author");
MODULE_DESCRIPTION("module1:Module_export_symbol --sum_op--factorial_op--");
MODULE_VERSION("Ver 1.0");
```

最后建立 Makefile 文件，其编写格式与前面的模板格式相同：

```makefile
ifneq ($(KERNELRELEASE),)

#编译链接后将生成module.o模块
obj-m += module.o
else
PWD  := $(shell pwd)
KVER := $(shell uname -r)
KDIR := /lib/modules/$(KVER)/build
```

```
all:
    $(MAKE) -C $(KDIR) M=$(PWD)
clean:
    rm -rf *.o *.mod.c *.ko *.symvers *.order *.markers
endif
```

2．编写 module1 模块

在 module1 目录下编写 module1.c 文件，代码如下：
头文件及声明如下：

```
#include <linux/init.h>
#include <linux/module.h>
MODULE_LICENSE("Dual BSD/GPL");        //声明许可证
static int __init mod_init_modtest1(void);
static void __exit mod_exit_modtest1(void);
module_init(mod_init_modtest1);        //指定模块初始化函数mod_init_modtest1
module_exit(mod_exit_modtest1);        //指定模块退出函数mod_exit_modtest1

/*变量及外部函数声明*/
static char *user_name = " xxxxxxxxxx ";   //使用者身份字符指针
static int num_operator = 0;               //外部函数的参数
extern int sum_op(int);                    //声明外部函数sum_op
```

接下来编写模块的安装初始化及退出函数，其中在模块初始函数中调用了 module 中定义对一个小于某参数的数字进行求和操作函数：

```
/*安装初始化模块*/
int mod_init_modtest1(void)
{
    int result = 0;
    printk(KERN_INFO"Hello,I am module 1 !\n");
    printk(KERN_INFO"%s,Welcome to use this sum_op!\n",user_name);
    result = sum_op(num_operator);
    printk(KERN_INFO"1 +..+ %d = %d\n",num_operator,result);
    return 0;
}

/*退出模块*/
void mod_exit_modtest1(void)
{
    printk(KERN_INFO"Module 1 : Goodbye %s\n",user_name);
}
```

对模块的参数、作者、功能描述和版本相关信息作说明：

```c
/*定义模块参数user_name和num_operator,*/
module_param(user_name,charp,S_IRUGO);
module_param(num_operator,int,S_IRUGO);

MODULE_AUTHOR("book author");
MODULE_DESCRIPTION("Simple Module 1 ,used to sum_op");
MODULE_VERSION("Ver 1.0");
```

最后建立 Makefile 文件,其编写格式与前面 module 模块的 Makefile 基本相同,请读者自行改写。

2. 编写 module2 模块

在 module2 目录下编写 module2.c 文件,代码如下。

头文件及声明如下:

```c
#include <linux/init.h>
#include <linux/module.h>
MODULE_LICENSE("Dual BSD/GPL");        //声明许可证
static int __init mod_init_modtest2(void);
static void __exit mod_exit_modtest2(void);
module_init(mod_init_modtest2);        //指定模块初始化函数mod_init_modtest2
module_exit(mod_exit_modtest2);        //指定模块退出函数mod_exit_modtest2

/*变量及外部函数声明*/
static char *user_name = "xxxxxxxxxx";     //使用者身份字符指针
static int num_operator = 0;               //外部函数的参数
extern int factorial_op(int);              //声明外部函数factorial_op
```

接下来编写模块的安装初始化及退出函数,其中在模块初始函数中调用了 module 中定义对参数进行求阶乘操作的函数:

```c
/*安装初始化模块*/
int mod_init_modtest2(void)
{
    int result = 0;
    printk(KERN_INFO"Hello,I am module 2 !\n");
    printk(KERN_INFO"%s,Welcome to use this factorial_op!\n",user_name);
    result = factorial_op(num_operator);
    printk(KERN_INFO" %d!  =  %d\n",num_operator,result);
    return 0;
}
/*退出模块*/
void mod_exit_modtest2(void)
{
    printk(KERN_INFO"Module 2 : Goodbye %s\n",user_name);
```

}

对模块的参数、作者、功能描述和版本相关信息说明：

```
/*定义模块参数user_name 、num_operator,*/
module_param(user_name,charp,S_IRUGO);
module_param(num_operator,int,S_IRUGO);

MODULE_AUTHOR("book author");
MODULE_DESCRIPTION("Simple Module 2 ,used to factorial_op");
MODULE_VERSION("Ver 1.0");
```

最后建立 Makefile 文件，其编写格式与前面 module 模块的 Makefile 基本相同，请读者自行改写。

13.4.2　Linux kernel 2.6.26 之前版本模块编译、安装及退出

1．模块编译

进入 module 目录，执行 make 命令，进行编译 module.c 文件，其执行过程如图 13.3 所示。

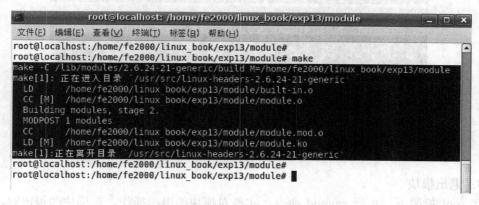

图 13.3　编译模块

对于 module1.c 和 module2.c 的编译过程与编译 module.c 的过程相同，请读者自行完成。

2．安装模块

在 root 权限下，分别进入 module、module1 和 module2 目录，执行以下三条命令安装编译成功的模块。

```
insmod module.ko
insmod module1.ko user_name=book_user1 num_operator=6
insmod module2.ko user_name=book_user2 num_operator=6
```

模块成功安装后如图 13.4 所示，从图中可以看出，模块 module1 和 module2 的使用者数量为 0，而模块 module 被 module1 和 module2 使用，其使用者数量为 2。

图 13.4　安装后模块列表

执行下面的指令查看系统信息：

```
dmesg | tail -10
```

系统信息的显示如图 13.5 所示。从系统的安装信息可以看出，模块 module1 成功调用在模块 module 中定义的 sum_op(int num_operator)函数，实现对不大于 num_operator 的正整数求和操作；模块 module2 成功的调用在模块 module 中定义的 factorial_op(int num_operator)函数，实现对 num_operator 的求阶乘操作。示例中给出的 num_operator 的值为 6，计算后 sum_op(6) = 21，factorial_op(6) = 720。

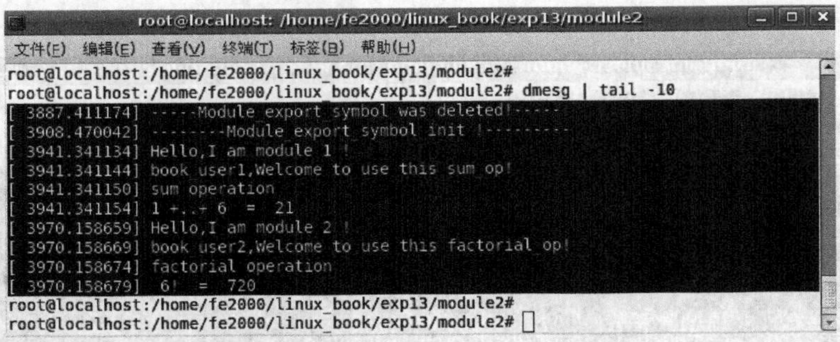

图 13.5　模块安装后的系统信息

3．退出模块

在 root 权限下，执行 rmmod 命令，实现对模块的退出操作。在模块的退出时，要示模块的使用者数量必须为 0，否则不能退出。例如，当前模块 module 的使用者数量为 2，执行 rmmod 时，会提示 module 正被 module1 和 module2 使用，不能退出，如图 13.6 所示。

图 13.6　模块安装后的系统信息

在 root 权限下，分别执行以下命令：

```
rmmod module2
rmmod module1
rmmod module
```

执行下面的指令查看系统信息：

```
dmesg | tail -3
```

系统信息的显示如图 13.7 所示。从系统信息中可以看出，执行 rmmod 命令时依次退出了模块 module2、module1 和 module。

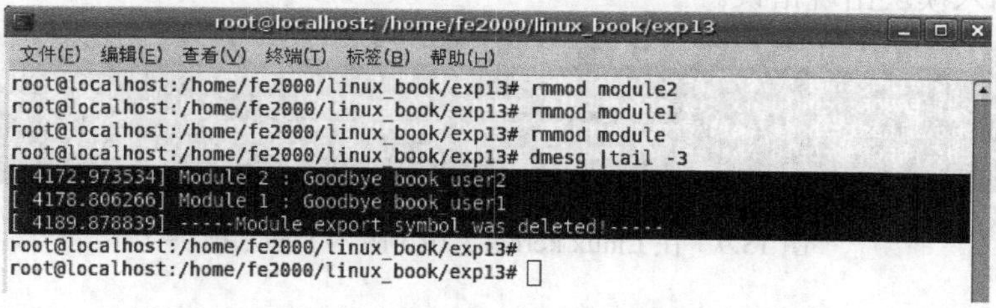

图 13.7 模块退出后的系统信息

13.4.3 Linux kernel 2.6.26 以后版本模块编译、安装及退出

上面介绍的模块符号的导出实例是在 Linux kernel 2.6.24 版本（Linux kernel 2.6.26 以前的版本）上测试的，但是到了 Linux kernel 2.6.26 版本及以后内核版本，如还按照以前版本进行编译，就会出现错误。以下操作都是基于最新的 Linux 内核 3.19.3 进行的操作，在 Linux 内核 3.19.3 中，已经存在名称为 module 的模块，所以需要将以上的模块 module.ko 更改为 moduletest.ko，执行 make 命令进行模块编译，编译成功，结果如图 13.8 所示。当编译 module1test.c 和 module2test.c 时，就会出错。

图 13.8 在 Linux kernel 3.19.0 版本上编译模块

从输出信息可以看出，虽然 module1test.ko 和 module2test.ko 文件生成了，但有警告信息 " WARNING:"sum_op" [/home/dell/exper/exp13/module1/module1test.ko] undefined！"、"WARNING: "factorial_op" [/home/dell/exper/exp13/module2/module2test.ko] undefined！"，如果不理会这些信息，继续将 module1test.ko 和 module2test.ko 插入内核，则显示信息如图 13.9 所示，插入模块出现错误。

图 13.9 在 Linux kernel 3.19.3 版本上插入模块

执行命令"dmesg | tail -6"查看插入模块出现的错误信息，如图 13.10 所示，输出提示信息"module1test: no symbol version for sum_op"、"module1test: Unknow symbol sum_op(err -22)"、"module2test: no symbol version for factorial_op"、"module2test: Unknow symbol factorial_op(err -22)"，说明符号 sum_op 对于模块 module1test 是不可见的，符号 factorial_op 对于模块 module2test 是不可见的。这是 linux kernel 2.6.26 以后版本的情况，其原因是：生成 module1test.ko 时，无法获得 sum_op 的信息，也就是说对于 module1test.ko 来说，符号 sum_op 是不可见的，因此在加载 module1test.ko 模块时会出错。据官方网站说明，这种情况不会被修改成与以前的版本相兼容的形式。

图 13.10 查看插入模块错误信息

要想解决上述问题，可以把 moduletest.ko 模块文件夹中的 Module.symvers 文件放到 module1 和 module2 文件夹中。这时当编译 module1 时，符号信息会自动链接。

可以执行下面的指令：

```
root@localhost:/home/dell/exper/exp13# cp module/Module.symvers module1/
root@localhost:/home/dell/exper/exp13# cp module/Module.symvers module2/
```

这时，再编译 module1test 和 module2test 模块，输出信息如图 13.11 所示。

查看 Module.symvers 文件信息如图 13.12 所示。

将此文件复制到 module1 和 module2 模块文件夹后，则符号 sum_op、factorial_op 对于 module1test 和 module2test 模块都是可见的，因此编译和模块插入都正常。模块插入完成之后，执行命令 lsmod 查看内核模块，可以看到三个模块已经被成功插入，并且 moduletest 模块被 module1test 和 module2test 模块使用，如图 13.13 所示。图 13.14 和图 13.15 所示为模块执行及删除结果。

```
root@localhost:/home/dell/exper/exp13# cp module/Module.symvers module1/
root@localhost:/home/dell/exper/exp13# cp module/Module.symvers module2/
root@localhost:/home/dell/exper/exp13# cd module1/
root@localhost:/home/dell/exper/exp13/module1# make
make -C /lib/modules/3.19.0/build M=/home/dell/exper/exp13/module1
make[1]: 正在进入目录 `/usr/src/linux-3.19.3'
  LD      /home/dell/exper/exp13/module1/built-in.o
  CC [M]  /home/dell/exper/exp13/module1/module1test.o
  Building modules, stage 2.
  MODPOST 1 modules
  CC      /home/dell/exper/exp13/module1/module1test.mod.o
  LD [M]  /home/dell/exper/exp13/module1/module1test.ko
make[1]:正在离开目录 `/usr/src/linux-3.19.3'
root@localhost:/home/dell/exper/exp13/module1# cd ../module2/
root@localhost:/home/dell/exper/exp13/module2# make
make -C /lib/modules/3.19.0/build M=/home/dell/exper/exp13/module2
make[1]: 正在进入目录 `/usr/src/linux-3.19.3'
  LD      /home/dell/exper/exp13/module2/built-in.o
  CC [M]  /home/dell/exper/exp13/module2/module2test.o
  Building modules, stage 2.
  MODPOST 1 modules
  CC      /home/dell/exper/exp13/module2/module2test.mod.o
  LD [M]  /home/dell/exper/exp13/module2/module2test.ko
make[1]:正在离开目录 `/usr/src/linux-3.19.3'
root@localhost:/home/dell/exper/exp13/module2#
```

图 13.11　在 Linux kernel 3.19.3 版本上正确编译模块

```
root@localhost:/home/dell/exper/exp13# cat module/Module.symvers
0x1704e83a      sum_op        /home/dell/exper/exp13/module/moduletest      EXPORT_SYMBOL_GPL
0x6067ff4f      factorial_op  /home/dell/exper/exp13/module/moduletest      EXPORT_SYMBOL
root@localhost:/home/dell/exper/exp13#
```

图 13.12　Module.sysmvers 文件内容

```
root@localhost:/home/dell/exper/exp13# insmod module/moduletest.ko
root@localhost:/home/dell/exper/exp13# insmod module1/module1test.ko user_name=book_user1 num_operator=6
root@localhost:/home/dell/exper/exp13# insmod module2/module2test.ko user_name=book_user2 num_operator=6
root@localhost:/home/dell/exper/exp13# lsmod
Module               Size    Used by
module2test          12685   0
module1test          12685   0
moduletest           12763   2 module1test,module2test
rfcomm               65918   0
```

图 13.13　插入模块成功

```
root@localhost:/home/dell/exper/exp13# dmesg | tail -10
[11359.196210] -----Module_export_symbol was deleted!-----
[11373.228049] --------Module_export_symbol init !--------
[11438.122587] Hello,I am module 1 !
[11438.122590] book_user1,Welcome to use this sum_op!
[11438.122591] sum operation
[11438.122593] 1 +..+ 6  = 21
[11454.058010] Hello,I am module 2 !
[11454.058013] book_user2,Welcome to use this factorial_op!
[11454.058014] factorial operation
[11454.058016]  6! = 720
root@localhost:/home/dell/exper/exp13#
```

图 13.14　模块执行结果

```
root@localhost:/home/dell/exper/exp13# rmmod moduletest
rmmod: ERROR: Module moduletest is in use by: module1test module2test
root@localhost:/home/dell/exper/exp13# rmmod module1test
root@localhost:/home/dell/exper/exp13# rmmod module2test
root@localhost:/home/dell/exper/exp13# rmmod moduletest
root@localhost:/home/dell/exper/exp13# dmesg | tail -3
[11591.958424] Module 1 : Goodbye book_user1
[11598.085839] Module 2 : Goodbye book_user2
[11606.149734] -----Module_export_symbol was deleted!-----
root@localhost:/home/dell/exper/exp13#
```

图 13.15　删除模块结果

另外，还有一种解决问题方法就是修改编译 module1 和 module2 模块的 Makefile 文件，请读者自行完成。

13.5 思考与练习

（1）内核编程会受到哪些限制？
（2）Linux 内核编程的模块机制带来哪些好处？
（3）分析模块编译的 Makefile 文件，说明模块的编译过程。
（4）编写三个模块文件 mainmod.c、lenmod.c 和 summod.c，实现对某一数组的求和。
提示：在 mainmod 模块调用 summod 模块对数组进行求和运算，summod 模块调用 lenmod 模块求数组中元素的个数。
（5）说明查看系统信息的方法有哪几种？

第 14 章　Linux 中断管理

学习本章要达到的目标：
（1）理解 x86 体系结构中断控制器硬件结构与原理。
（2）理解 Linux 内核中断上半部处理过程。
（3）Linux 内核中断下半部机制具体组织形式。
（4）掌握在嵌入式 Linux 下开中断的方法。

14.1　Linux 中断原理

14.1.1　中断控制器

中断是 CPU 在程序运行过程中被内部或外部的事件打断，转去执行一段预先安排好的中断服务程序，中断服务程序执行完毕后，又返回到原来的断点，继续执行原来的程序。对于 CPU 来说，中断源可能有很多，这就需要一个中断源的管理者，这个管理者在计算机或微控制器里由"中断控制器"来充当。

在 x86 体系结构中，所有设备的中断请求线不是直接输入到 CPU 中的，而是先输入到"中断控制器"中。x86 体系结构一般采用 8259A 作为其中断控制器，它一般采用级联的形式，如图 14.1 所示。在 CPU 管理的外设中，所有硬件的中断信号都是通过 8259A 传递给 CPU。传统的中断控制器使用两片 8259A 以"级联"的方式连接在一起，每个芯片可以处理最多 8 个不同的 IRQ（Interrupt Requests），主从两片 8259A 的连接中，从芯片中断信号由主芯片的 IRQ2 引脚引入。

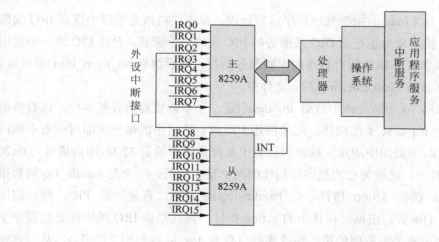

图 14.1　两片 8259A 的级联

当从芯片的 8259A 有中断发生时，会通过 INT 引脚向主芯片 8259A 的 IRQ2 引脚请求中断，再通过主芯片 8259A 的 INT 引脚向处理器申请中断服务，处理器会通过相应的中断向量，由操作系统引导进入相应的中断服务程序。

两片级联的 8259A 可以接收从 IRQn（其中，n 取 0～15）号中断请求线上发送过来的信号，在该芯片中有一个 8 位的中断请求寄存器，它的 0～7 位分别对应于 IRQ0～IRQ7 线。8259A 与 x86 处理器的接口如图 14.2 所示。8259A 芯片上有一个引脚标号为 INT，8259A 就是通过该引脚向 CPU 发送中断请求信号的。通过芯片上的 INTA 引脚来发送中断响应脉冲的。另外，x86 处理器的地址线 A5～A9 经地址译码后与 8259A 的片选信号线相连，作为芯片选择控制。

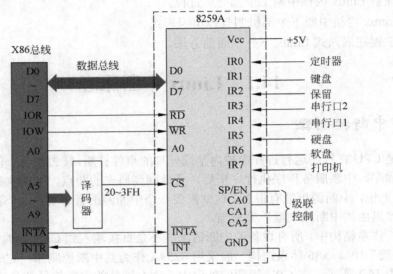

图 14.2　8259A 与 x86 处理器的接口

14.1.2　中断处理

进入中断后，由 Linux 的中断处理程序进行处理，首先在内核态堆栈中保存 IRQ 的值和寄存器的内容；接下来为正在给 IRQ 线服务的 PIC 发送一个应答，允许 PIC 进一步发出中断；然后执行共享这个 IRQ 所有设备的中断服务例程；最后跳到 ret_from_intr() 的地址。其主要处理函数在 arch/x86/kernel/irq_32.c 文件中。

如图 14.3 所示，在中断处理中数组 irq_desc[] 是一个非常重要的数据结构。该数组的每个元素都是一个 irq_desc_t 结构体，用来描述中断源。数组中的每一项即对应着中断向量表(IDT)中的一项。该数组中的第一项就对应着中断向量表中的第 32 项(即向量号为 0x20 的项)，向下依次对应。这里关心的是该结构体的两个重要成员，一个是 handle_irq 函数指针和指向 irqaction 链的 action 指针。在 handle_irq() 函数中，首先应答 PIC，然后调用 handle_IRQ_event () 函数，根据结构体中的 action 指针，将共享该 IRQ 的中断处理程序全部执行一遍。每个中断处理程序的第一步就根据自身的 dev_id 找到相关的 flag，从而判断该设备是否发生了中断，如果没有发生则退出，接着遍历该链表中下一个设备的中断处理程序。

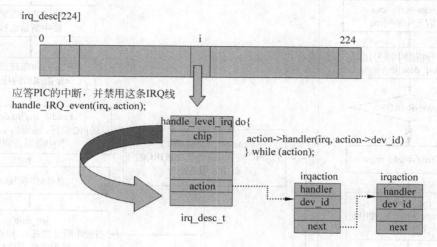

图 14.3 irq_desc[]数据结构跟踪

Irq_32.c 文件中主要包括 do_IRQ()和 do_softIRQ 两个函数。其中，do_IRQ()根据给定的 IRQ 号，取得对应的中断向量，这时如果内核线程的 thread union 定义为 4KB 大小，则还要从内核堆栈切换到硬中断的专用堆栈，然后调用对应的中断处理句柄 (irq_desc[irq]->handle_irq(irq, desc))。对 8259A 来说，就是 handle_level_irq，该函数负责应答中断控制器 PIC 的中断，并禁用这条 IRQ 线。调用 handle_IRQ_event()执行中断服务例程，通知 PIC 重新激活这条 IRQ 线。最后检查是否有可延迟的函数正等待处理，若当前不在中断状态并且有未处理的软中断，则调用 invoke_softirq()，这里 invoke_softirq()是 do_softirq()的宏定义，执行功能完全相同。最后调用 preempt_enable_no_sched()允许内核抢占。

handle_IRQ_event()会依次执行共享该 IRQ 线的所有中断处理例程。它们都是在加载模块时通过 request_irq()注册在对应的 irqaction 链上。每个中断服务程序的第一步都会根据 dev_id 找到硬件设备提供的中断 flag 标志位，通过读取 flag 标志位快速判断是否是自己的设备发生了中断，如果不是则马上，如果是，则进行相应的处理。当卸载模块时，通过 free_irq(unsigned int irq , void* dev_id)根据 dev_id 卸载该 IRQ 线上相应的中断处理程序。

当发生第 i 号 IRQ 中断时，调转到 IDT 的第 32+i 处，执行下面的两条汇编指令：
```
push ~i;
jmp common_interrupt;
```

将中断号 i 取反压栈后，跳转到统一的中断入口地址，在 common_interrupt 处，SAVE_ALL 保存现场后，将调用 do_IRQ()函数。

do_IRQ()函数程序流程图如图 14.4 所示，其完成以下工作。

（1）执行 irq_enter()宏，使中断处理程序嵌套层数计数器递增，计数器保存在 thread_info 的 preempt_count 字段。

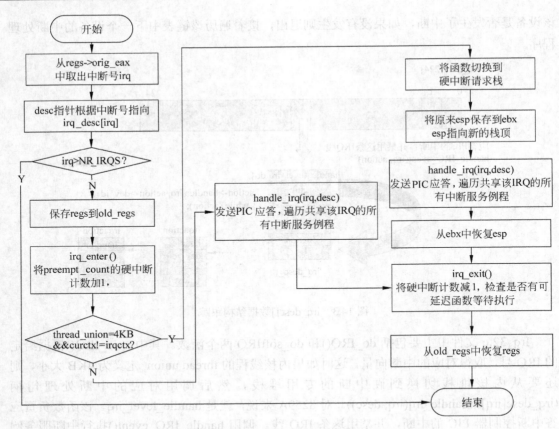

图 14.4　do_IRQ()程序流程图

（2）如果 thread_union 结构大小定义为 4KB，函数切换到硬中断请求栈，并执行以下步骤操作。

① 执行 current_thread_info()函数，获取与地址为 esp 的内核栈相连 thread_info 描述符的地址。

② 把步骤①获取的 thread_info 描述符地址与存放在 hardirq_ctx[smp_processor_id()]中的地址相比较，若相等说明内核已经使用硬中断请求栈跳到步骤③，这里要注意，thread_info 描述符的地址是与本地 CPU 相关 thread_info 描述符的地址。

③ 接下来需要切换内核栈，保存当前进程描述符指针，该指针指向本地 CPU 的 irq_info 描述符的 task 字符；接下来把 esp 栈指针寄存器的当前值存入本地 CPU 的 irq_ctx 联合体 thread_info 的 previous_esp 字段中，这个操作主要目的是调用正确的返回值。

④ 把本地 CPU 硬中断请求栈装入 esp 寄存器，以前的 esp 值存入 ebx 中。

（3）调用 handle_level_irq(irq,desc)，进行中断处理。

（4）当步骤④完成后，内核已经成功的切换到硬中断请求栈，函数把 ebx 寄存器中的原始栈指针复制到 esp，从而回到当前正在使用的异常栈或软中断请求栈。

（5）irq_exit()递减中断计数器，并检查是否有可延迟函数正等待执行。

（6）转向 ret_from_intr()函数，进行恢复现场，中断处理结束。

使用 do_softirq()可以判断是否执行软中断，如果是，则保存标志位，禁用本地中断，并切换到软中断的专用堆栈,调用_do_softirq()处理正在挂起的软中断,然后恢复标志位,打开本地中断,这些操作不允许在中断上下文中运行。

除了以上介绍的函数外,还有一个函数 show_interrupts()用于显示中断统计信息。其中,第一列显示中断线的 IRQ 号,第二列显示接收的中断数目,第三列显示处理这个中断的中断控制器,最后一列显示这个中断线上注册的所有设备,有兴趣的读者可以打开源代码自行分析。

14.1.3 中断处理的下半部机制

为了保证 Linux 对每一个外部中断都能在有限的时间内得到响应,每个中断处理程序必须在尽可能短的时间内完成。为了达到这个目的,Linux 系统中把中断处理分为上半部(Top Half)和下半部(Bottom Half)。

Linux 中断的上半部只处理中断框架流程和紧急事件。例如,对硬件设备的访问,或修改由设备和处理器同时访问的数据,以及修改那些只有处理器才可以访问的数据结构,这些操作不会耽误很长时间,一般在上半部执行。

Linux 中断的下半部通常处理一些中断可延迟处理的内容。在中断程序中,会把缓冲区内容复制到某个进程的地址空间。当内核没有紧急事件需要处理时,将会启用这个独立的函数来执行下半部操作。这些操作可以被延迟较长的时间间隔而不影响内核的其他操作。

Linux 中断的下半部机制有三种方法:软中断(Softirq)、Tasklet、工作队列(Work Queue)。软中断是一组静态定义的下半部接口,共 32 个,可以在所有处理器上同时执行。Tasklet 是一种基于软中断实现的灵活性强可动态创建的下半部实现机制。

软中断与 Tasklet 机制原理如图 14.5 所示。每个软中断,在系统的初始化过程中执行 softirq_init()函数,使用了两个数组:bh_task_vec [32]和softirq_vec[32]。其中,bh_task_vec[32]填入了 32 个 bh_action()的入口地址,但 softirq_vec [32]中只有 softirq_vec[0]和 softirq_vec[3]分别填入了 tasklet_action()和 tasklet_hi_action()的地址,其余的保留他用。因此,Tasklet 机制只使用 softirq_vec[0]、softirq_vec[3]。这两者分别调用了 tasklet_hi_action() 和 tasklet_action()来进行后续处理。tasklet_hi_action()中记录了 tasklet 的链表结构,如果有一个下半部被激活,则产生一个 Tasklet 成员的插入。tasklet_action()则直接记录了 tasklet 的服务入口。

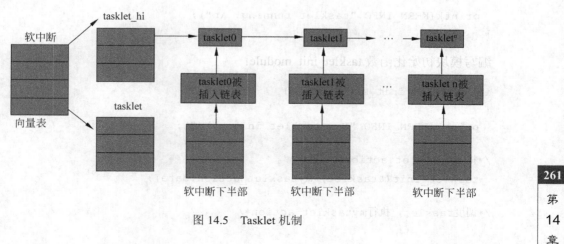

图 14.5 Tasklet 机制

工作队列是对退后执行的工作进行排队，稍候在进程上下文中去执行，请读者自行分析。

14.2 Tasklet 实例解析

14.2.1 编写测试函数

建立 tasklet_test.c 文件，代码如下。
头文件及声明如下：

```
#include <linux/module.h>
#include <linux/init.h>
#include <linux/fs.h>
#include <linux/kdev_t.h>
#include <linux/cdev.h>
#include <linux/kernel.h>
#include <linux/interrupt.h>

MODULE_LICENSE("GPL");                      //声明许可证

static unsigned long data=0;
static struct tasklet_struct tasklet;

static int __init tasklet_init_module(void);
static void __exit tasklet_exit_module(void);
module_init(tasklet_init_module);           //指定模块初始化函数tasklet_init_module
module_exit(tasklet_exit_module);           //指定模块退出函数tasklet_exit_module
```

编写 mytasklet_action 函数：

```
static void mytasklet_action(unsigned long data)
{
  printk(KERN_INFO "tasklet running. \n");
}
```

编写模块初始化函数 tasklet_init_module：

```
int tasklet_init_module(void)
{
  printk(KERN_INFO "Now tasklet init...\n");

/*将 mytasklet_action加入链表*/
  tasklet_init(&tasklet, mytasklet_action,data);

/*调度tasklet，执行mytasklet_action*/
```

```
    tasklet_schedule(&tasklet);
    return 0;
}
```

编写模块退出函数 tasklet_exit_module：

```
void tasklet_exit_module(void)
{
    /*清除指定tasklet的可调度位*/
    tasklet_kill(&tasklet);
    printk(KERN_INFO"Tasklet exit...\n");
}
```

14.2.2 编写 Makefile

编写编译 tasklet_test.c 源文件的 Makefile

```
obj-m := tasklet_test.o
KERNELBUILD :=/lib/modules/`uname -r`/build
default:
    make -C $(KERNELBUILD) M=$(shell pwd) modules
clean:
    rm -rf *.o *.ko *.mod.c .*.cmd .tmp_versions Module* modules*
```

14.2.3 实验结果分析

输入 make 命令，编译 tasklet_test.c 源文件，生成目标文件 tasklet_test.ko。然后执行下面的命令：

```
insmod tasklet_test.ko        #将模块插入内核
dmesg | tail -2               #查看内核信息
```

内核内息输出如图 14.6 所示，由输出信息可以看出，mytasklet_action 被调度并成功执行。

```
root@localhost:/home/dell/exper/exp14# make
make -C /lib/modules/`uname -r`/build M=/home/dell/exper/exp14 modules
make[1]: 正在进入目录 `/usr/src/linux-3.19.3'
  CC [M]  /home/dell/exper/exp14/tasklet_test.o
  Building modules, stage 2.
  MODPOST 1 modules
  CC      /home/dell/exper/exp14/tasklet_test.mod.o
  LD [M]  /home/dell/exper/exp14/tasklet_test.ko
make[1]:正在离开目录 `/usr/src/linux-3.19.3'
root@localhost:/home/dell/exper/exp14# insmod tasklet_test.ko
root@localhost:/home/dell/exper/exp14# dmesg | tail -2
[30292.374173] Now tasklet init...
[30292.374262] tasklet running.
root@localhost:/home/dell/exper/exp14#
root@localhost:/home/dell/exper/exp14#
```

图 14.6 实例结果

14.3　在嵌入式 Linux 下开中断实例解析

中断在嵌入式开发中断应用较多，对于不确定事件使用中断方式进行服务，可以大大的减少系统的软件开销。下面以运行在 ARM9 嵌入式微处理器 S3C2410 硬件平台上的嵌入式 Linux 为例介绍在嵌入式 Linux 下开中断的方法。

14.3.1　硬件电路组成

ARM9 嵌入式微处理器 S3C2410 与按键的接口电路如图 14.7 所示。从图中可以看出，按键从 S3C2410 的端口 F 的第 0 引脚引入。S3C2410 的端口 F 引脚信息如表 14.1 所示。表中分别列出了端口 F 控制寄存器 GPFCON、数据寄存器 GPFDAT 和上拉电阻使能寄存器 GPFUP 位信息。

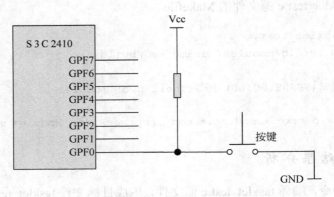

图 14.7　S3C2410 按键外中断接口电路

从表 14.1 可以看出，GPF0 引脚与外中断 EINT0 复用，因此，为了减少系统的开销，可以将按键服务写成外中断服务的形式。GPFCON、GPFDAT 和 GPFUP 寄存器信息如表 14.2～表 14.4 所示。

表 14.1　GPFCON、GPFDAT 和 GPFUP 寄存器信息

寄存器	地　　址	读/写	描　　述	复位值
GPFCON	0x56000050	R/W	配置端口 F 的引脚	0x0
GPFDAT	0x56000054	R/W	端口 F 的数据寄存器	未定义
GPFUP	0x56000058	R/W	端口 F 上拉禁止寄存器	0x0
保留	0x5600005C	—	保留	未定义

表 14.2　GPFUP 寄存器信息

GPFCON	位	描　　述	
GPF7	[15:14]	00 = 输入 10 = EINT7	01 = 输出 11 = 保留
GPF6	[13:12]	00 = 输入 10 = EINT6	01 = 输出 11 = 保留

GPFCON	位	描述	
GPF5	[11:10]	00 = 输入 10 = EINT5	01 = 输出 11 = 保留
GPF4	[9:8]	00 = 输入 10 = EINT4	01 = 输出 11 = 保留
GPF3	[7:6]	00 = 输入 10 = EINT3	01 = 输出 11 = 保留
GPF2	[5:4]	00 = 输入 10 = EINT2	01 = 输出 11 = 保留
GPF1	[3:2]	00 = 输入 10 = EINT1	01 = 输出 11 = 保留
GPF0	[1:0]	00 = 输入 10 = EINT0	01 = 输出 11 = 保留

表 14.3 GPFDAT 寄存器信息

GPFDAT	位	描述
GPF [7:0]	[7:0]	当端口被配置成输入端口，从外部源来的数据可以被读到相应引脚 当端口被配置成输出端口，写入寄存器的数据可以被送到相应引脚 当端口被配置成功能端口，读取该端口数据为乱码

表 14.4 GPFUP 寄存器信息

GPFUP	位	描述
GPF[7:0]	[7:0]	0：上拉电阻与相应的引脚连接使能 1：上拉电阻被禁止

14.3.2 编写中断服务模块

建立 int_bottom_half.c 文件，代码如下。
头文件及声明如下：

```
#include <linux/module.h>
#include <linux/kernel.h>
#include <linux/init.h>

#include <linux/signal.h>
#include <linux/sched.h>
#include <linux/timer.h>
#include <linux/interrupt.h>
#include <asm/irq.h>
#include <asm/arch/hardware.h>
#include <asm/arch/irqs.h>
#include <asm/io.h>
```

```c
MODULE_LICENSE("GPL");                    //声明许可证

struct tasklet_struct my_tasklet;
void embedirq_interrupt(int,void *,struct pt_regs *);
void my_tasklet_handler(unsigned long data);
static int __init embedirq_init_module(void);
static void __exit embedirq_exit_module(void);
module_init(embedirq_init_module);      //指定模块初始化函数embedirq_init_module
module_exit(embedirq_exit_module);      //指定模块退出函数embedirq_exit_module
```

编写 my_tasklet_handler 函数:

```c
void my_tasklet_handler(unsigned long data)
{
    printk(KERN_INFO"in the botton half!\n");
}
```

编写中断服务函数 embedirq_interrupt:

```c
void embedirq_interrupt(int irq,void *d,struct pt_regs *regs)
{
    /*清除中断挂起寄存器，使下次中断服务成为可能*/
    SRCPND &= (~0x00000001);     //bit0
       INTPND = INTPND;
       printk(KERN_INFO"Entered an interrupt! Beginning interrupt service!\n");

    /*调度my_tasklet，执行my_tasklet_handler */
    tasklet_schedule(&my_tasklet);
}
```

编写模块初始化函数 embedirq_init_module:

```c
int embedirq_init_module(void)
{
    static int result;
    unsigned long gpfup;
    set_external_irq(IRQ_EINT0, EXT_FALLING_EDGE, GPIO_PULLUP_DIS);

    /*设置端口F的上接电阻*/
    gpfup = ioremap(0x56000058,4);
    (*(volatile unsigned long *)gpfup) = 0;

        enable_irq(IRQ_EINT0);  //使能外中断0
    /*注册外中断0的中断服务函数*/
    result=request_irq(IRQ_EINT0,&embedirq_interrupt,SA_INTERRUPT,"embedirq",
    NULL);
```

```
if (result)
{
    printk(KERN_INFO"Can't get assigned irq %d,result=%d\n",IRQ_EINT0,
    result);
    return result;
}
printk(KERN_INFO"embedirq interrupt registered ok!!!\n");

/*将 my_tasklet_handler加入链表*/
tasklet_init(&my_tasklet,my_tasklet_handler,NULL);
return 0;
}
```

编写模块退出函数 tasklet_exit_module：

```
/*退出模块*/
void embedirq_exit_module(void)
{
    /*清除指定my_tasklet的可调度位*/
    tasklet_kill(&my_tasklet);
    disable_irq(IRQ_EINT0);
    free_irq(IRQ_EINT0, NULL);
    printk(KERN_INFO"exit ok\n");
}
```

14.3.3 结果分析

中断服务函数编写完成后，编译生成 int_bottom_half.ko 文件，下载文件到指定的嵌入式设备中，并以模块的方式将中断服务函数插入 Linux 内核，终端操作与显示如图 14.8 所示。从图中可以看出，中断 EINT0 注册成功。

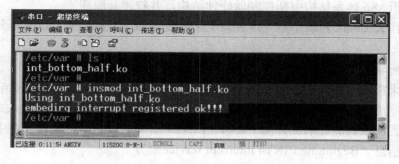

图 14.8　插入中断服务模块

使用 lsmod 命令查看所插入的模块，如图 14.9 所示，模块 int_bottom_half 已经成功插入系统中。

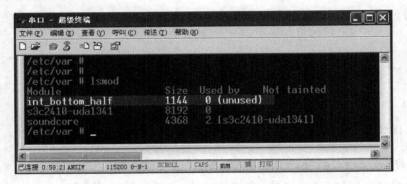

图 14.9　查看系统模块

最后，按下中断接口按键，中断服务输出如图 14.10 所示。

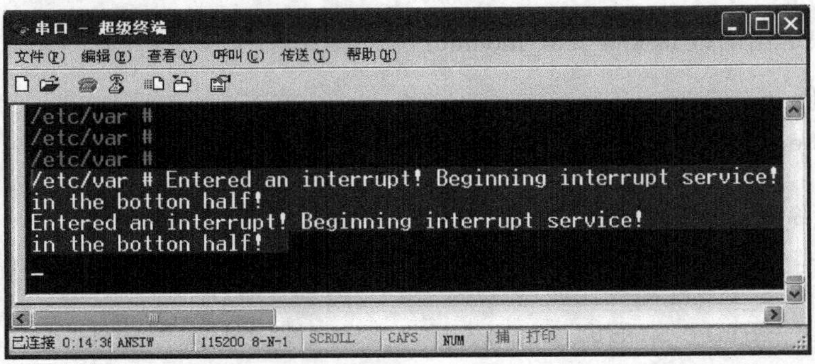

图 14.10　中断服务

可以看到，按下中断按键后，中断服务函数得到了正确的执行，并在中断服务函数中调度了中断下半部。

14.4　思考与练习

（1）分析 x86 体系结构中断控制器硬件结构，并叙述其原理。

（2）为什么 Linux 内核中断处理分为上半部处理和下半部处理？这样划分会带来哪些好处？

（3）分析软件中断的 Tasklet 机制，并编写程序进行验证。

（4）如果在中断服务程序中不调用 tasklet_schedule()函数，会出现什么结果？

（5）分析嵌入式微处理器 S3C2410 或 S3C2440 的中断控制器，并在嵌入式 Linux 对其中断进行配置，使其能够响应外部中断 4（EINT4 引脚）发生的中断，并在中断服务程序中打印提示信息"Beginning EINT4 interrupt service!!!"。

第 15 章　系统调用

学习本章要达到的目标：
（1）理解 Linux 系统调用机制的实现原理。
（2）基于 Linux 最新内核 3.19.3，分析 Linux 操作系统调用的代码结构。
（3）掌握向 Linux 系统增加用户系统调用的方法。

15.1　系统调用原理

在操作系统原理中，对系统调用常会遇到这样的描述："系统调用是操作系统内核提供的、功能相对较强的一系列函数。这些函数是在的内核码中实现的，并通过某种接口形式，将这些函数提供给用户调用。"由此可以想起，一般在每个操作系统都有自己的一些库函数，那么这些函数与系统调用的区别与联系有哪些？带着这个问题来学习本章的内容。

每个程序设计人员在操作系统下编写程序时，都避免不了使用一些系统支持的函数库，例如 C 标准库、C#类库、Java 类库等，其实这些类库都是在系统调用上的一层封装。对于 Linux 系统来说，这些类库函数是用户层面上的，而系统调用是内核层面上的，但是库函数一般会用到系统调用。也可以这样理解，库函数是方便程序员编程而设计的，而系统调用是可以用为库函数的基本单元。

在 Linux 系统中，系统调用还被用作进程与系统内核之间通信的传输方式。例如，当进程请求内核服务时，就使用的是系统调用。一般情况下，用户进程是不能直接访问系统内核的。它也不能直接使用内核的数据结构，也不能调用只有在内核内部可以调用的内核函数。这完全是为了保证系统的安全性而考虑的，因为如果用户进程也能进行修改内核的数据，那么 Linux 这个"硬件资源的管理者"也不会知道自己哪些资源可用，这时，如果更改内核的运行数据，系统可能就崩溃了。因此，为了保证操作系统内核的安全与系统的稳定，操作系统提供了系统调用。

系统调用一般的过程是，进程使用寄存器中适当的值跳转到内核中事先定义好的只读的代码段中执行。这个过程在不同的体系结构中的定义可能有所不同。在 x86 体系结构的计算机中，系统调用由软中断 0x80 来实现，如图 5.1 所示。寄存器 eax 用来标识应当调用的某个系统调用，也就是用来传递系统调用号。例如，当加载了系统的 C 库函数调用索引和参数时，就会调用一个软件中断（0x80 中断），Linux 内核会进行中断服务的处理，并执行 system_call 函数，进入系统调用入口的公共处理函数，在这个函数中会按照通过寄存器 eax 传递的内容来识别所对应处理所有的系统调用。在进入系统内核后后，使用 system_call_table 和 eax 中包含的索引来执行真正的系统调用。从系统调用中返回后，最终执行 syscall_exit，并调用 resume_userspace 返回用户空间。然后继续在 C 库函数中执行，执行完毕后将返回到用户应用程序中。

系统调用详细描述步骤如下：

（1）当用户态进程调用一个系统调用时，CPU 切换到内核态并开始执行一个内核函数。

在 Linux 中通过执行 int $0x80 来执行系统调用，这条汇编指令产生向量为 128 的编程异常，可以分析 Linux 内核源码中异常初始化函数 trap_init 对系统调用入口的初始化。

（2）传参传递：内核实现了很多不同的系统调用。因此，进程需要说明是想用哪个系统调用，这需要传递一个名为系统调用号的参数，在实现上，采用使用 eax 寄存器来传递。

（3）所有的系统调用返回一个整数值。
- 如果是正数或 0 表示系统调用成功执行；
- 如果是负数表示一个出错条件。

（4）这里的返回值与库函数的封装例程返回值的约定不同。
- 内核没有设置或使用 errno 变量；
- 封装例程在系统调用返回取得返回值之后设置 errno；
- 当系统调用出错时，返回的那个负值将要存放在 errno 变量中返回给应用程序。

（5）系统调用处理程序也和其他异常处理程序的结构类似。
- 在进程的内核态堆栈中保存大多数寄存器的内容，也就是保存恢复进程到用户态执行所需要的上下文数据。
- 调用相应的系统调用服务例程处理系统调用。内核源码中常会看到形如 sys_xxxxx 的编号，其中 xxxxx 表示系统调用服务程序的名称。
- 通过 syscall_exit 从系统调用返回。

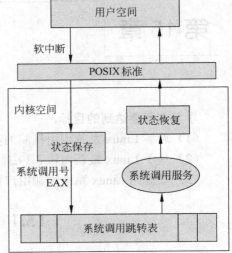

图 15.1 系统调用过程

所以，如果想添加一个能满足自己的需求的系统调用，往往只需要 4 个步骤：
- 添加系统调用号；
- 添加新的系统调用服务函数；
- 更新头文件；
- 更新系统调用函数表。

15.2 系统调用函数分析

15.2.1 系统调用入口函数

为了说明系统调用的原理，这里选择了较新 Linux 内核版本，能够支持不同类型的处理器架构。较老的 Linux 内核版本中有一个 entry.S 文件，但是新的版本中分为 entry_32.S 和 entry_64.S，表示支持不同位数体系结构的计算机，并且在文件内部用了大量的宏代替了原来的处理器指令。下面以 entry_32.S 为例来介绍。

entry_32.S 文件在 Linux 内核 3.19.3 中的/usr/src/linux-3.19.3/arch/x86/kernel 目录下，下面对这个文件中的代码进行分析。

保存所有的寄存器：

```
.macro SAVE_ALL
    cld
    PUSH_GS
    pushl_cfi %fs                       /*保存fs*/
    /*CFI_REL_OFFSET fs, 0;*/
    pushl_cfi %es                       /*保存es*/
    /*CFI_REL_OFFSET es, 0;*/
    pushl_cfi %ds                       /*保存ds*/
    /*CFI_REL_OFFSET ds, 0;*/
    pushl_cfi %eax                      /*保存原始的eax */
    CFI_REL_OFFSET eax, 0
    pushl_cfi %ebp                      /*保存原始的ebp */
    CFI_REL_OFFSET ebp, 0
    pushl_cfi %edi                      /*保存原始的edi */
    CFI_REL_OFFSET edi, 0
    pushl_cfi %esi                      /*保存原始的esi */
    CFI_REL_OFFSET esi, 0
    pushl_cfi %edx                      /*保存原始的edx */
    CFI_REL_OFFSET edx, 0
    pushl_cfi %ecx                      /*保存原始的ecx */
    CFI_REL_OFFSET ecx, 0
    pushl_cfi %ebx                      /*保存原始的ebx */
    CFI_REL_OFFSET ebx, 0
    movl $(__USER_DS), %edx
    movl %edx, %ds
    movl %edx, %es
    movl $(__KERNEL_PERCPU), %edx
    movl %edx, %fs
    SET_KERNEL_GS %edx
.endm
```

进入系统调用：

```
ENTRY(system_call)
    RING0_INT_FRAME                     #进入中断框架
    ASM_CLAC
    pushl_cfi %eax                      #保存原始的eax
    SAVE_ALL                            #保存系统寄存器
    GET_THREAD_INFO(%ebp)               #获取thread_info结构的地址

    #检查thread_info中的相关标志看是否有系统跟踪
```

```asm
        testl $_TIF_WORK_SYSCALL_ENTRY,TI_flags(%ebp)
        jnz syscall_trace_entry       #有系统跟踪则先执行系统跟踪的代码
        cmpl $(NR_syscalls), %eax      #比较请求的系统调用号和最大系统调用号
        jae syscall_badsys             #系统调用号无效则syscall_badsys处理
syscall_call:
        call *sys_call_table(,%eax,4)  #在系统调用表中查找相应的系统调用
syscall_after_call:
        movl %eax,PT_EAX(%esp)         #系统调用之后存储返回值
syscall_exit:
        LOCKDEP_SYS_EXIT               #检测系统调用深度
        DISABLE_INTERRUPTS(CLBR_ANY)   #在采样和挂起时，保证不丢失中断

        TRACE_IRQS_OFF                 #关闭中断跟踪
        movl TI_flags(%ebp), %ecx

    #测试当前能否返回用户空间
        testl $_TIF_ALLWORK_MASK, %ecx  #current->work
        jne syscall_exit_work
restore_all:
        TRACE_IRQS_IRET
restore_all_notrace:
#ifdef CONFIG_X86_ESPFIX32
        movl PT_EFLAGS(%esp), %eax     #交换EFLAGS、SS、CS
        movb PT_OLDSS(%esp), %ah
        movb PT_CS(%esp), %al
        andl $(X86_EFLAGS_VM | (SEGMENT_TI_MASK << 8) | SEGMENT_RPL_MASK), %eax
        cmpl $((SEGMENT_LDT << 8) | USER_RPL), %eax
        CFI_REMEMBER_STATE
        je ldt_ss                      #返回带有LDT SS的用户空间
#endif
restore_nocheck:
        RESTORE_REGS 4                 #跳过orig_eax或error_code
irq_return:
        INTERRUPT_RETURN               #中断返回
.section .fixup,"ax"
ENTRY(iret_exc)
        pushl $0                       #没有错误码
        pushl $do_iret_error
        jmp error_code
.previous
        _ASM_EXTABLE(irq_return,iret_exc)

#ifdef CONFIG_X86_ESPFIX32
        CFI_RESTORE_STATE
ldt_ss:
```

```
#ifdef CONFIG_PARAVIRT
    cmpl $0, pv_info+PARAVIRT_enabled
    jne restore_nocheck
#endif

#define GDT_ESPFIX_SS PER_CPU_VAR(gdt_page) + (GDT_ENTRY_ESPFIX_SS * 8)
    mov %esp, %edx                       #加载内核空间esp
    mov PT_OLDESP(%esp), %eax            #加载用户空间esp
    mov %dx, %ax                         #eax:新的内核空间esp
    sub %eax, %edx                       #偏移，低字置零
    shr $16, %edx
    mov %dl, GDT_ESPFIX_SS + 4 /* bits 16..23 */
    mov %dh, GDT_ESPFIX_SS + 7 /* bits 24..31 */
    pushl_cfi $__ESPFIX_SS
    pushl_cfi %eax                       #新的内核空间esp

    DISABLE_INTERRUPTS(CLBR_EAX)
    lss (%esp), %esp                     #跳转到espfix片段
    CFI_ADJUST_CFA_OFFSET -8
    jmp restore_nocheck
#endif
    CFI_ENDPROC
ENDPROC(system_call)
```

上面的这段代码首先保存了所有的寄存器值；另外，内核需要传递系统调用号，在系统调用异常发生时，陷入内核之前，应用程序要先将系统调用号放到 eax 寄存器中，但是还不能破坏原有 eax 寄存器中的内容，所以在进入系统调用之前要将 eax 内容入栈；然后检查调用号是否合法，主要是与最大系统调用号相比较，如果超出则非法；在系统调用函数表中进行查找相应的系统调用函数并运行；运行返回后，将调 restore_all 函数，系统调用返回。

当在程序代码中用到系统调用时，编译器会按照系统调用号将系统调用宏展开，展开后的代码实际上是将系统调用号放入 eax，然后用软中断 int 0x80 使处理器转向系统调用入口，并进行查找系统调用表，进而由内核调用真正的系统调用功能函数。

做完本实例时会发现，在测试程序中，要在程序中使用自己的系统调用，需要使用 syscall() 函数，其中第一个参数为系统调用号，后面的参数为用户空间传给内容空间的数据，参数的个数不限制。

15.2.2 系统调用表

32 位 x86 体系结构的系统调用表位于 linux3.19.3/arch/x86/syscalls/syscall_32.tbl 文件中，如果你用户的计算机是 32 位架构，要想添加自己的系统调用，需要修改这个文件。从这个系统调用表中可以看出，Linux 内核设计者把系统调用统一定义为 sys_xxxxx（其中，xxxxx 系统调用函数名）。syscall_32.tbl 文件源码如下：

```
#
#32-bit system call numbers and entry vectors
#
#The format is:
#<number> <abi> <name> <entry point> <compat entry point>
#
#The abi is always "i386" for this file.
#
0    i386    restart_syscall    sys_restart_syscall
1    i386    exit               sys_exit
2    i386    fork               sys_fork              stub32_fork
3    i386    read               sys_read
4    i386    write              sys_write
5    i386    open               sys_open              compat_sys_open
6    i386    close              sys_close
7    i386    waitpid            sys_waitpid           sys32_waitpid
8    i386    creat              sys_creat
9    i386    link               sys_link
10   i386    unlink             sys_unlink
...
220  i386    getdents64         sys_getdents64
     compat_sys_getdents64
221  i386    fcntl64            sys_fcntl64           compat_sys_fcntl64
#222 is unused
#223 is unused
224  i386    gettid             sys_gettid
225  i386    readahead          sys_readahead         sys32_readahead
226  i386    setxattr           sys_setxattr
...
357  i386    bpf                sys_bpf
358  i386    execveat           sys_execveat          stub32_execveat
```

对于 64 位 x86 体系结构的系统调用表位于 linux3.19.3/arch/x86/syscalls/syscall_64.tbl 文件中，syscall_64.tbl 文件源码如下：

```
#64-bit system call numbers and entry vectors
#
#The format is:
#<number> <abi> <name> <entry point>
#
#The abi is "common", "64" or "x32" for this file.
#
0    common    read        sys_read
1    common    write       sys_write
2    common    open        sys_open
```

```
3    common  close            sys_close
4    common  stat             sys_newstat
5    common  fstat            sys_newfstat
6    common  lstat            sys_newlstat
7    common  poll             sys_poll
8    common  lseek            sys_lseek
9    common  mmap             sys_mmap
10   common  mprotect         sys_mprotect
…
320  common  kexec_file_load  sys_kexec_file_load
321  common  bpf              sys_bpf
322  64      execveat         stub_execveat

#
#x32-specific system call numbers start at 512 to avoid cache impact
#for native 64-bit operation.
#
512  x32  rt_sigaction    compat_sys_rt_sigaction
513  x32  rt_sigreturn    stub_x32_rt_sigreturn
514  x32  ioctl           compat_sys_ioctl
…
543  x32  io_setup        compat_sys_io_setup
544  x32  io_submit       compat_sys_io_submit
545  x32  execveat        stub_x32_execveat
```

15.3　添加系统调用实例训练

（1）下载 3.19.3 内核，解压到/usr/src 目录中。

（2）添加系统调用号：

① 对于 32 位 x86 架构请将系统调用号添加到 linux-3.19.3/arch/x86/syscalls/syscall_32.tbl 中，如图 15.2 所示。

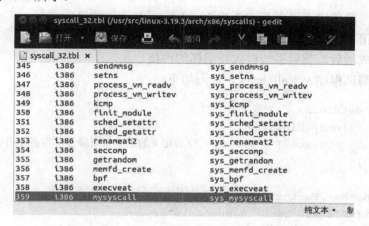

图 15.2　32 位 x86 架构的系统调用号

② 对于 64 位 x86 架构请将系统调用号添加到 linux-3.19.3/arch/x86/syscalls/syscall_64.tbl 中，如图 15.3 所示。

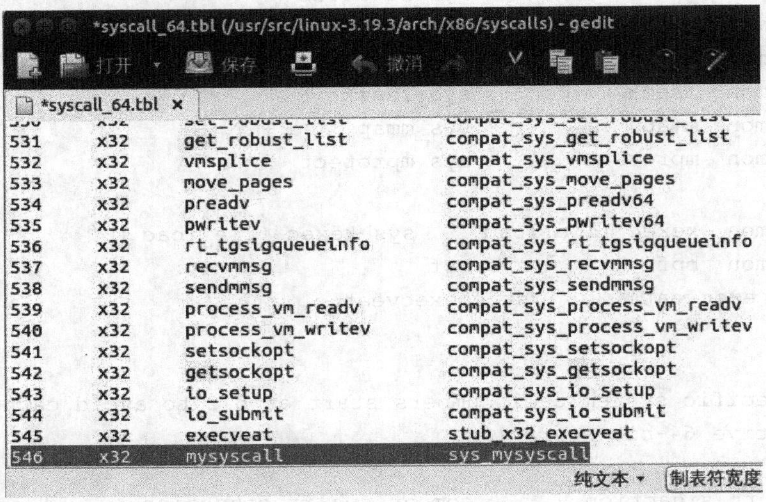

图 15.3 64 位 x86 架构的系统调用号

（3）编写系统调用功能函数。

```
asmlinkage int sys_mysyscall(char N)
{
  char i;
  int Nx=1;
  if( N= = 0)
    return Nx;
  for(i=1;i<=N;i++)
Nx=Nx*i;
  return Nx;
}
```

请将以上一段代码添加到 linux3.19.3/arch/kernel/sys.c 的最后一行。

（4）按照第 12 章的步骤重新编译内核。

（5）编译成功后，重启系统进入新编译的内核。

（6）编写测试程序 syscall_test.c，代码如下：

```
#include <stdio.h>
#include <linux/unistd.h>
#define SYS_mysyscall   546    //自定义的系统调用编号，当前使用的是64位系统
int main()
{
    int Number,Factorial;
    printf("Please input a number\n");
    while(scanf("%d",&Number)==EOF);
```

```
    Factorial = syscall(SYS_mysyscall,Number);
    if(Factorial < 1)
    printf("Error occurred in mysyscall\n");
    printf("%d Factorial is %d \n",Number,Factorial);
    return 0;
}
```

运行以下命令，编译源程序。

```
gcc4.9 syscall_test.c -o syscall_test
```

编译成功后，执行以下命令，运行测试程序。

```
./syscall_test
```

输出结果如图 15.4 所示。

图 15.4 测试程序输出结果

15.4 思考与练习

（1）深入理解 Linux 系统调用的原理与过程。

（2）下载当前最新版本的 Linux 内核，加入自己的系统调用后，重新编译内核并安装，再编写一个测试函数进行验证其正确性。

（3）32 位体系结构与 64 位体系结构下的计算机中添加自定义的 Linux 系统调用的流程是否相同？如果不同，请指出不同点有哪些？

（4）可以考虑用模块的方法来为现有的 Linux 系统添加一个系统调用。

第 16 章　内存管理

学习本章要达到的目标：
（1）结合操作系统原理课程，深入理解 Linux 系统物理内存管理机制。
（2）理解伙伴算法和 Slab 分配器的工作原理。
（3）熟悉操作系统提供的有关内存管理内核函数。
（4）学会在 Linux 内核态下申请内存空间的方法。

16.1　关于 Linux 的内存管理

内存是 Linux 内核所管理的最重要的资源之一，内存管理系统是操作系统中最为重要的部分。在 Linux 系统中对物理内存的管理主要涉及页面管理、连续内存区管理、非连续存储区管理，它们之间的关系如图 16.1 所示。

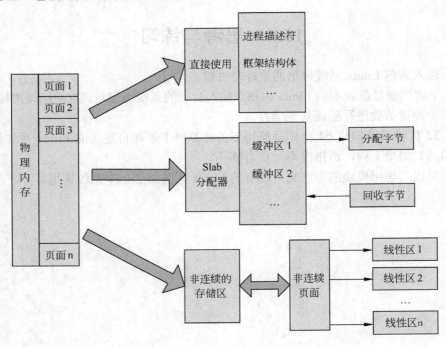

图 16.1　Linux 物理内存管理方式

物理内存主要是以页面为单位的方式存在，其管理方式主要三种：
（1）可以直接使用分配到的页面。例如，每个进行描述符以及一些框架式的结构体——

般要占有一定的页面，这些页面可以直接拿来使用。

（2）对于连续内存区管理，使用 slab 算法，以若干个字节为单位进行管理，使用时分配到缓冲区。

（3）对于非连续内存区管理，映射到非连续的物理页面上，使用时分配到线性缓冲区。

16.1.1 动态存储管理

在 Linux 操作系统管理下，一部分永久地分配给系统，作为内核代码段和只读数据段的载体，用来存放内核程序代码以及静态数据，这部分称为操作系统的静态存储器（Static Memory）；其他部分，则在 Linux 的管理下，进行内存的动态申请和释放，称为动态存储器（dynamic memory）。进程和内核的运行都需要动态存储器，是操作系统运行离不开的资源，整个系统的性能取决于如何有效地管理动态存储器。对于动态存储器要尽可能做到：需要时分配，不需要时马上释放。

16.1.2 页面管理

Linux 采用页作为内存管理的基本单位，其采用的标准的页面大小为 4KB，因为 4KB 是大多数磁盘块大小的倍数，传输效率高，管理方便，无须考虑 PSE。PSE 是 Page Size Extensions 的缩写，表示页大小扩展；PAE 是 Physical Address Extension 的缩写，表示物理地址扩展）。例如，4MB 的物理内存对应于 1K 个页面。

内核必须记录每个页面当前的状态：
- 哪些属于进程，哪些存放了内核代码或内核数据；
- 是否空闲，即是否可用；
- 如果不可用，内核需要知道是谁在用这个页面；
- 这个页面可能的使用者有用户态进程、动态分配的内核数据结构、静态的内核代码、页面 cache、设备驱动程序缓冲的数据等。

内核使用页描述符来跟踪管理物理内存，每个物理页面都用一个页描述符表示，页描述符用结构描述。所有物理页面的描述符，组织在 mem_map 的数组中，页结构则是对物理页面进行描述的一个数据结构，如图 16.2 所示，但它不是一个真正的物理页，描述了一个物理页的内容和框架，作为逻辑页的一个标志。

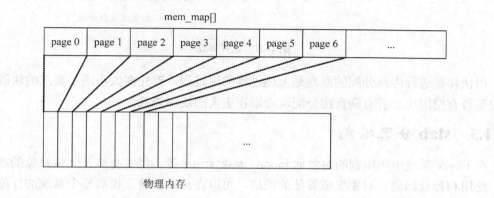

图 16.2 mem_map 数组与物理内存的对应关系

Linux 采用著名的伙伴（Buddy）算法来解决内存碎片问题。伙伴算法把所有的空闲页面分为 10 个页块链表，每个链表中的一个块含有 2 的幂次个页面（叫做"页块"或简称"块"）。例如，第 0 个链表中块的大小都是 2^0（1 个页面），第 1 个链表中块的大小都为 2^1（2 个页面）……第 9 个链表中块的大小都为 2^9（512 个页面）。

如图 16.3 所示，标记为阴影的部分代表被占用的页面，此时系统将第 12 个单页面释放到伙伴系统。首先，它会判断相应大小的 1 个空闲页面的空闲块链表队列；判断相邻页面的空闲情况。由于第 11 个是空闲的，因此可以合并为一个 2 个页面的空闲块；然后继续判断相应大小的 2 个空闲页面的空闲块链表队列，此时，由第 9 和 10 页面所组成的块是空闲的，因此可以合并为一个 4 个页面的空闲块；然后继续判断相应大小的 4 个空闲页面的空闲块链表队列，此时，由第 13～第 16 页面所组成的块是空闲的，因此可以合并为一个 8 个页面的空闲块；由于页面 1～8 不完全是空闲的，所以最后得到最大连续页面块的大小为 8 个页面。

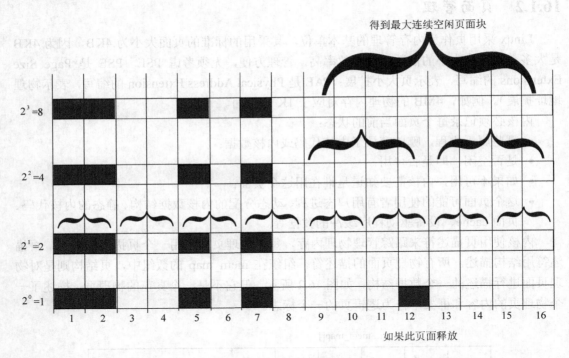

图 16.3　伙伴算法

用伙伴算进行内存分配的原理是上述过程的逆过程。首先在大小满足要求的块链表中查找是否有空闲块，若有则直接分配，否则在更大的块中查找。

16.1.3　slab 分配模式

在 Linux 系统中所用到的对象如 inode、task_struct 等，经常会涉及大量对象的重复生成、使用和释放问题。对象生成算法的改进，可以在很大程度上提高整个系统的性能。一般地，这些对象在生成时，所包括的成员属性值都赋成确定的数值，并且在使用完毕，释放结构前，属性又恢复为未使用前的状态。

Linux 的 slab 内存分配模式的基本思想是：能够用合适的方法使得在对象前后两次被使用时，在同一块内存或同一类内存空间，且保留了基本的数据结构，可以提高效率。

如图 16.4 所示，在实现上，slab 分配器把内存区看成对象，把对象分组放进高速缓存。每个高速缓存都是同种类型内存对象的一种"储备"。例如，当一个文件被打开时，存放相应"打开文件"对象所需的内存是从一个叫做 filp 的 slab 分配器高速缓存中得到的，也就是说每种对象类型对应一个高速缓存，系统对高速缓存的操作，效率极高。

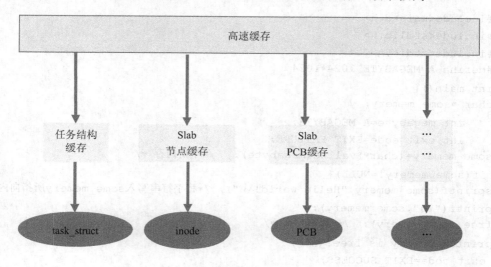

图 16.4 slab 分配器

16.2 Linux 的内存管理函数

vmalloc()是内核用来分配连续虚拟内存，但非连续物理内存的函数。为了提同操作系统的效率，Linux 系统内核不使用标准 C 库中的 malloc 和 free 函数，因为这些函数要被从用户模式调用，调用完毕后还要回到内核模式下，开销很大，因此内核有自己的内存操作函数。kmalloc 和 kfree 管理内核段内分配的内存，这是真实地址已知的实际物理内存块。vmalloc 和 vfree 是对内核使用的虚拟内存进行分配和释放的函数。kmalloc 返回的内存是物理的，连续的，更适合于类似设备驱动程序来使用。vmalloc 能使用更多的资源，还可以管理交换空间和虚拟内存。

kmalloc 分配在物理上连续的内存，这些内存是实际上存在的，并且是连续的，根据 slab 块进行分配。但是 vmalloc 分配的内存在地址空间是连续的，但实际上在物理空间是不连续的。故必须更改页表来使物理地址和程序所使用的地址来对应。通过 kmalloc 分配的地址由于上面所说的情况，同时注意实际上物理地址在系统初始化时已经与一定的页表相对应了。

16.3 实例训练与分析

16.3.1 在用户空间用 valloc/malloc 分配内存

（1）打开 vi 编辑器编写 mem_test-1.c 文件，实现用 valloc 申请 1MB 内存单元，程序退出时释放。代码如下：

```c
#include<unistd.h>
#include<stdlib.h>
#include<stdio.h>
#define A_MEGABYTE 1024*1024
int main(){
char *some_memery;
    int megabyte=A_MEGABYTE;
    int exit_code=EXIT_FAILURE;
some_memery=(char*)valloc(megabyte);    /*申请内存 */
 if(some_memery!=NULL){
sprintf(some_memery,"Hello world!\n"); /*将字符串写入some_memery所指向内存*/
printf("%s",some_memery);
free(some_memery);    /* 释放内存 */
printf("memery is free!\n");
 exit_code=EXIT_SUCCESS;
    }
exit(exit_code);
}
```

（2）编译源程序：

gcc mem_test-1.c –o mem_test-1

（3）运行结果如图 16.5 所示，从图中可以看出，分配 1MB 内存是成功的。

```
user@localhost:~/exper/exp16/exp16-1$ gcc mem_test-1.c -o mem_test-1
user@localhost:~/exper/exp16/exp16-1$ ./mem_test-1
Hello world!
memery is free!
user@localhost:~/exper/exp16/exp16-1$
```

图 16.5 mem_test-1 程序运行结果

16.3.2 在内核空间用 kmalloc/vmalloc 分配内存

1．编写模块函数

编写 mem_kv.c 模块文件实现对实际内存与虚拟内存的分配。

（1）首先声明头文件，设备号及文件结构体。

```c
#include <linux/module.h>
#include <linux/init.h>
```

```c
#include <linux/slab.h>
#include <linux/vmalloc.h>
#include <linux/fs.h>
#include <linux/proc_fs.h>
#include <linux/sched.h>
#include <linux/cdev.h>
#include <asm/uaccess.h>

MODULE_LICENSE("GPL");

#define MEM_MALLOC_SIZE 4096        //申请内存的大小
#define MEM_MAJOR       252         //主设备号
#define MEM_MINOR_K     0           //次设备号:实存
#define MEM_MINOR_V     1           //次设备号:虚存

char *mem_spkm, *mem_spvm;          //定义实存、虚存指针
struct cdev *mem_cdev;

static int __init mem_init(void);                                      //模块初始化
static void __exit mem_exit(void);                                     //退出模块操作函数
static int mem_open(struct inode *ind, struct file *filp);
static int mem_release(struct inode *ind, struct file *filp);
static ssize_t mem_read(struct file *filp, char __user *buf, size_t size, loff_t *fpos);
static ssize_t mem_write(struct file *filp, const char __user *buf, size_t size, loff_t *fpos);

module_init(mem_init);              //安装模块
module_exit(mem_exit);              //退出模块

/*  设备文件结构体选项 */
struct file_operations mem_fops =
{
    .open = mem_open,               //打开
    .release = mem_release,         //释放
    .read = mem_read,               //读操作
    .write = mem_write,             //写操作
};
```

（2）接下来编写模块的安装操作函数，其中主要包括将 mem_spkm 指向内核实际内存空间；将 mem_spvm 指向内核虚拟内存空间，并将其加载进内核设备文件系统中。

```c
int __init mem_init(void)
{
    int res;
    int devno = MKDEV(MEM_MAJOR, 0);        //通过主次设备号来生成dev_t
```

```
    mem_spkm = (char *)kmalloc(MEM_MALLOC_SIZE, GFP_KERNEL);//申请实存
    if (mem_spkm == NULL)
        printk(KERN_INFO"kmalloc failed!\n");
    else
        printk(KERN_INFO"kmalloc successfully! addr=0x%x\n", (unsigned
            int)mem_spkm);

    mem_spvm = (char *)vmalloc(MEM_MALLOC_SIZE);//申请虚存
    if (mem_spvm == NULL)
        printk(KERN_INFO"vmalloc failed!\n");
    else
        printk(KERN_INFO"vmalloc successfully! addr=0x%x\n", (unsigned
            int)mem_spvm);

    mem_cdev = cdev_alloc();                            //获取设备结构空间
    if (mem_cdev == NULL)
    {
        printk(KERN_INFO"cdev_alloc failed!\n");
        return 0;
    }
    cdev_init(mem_cdev, &mem_fops);
    mem_cdev->owner = THIS_MODULE;
    mem_cdev->ops = &mem_fops;
    res = cdev_add(mem_cdev, devno, 2);
    if (res)
    {
        cdev_del(mem_cdev);
        mem_cdev = NULL;
        printk(KERN_INFO"cdev_add error\n");
    }
    else
    {
        printk(KERN_INFO"cdev_add ok\n");
    }
    return 0;
}
```

(3) 编写模块的退出操作函数，其中主要包括删除设备结构；将 **mem_spkm** 所指向的内核实际内存空间释放；将 **mem_spvm** 所指向内核虚拟内存空间释放。

```
void __exit mem_exit(void)
{
    if (mem_cdev != NULL)
        cdev_del(mem_cdev); //删除设备结构
    printk(KERN_INFO"cdev_del ok\n");
    if (mem_spkm != NULL)
```

```c
        kfree(mem_spkm);              //释放实存空间
        printk(KERN_INFO"kfree ok!\n");

        if (mem_spvm != NULL)
            vfree(mem_spvm);          //释放虚存空间
        printk(KERN_INFO"vfree ok!\n");
}
```

(4) 编写设备文件结构中的打开设备操作函数，先判断要打开的设备的次设备号，即打开的是内核实存设备还是内核虚存设备。

```c
int mem_open(struct inode *ind, struct file *filp)
{
    if ((iminor(ind) % 2) == 0)       //获取次设备号
        printk(KERN_INFO"open kmalloc space\n");
    else
        printk(KERN_INFO"open vmalloc space\n");
    try_module_get(THIS_MODULE);      //模块计数加1
    return 0;
}
```

(5) 编写设备文件结构中的读设备操作函数，首先判断要读取的设备的次设备号，即读取的是内核实存设备还是内核虚存设备。然后将内核空间的内存内容复制到用户空间。

```c
ssize_t mem_read(struct file *filp, char *buf, size_t size, loff_t *lofp)
{
    int res = -1;
    char *tmp;
    struct inode *inodep;

    inodep = filp->f_d_inode;         //此处与2.6内核不同
    if ((iminor(inodep) % 2) == 0)    //获取次设备号
        tmp = mem_spkm;
    else
        tmp = mem_spvm;
    if (size > MEM_MALLOC_SIZE)
        size = MEM_MALLOC_SIZE;
    if (tmp != NULL)
        res = copy_to_user(buf, tmp, size);  //将内核空间的内存内容复制到用户空间
    if (res == 0)
        return size;
    else
        return 0;
}
```

(6) 编写设备文件结构中的写设备操作函数，先判断要写入的设备的次设备号，即写

入的是内核实存设备还是内核虚存设备，然后将用户空间的内存内容复制到内核空间。

```
ssize_t mem_write(struct file *filp, const char *buf, size_t size, loff_t
*lofp)
{
    int res = -1;
    char *tmp;
    struct inode *inodep;
    inodep = filp->f_inode;                        //此处与2.6内核不同
    if ((iminor(inodep) % 2) == 0)
        tmp = mem_spkm;
    else
        tmp = mem_spvm;
    if (size > MEM_MALLOC_SIZE)
        size = MEM_MALLOC_SIZE;
    if (tmp != NULL)
        res = copy_from_user(tmp, buf, size);//将用户空间的内存内容复制到内核
        空间
    if (res == 0)
        return size;
    else
        return 0;
}
```

（7）编写设备文件结构中的释放设备操作函数，先判断要释放的设备的次设备号，即释放的是内核实存设备还是内核虚存设备，然后使模块使用计数减1。

```
int mem_release(struct inode *ind, struct file *filp)
{
    if ((iminor(ind) % 2) == 0) //获取次设备号
        printk(KERN_INFO"close kmalloc space\n");
    else
        printk(KERN_INFO"close vmalloc space\n");
module_put(THIS_MODULE) ;           //模块计数减1
    return 0;
}
```

2．编写 Makefile

```
ifneq ($(KERNELRELEASE),)
obj-m += mem_kv.o
else
PWD := $(shell pwd)
KVER := $(shell uname -r)
KDIR := /lib/modules/$(KVER)/build
all:
    $(MAKE) -C $(KDIR) M=$(PWD)
```

```
clean:
    rm -rf *.o *.mod.c *.ko *.symvers
endif
```

3. 编写脚本文件，完成后续工作

编写 shell 脚本文件 setupenv.sh，完成模块的编译、安装、设备节的建立。

```
#setupenv.sh
make
echo "Make successfully!"
insmod mem_kv.ko       #插入模块

#建立主设备号为252，次设备号为0的设备文件挂载点：/dev/myalloc0
ls /dev/myalloc0 || {
    mknod /dev/myalloc0 c 252 0  && echo "/dev/myalloc0 was caeated successfully!"
    chmod 666 /dev/myalloc0
}

#建立主设备号为252，次设备号为1的设备文件挂载点：/dev/myalloc1
ls /dev/myalloc1 || {
    mknod /dev/myalloc1 c 252 1 && echo "/dev/myalloc1 was caeated successfully!"
    chmod 666 /dev/myalloc1
}
```

4. 执行

在 root 下执行 shell 脚本，其执行过程如图 16.6 所示。

```
root@localhost:/home/dell/exper/exp16/exp16-2# ./setupenv.sh
make -C /lib/modules/3.19.0/build M=/home/dell/exper/exp16/exp16-2
make[1]: 正在进入目录 '/usr/src/linux-3.19.3'
  LD      /home/dell/exper/exp16/exp16-2/built-in.o
  CC [M]  /home/dell/exper/exp16/exp16-2/mem_kv.o
/home/dell/exper/exp16/exp16-2/mem_kv.c: In function 'mem_init':
/home/dell/exper/exp16/exp16-2/mem_kv.c:62:56: warning: cast from pointer to int
eger of different size [-Wpointer-to-int-cast]
     printk(KERN_INFO"kmalloc successfully! addr=0x%x\n", (unsigned int)mem_spkm);
                                                          ^
/home/dell/exper/exp16/exp16-2/mem_kv.c:68:56: warning: cast from pointer to int
eger of different size [-Wpointer-to-int-cast]
     printk(KERN_INFO"vmalloc successfully! addr=0x%x\n", (unsigned int)mem_spvm);
                                                          ^
  Building modules, stage 2.
  MODPOST 1 modules
  CC      /home/dell/exper/exp16/exp16-2/mem_kv.mod.o
  LD [M]  /home/dell/exper/exp16/exp16-2/mem_kv.ko
make[1]:正在离开目录 '/usr/src/linux-3.19.3'
Make successfully!
insmod: ERROR: could not insert module mem_kv.ko: File exists
ls: 无法访问/dev/myalloc0: 没有那个文件或目录
/dev/myalloc0 was caeated successfully!
ls: 无法访问/dev/myalloc1: 没有那个文件或目录
/dev/myalloc1 was caeated successfully!
root@localhost:/home/dell/exper/exp16/exp16-2#
```

图 16.6 shell 脚本的执行过程

从图中可以看出，在执行"mknod /dev/myalloc0 c 252 0"命令前，"ls /dev/myalloc0"命令中的 myalloc0 是不存在的，因此提示"没有该文件或目录"，接下来由"mknod /dev/myalloc0 c 252 0"建立 myalloc0。这与接下来的主设备号为 252，次设备号为 1 的设备文件操作是相同的。

然后用 lsmod 命令查看模块 mem_kv 已经安装成功，如图 16.7 所示。如果模块列表过长，读者可以用 head 命令只显示了 lsmod 的前 5 行输出就可以看到模块 mem_kv。进入设备文件目录/dev，查看新创建的设备文件，图 16.8 所示为设备文件目录文件名，可以看到设备文件 myalloc0 和 myalloc1 创建成功。

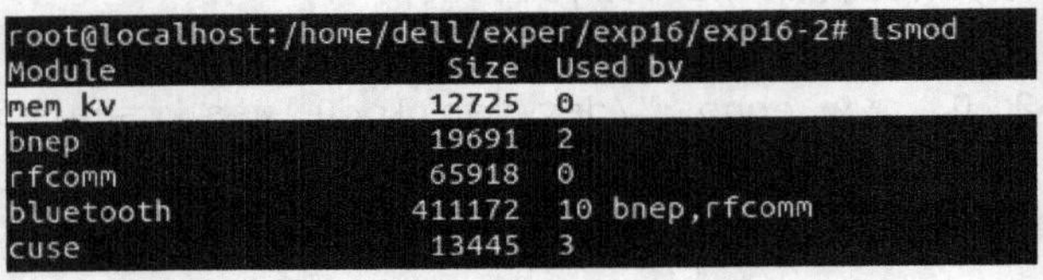

图 16.7　安装 mem_kv 后的模块列表

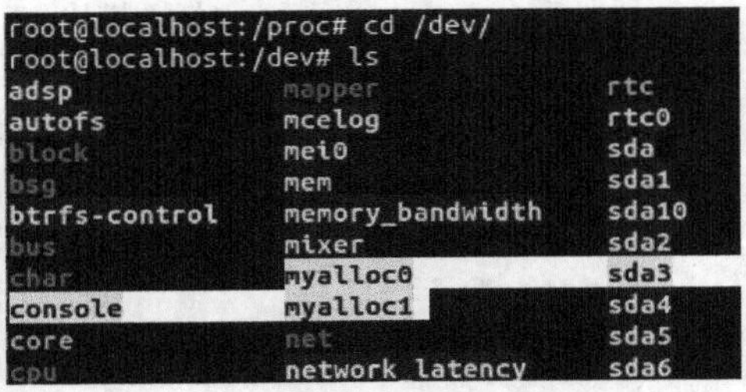

图 16.8　设备文件列表

再用 dmesg 命令查看系统信息，如图 16.9 所示，用 tail 命令只显示了系统信息的后三行输出。其中，用 kmalloc()申请的内核实存地址为 0x22fec000，用 vmalloc()申请的内核虚拟地址为 0x47ba000。

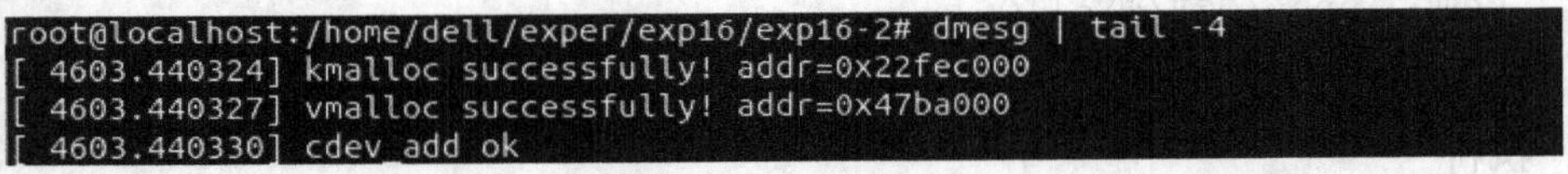

图 16.9　系统信息

5. 编写测试函数对内存设备进行测试

编写 mem_test.c 文件：

```
/*  mem_test.c  */
#include <unistd.h>
#include <stdio.h>
#include <stdlib.h>
#include <linux/fcntl.h>
int main(int argc, char **argv)
{
    int fd, cnt, whichfile = 0;
    char buf[256];
    if (argc > 1 && argv[1][0] == 'v')//根据输入参数的不同，给出相应的提示信息
    {
        whichfile = 1;
        printf("vmalloc testing.\n");
    }
```

```c
    else
    {
        whichfile = 0;
        printf("kmalloc testing.\n");
    }
    /*识别是对kmalloc还是对vmalloc申请的内存进行操作*/
    fd = open(whichfile == 1 ? "/dev/myalloc1" : "/dev/myalloc0", O_RDWR);
    if (fd == 0)
    {
        printf("File cannot be opened.\n");
        return 1;
    }
    cnt = read(fd, buf, 256);//读取256个字节
    buf[255] = '\0';
    if (cnt > 0)
        printf("Read: %s\n", buf);
    else
        printf("Read: >>Error<<\n");
    printf("Write: ");
    scanf("%s", buf);    //输入要写入的字符
    cnt = write(fd, buf, 256);
    if (cnt == 0)
        printf("Write Error!\n");
    cnt = read(fd, buf, 256);//读出上面写入的字符
    if (cnt > 0)
        printf("Read: %s\n", buf);
    else
        printf("Read: >>Error<<\n");
    close(fd);
    return 0;
}
```

编译 mem_test.c，不传参数直接执行 mem_test，其输出如图 16.10 所示。从图中可以看出，读写的内存为用 kmalloc()申请的实际内存。

```
root@localhost:/home/dell/exper/exp16/exp16-2# gcc4.9 mem_test.c -o mem_test
root@localhost:/home/dell/exper/exp16/exp16-2# ./mem_test
kmalloc testing.
Read:
Write: HelloKmalloc
Read: HelloKmalloc
root@localhost:/home/dell/exper/exp16/exp16-2#
```

图 16.10　kmalloc()测试

执行 mem_test，并传递参数 "v"，其输出如图 16.11 所示。从图中可以看出，读写的内存为用 vmalloc()申请的虚拟内存。

图 16.11　vmalloc()测试

再用 dmesg 命令查看系统信息，如图 16.12 所示，用 tail 命令只显示了系统信息的后 4 行输出，将输出信息与编写的内核模块进行对比分析，可以看出函数 kmalloc()和 vmalloc() 都被调用一次，验证了图 16.10 和图 16.11 的测试。

图 16.12　模块调用系统信息

16.4　思考与练习

（1）在 Linux 操作系统中，页面管理、内存区管理、非连续存储区管理之间的关系是怎样的？

（2）Linux 操作系统对物理内存的管理方式有哪几种，各使用了什么算法？

（3）动态存储管理有哪些优点？

（4）Linux 采用页面作为内存管理的基本单位，采用的标准的页面大小为 4KB，为什么取此值？

（5）Linux 解决内存碎片问题的伙伴算法的原理是什么？请举例说明。

（6）Linux 的 slab 内存分配模式的基本思想是什么？

（7）Linux 的内存管理函数 kmalloc()和 vmalloc()的区别有哪些？

（8）以模块方式向 Linux 内核中申请一个长度为 256 字节的内存设备文件，并对其时行读写，如果超过申请的长度，会发生什么现象？

第 17 章　　时钟定时管理

本章通过对 Linux 定时器原理的分析与实例验证，演示了 Linux 内核中的时钟和定时器管理机制。

学习本章要达到的目标：
（1）了解操作系统内核定时器的分类，熟悉实时时钟、时间戳计数器和可编程间隔定时器的硬件工作原理。
（2）理解 Linux 内核时钟节拍的含义。
（3）掌握 Linux 内核定时器的管理机制。
（4）掌握 Linux 定时器加载与使用方式。

17.1　　内核定时器分类

80x86 体系结构上，内核与时钟密切相关，与时钟相关的硬件有实时时钟（Real Time Clock，RTC）、时间戳计数器（Time Stamp Counter，TSC）、可编程间隔定时器（Programmable Interval Timer，PIT）、SMP 系统上的本地 APIC 定时器和高精度事件定时器（High Precision Event Timer，HPET）。

17.1.1　实时时钟 RTC

通常，所有的 PC 都包含实时时钟 RTC，一般是一个独立于 CPU 的专用芯片，它依靠独立于系统供电电源的小电池给 RTC 的振荡器进行供电，因此在关机时也能保证时间是正确的。即使关闭 PC 电源，也会继续运转。这些芯片一般与主板的 CMOS 芯片组集成在一个芯片中。例如，Motorala 146818，实时时钟中断是从 IRQ8 上引入的，能发出周期性的中断，频率在 2~8192 HZ 之间，可以对其编程实现计时。

17.1.2　时间戳计数器 TSC

在 80x86 微处理器中，有一个 CLK 输入引线，用来接收外部振荡器的时钟信号。从 Pentium 开始，很多 80x86 微处理器都引入了一个 TSC，这是一个 64 位的、用作时间戳计数器的寄存器，它在每个时钟信号（CLK）到来时+1。例如，时钟频率 1GHz 的微处理器，TSC 每隔 1ns 就加 1。在 Linux3.19.3 中，使用对 32 位操作的 rdtscl() 函数和 64 位操作的 rdtscll() 函数分别用来读取 TSC 的值。

17.1.3　可编程间隔定时器 PIT

在 IBM PC 中使用的是 8253 或 8254 定时计数器芯片，有关该芯片的详细知识请参阅相关芯片的用户手册。主要处理函数在内核源代码 linux3.19.3/kernel/time/timer.c 中。经过适当编程后，可以周期性地给出时钟中断。在 8254 CMOS 芯片中，使用 I/O 端口 0x40～0x43，进行数据控制和数据操作。

Linux 内核每隔一定的时间会周期性的发出中断，HZ 是用来定义每一秒有几次定量中断的。HZ 的定义在内核源码 linux3.19.3/include/uapi/asm-generic/param.h 中，如图 17.1 所示。如果 HZ 的值在编译内核时没有另行设定，则 HZ 的值为 100，代表每秒有 100 次定时中断，时钟节拍是 10ms，也就是每 10ms 中断一次。

```
#ifndef HZ
#define HZ 100
#endif

#ifndef EXEC_PAGESIZE
#define EXEC_PAGESIZE      4096
#endif

#ifndef NOGROUP
#define NOGROUP            (-1)
#endif

#define MAXHOSTNAMELEN     64        /* max length of hostname */
```

图 17.1　HZ 的定义

tick（滴答）是 HZ 的倒数，也就是发生两次定时中断的时间间隔。例如，HZ 为 100 时，tick 为 1/100=10ms。

jiffies 为 Linux 内核中的一个全局变量，用来记录从系统启动以来产生的节拍数，每发生一次定时中断，jiffies 变量就会被加 1。例如，如果要计算系统运行了多长时间，可以用 jiffies 除以时钟率来计算。jiffies 定义在 linux3.19.3/include/linux/jiffies.h 中：

```
extern u64 __jiffy_data jiffies_64;
extern unsigned long volatile __jiffy_data jiffies; /*
```

使用 volatile 限制符防止编译器的优华，每次正常从硬件中取数。Linux 内核定义几个宏(timer_after、time_after_eq、time_before 与 time_before_eq)，用来保证 jiffies 溢出后，由这几个宏正确的取得 jiffies 的实际内容。

x86 架构还定义一个与 jiffies 相关的变量 jiffies_64，此变量具有 64 位的位宽，要等到此变量溢位时可能需要几百万年。另外 jiffies 被对应至 jiffies_64 的低 32 位。因此，经由 jiffies_64 可以迅速取得 jiffies 的值，直接读取低 32 位就可以了。

17.1.4　SMP 系统上的本地 APIC 定时器

在 SMP 系统上，处理器的本地 APIC 还提供了定时设备：ACPI 定时器，该定时器也可以单次或周期性地产生中断信号。APIC 本地计时器是 32 位，相对于 16 位的可编程间隔定时器 PIT 来说，APIC 本地计时器可以提供更低频率的中断信号。

本地 APIC 只把中断信号发送给本地 CPU 进行处理，而 PIC 发送的中断信号任何 CPU 都可以处理。另外，APIC 定时器的信号源来自总线时钟信号，而 PIC 有自己的内部时钟振荡器。

17.1.5 高精度计时器

在 Linux 2.6 中增加了对高精度计时器 HPET 的支持。这个高精度计时器是一种由微软和 Intel 两公司联合开发的新型定时芯片。该设备有一组计时器，每个计时器对应自己的时钟信号，时钟信号到来时就会自动加 1。在高精度计时器 HPET 中，新的用来代替传统的中断定时器 8254(PIT)与实时时钟 RTC，全称叫作高精度事件计时器。在内核编译时，它是一个安全的选项，即使硬件不支持 HPET 也不会造成问题，系统会自动用定时计数器 8254 来替换。

17.2　内核时钟管理分析

17.2.1　时钟源及其初始化

x86 体系结构中，时钟源及其初始化的过程如图 17.2 所示。在 Linux 内核启动过程中，要对所有定时机制所用到的软硬件资源进行初始化。在 sart_kernel()函数中，对时钟滴答的初始化 tick_init、定时器相关初始化 init_timers、高精度定时器相关初始化 hrinit_timers、xtime 相关初始化 timekeeping_init、时间的初始化 time_init 以及时钟调度器相关的初始化 sched_colck_init，其中时间的初始化 time_init 包括获取时间及安装中断等操作。

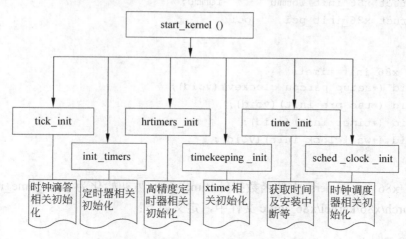

图 17.2　时钟源初始化

这里，时间的初始化函数 time_init( )在内核源码 linux3.19.3/arch/x86/kernel/time.c 文件中的定义如下：

```
void __init time_init(void)
{
    //给函数指针late_time_init赋值
    late_time_init = x86_late_time_init;
}
```

x86_late_time_init()函数的定义也在文件 linux3.19.3/arch/x86/kernel/time.c 文件中，定义如下：

```
static __init void x86_late_time_init(void)
{
    x86_init.timers.timer_init();
    tsc_init();
}
```

结构体变量 x86_init 及结构体 x86_init_ops、x86_init_times 的定义见文件 linux3.19.3/arch/x86/include/asm/x86_init.h 中，定义如下：

```
extern struct x86_init_ops x86_init;

struct x86_init_ops {
    struct x86_init_resources     resources;
    struct x86_init_mpparse       mpparse;
    struct x86_init_irqs          irqs;
    struct x86_init_oem           oem;
    struct x86_init_paging        paging;
    struct x86_init_timers        timers;
    struct x86_init_iommu         iommu;
    struct x86_init_pci           pci;
};

struct x86_init_timers {
    void (*setup_percpu_clockev)(void);
    void (*tsc_pre_init)(void);
    void (*timer_init)(void);
    void (*wallclock_init)(void);
};
```

结构体 x86_init_timers 中的函数指针 timer_init 被初始化为 hpet_time_init，见文件 linux3.19.3/arch/x86/kernel/x86_init.c 文件中，定义如下：

```
.timers = {
    .setup_percpu_clockev = setup_boot_APIC_clock,
    .tsc_pre_init         = x86_init_noop,
    .timer_init           = hpet_time_init,
    .wallclock_init       = x86_init_noop,
},
```

函数 hpet_time_init()在内核源码 linux3.19.3/arch/x86/kernel/time.c 文件中的定义如下，其中函数 setup_pit_timer()进行注册 pit_clockevent 为 Clockevent 设备，并设置 global_clock_event。函数 setup_default_timer_irq()设置默认的时钟中断，其定义也见上面文件。

```c
/* 带有高精度事件定时器的时钟源初始化 */
void __init hpet_time_init(void)
{
    if (!hpet_enable())
        setup_pit_timer();      //安装高精度时间定时器
    setup_default_timer_irq();
}
```

17.2.2 软定时器

Linux 的动态定时器是一种软定时器，可以动态地创建和删除，当前活动的动态定时器个数没有限制。软定时器也是建立在硬件时钟基础之上的。它记录以后的某一时刻要执行的操作，这一操作一般要勾挂到某一函数，当这一时刻真正到来时，相对应的函数能够被按时执行。

为了实现软定时器，每一次硬件时钟中断到达时，内核更新的 jiffies，然后将其和软件时钟的到期时间进行比较。如果 jiffies 等于或大于软件时钟的到期时间，内核就执行软件时钟指定的函数。

软定时器列表结构 timer_list 中记录软件时钟的到期时间以及到期后要执行的操作，其定义在 Linux 内核源码 linux3.19.3/include/linux/timer.h 中：

```c
struct timer_list {
    struct list_head entry;             //定时器链表的入口
    unsigned long expires;              //到期时间，以jiffies为单位
    void (*function)(unsigned long);    //勾挂函数，定时到期时所要执行的函数
    unsigned long data;                 //勾挂函数的参数
    struct tvec_base *base;             //记录软定时器所在的struct tvec_base变量
    ...
};
```

软定时器列表管理结构 struct tvec_base 用于组织、管理软定时器的结构。在 SMP 系统中，每个 CPU 占有一个。具体的成员的定义在内核源码 linux3.19.3/kernel/time/timer.c 中：

```c
struct tvec_base {
    spinlock_t lock;                        //软定时器的自旋锁
    struct timer_list *running_timer;       //当前正运行的软定时器
    unsigned long timer_jiffies;            //当前正运行的软定时器到期时间
    unsigned long next_timer;               //下一个运行的软定时器到期时间
    unsigned long active_timers;            //激活的运行的软定时器到期时间
    unsigned long all_timers;               //所有的运行的软定时器到期时间
    int cpu;  //定时器CPU编号
    tvec_root_t tv1;            //保存了到期时间在0～255个滴答节拍的所有软定时器
    tvec_t tv2;                 //保存了到期时间在256～$2^{14}-1$个滴答节拍的所有软定时器
    tvec_t tv3;                 //保存了到期时间在$2^{14}$～$2^{20}-1$个滴答节拍的所有软定时器
    tvec_t tv4;                 //保存了到期时间在$2^{20}$～$2^{26}-1$个滴答节拍的所有软定时器
```

```
    tvec_t tv5;                    //保存了到期时间在$2^{26}$~$2^{32}-1$个滴答节拍的所有软定时器
}
```

Linux 内核对软定时器进行动态管理与维护，软定时器的组织结构如图 17.3 所示。每个 CPU 都有一个 struct tvec_base 结构，每个结构都管理着不同到期时间的软定时器，同一到期时间的定进器以链表的形式存在。

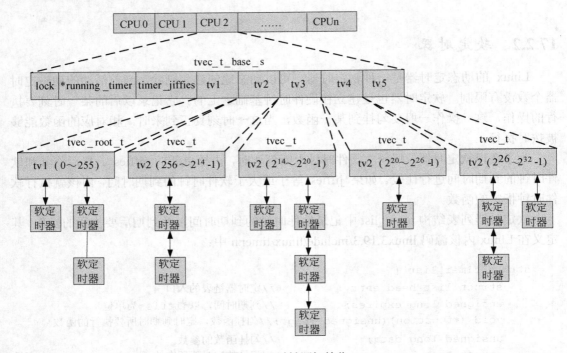

图 17.3 时钟源初始化

要创建并激活一个动态定时器，首先要创建一个新的 timer_list 对象，调用 init_timer() 进行初始化，并设置定时器的钩挂函数、参数和定时时间，将 add_timer 加入到合适的链表中，通常定时器只能执行一次，如果要周期性的执行，必须再次将其加入链表。

17.3 应用实例训练

17.3.1 编写测试实例

针对 Linux 时钟管理机制，设计了一个小测试实例：以模块的方式插入内核，实现定时器 my_timer1、my_timer2，定时器 my_timer1 的过期时间为$(1×HZ)$，并在定时器 my_timer1 中创建定时器 my_timer2，定时器 my_timer2 的过期时间为$(2×HZ)$。编写 timer_mod_test.c 文件如下。

头文件及函数声明：

```
#include <linux/module.h>
#include<linux/timer.h>
```

```
MODULE_LICENSE("GPL");
void my_timer1_function(unsigned long);
void my_timer2_function(unsigned long);
struct timer_list my_timer1; //定义定时器列表my_timer1
struct timer_list my_timer2; //定义定时器列表my_timer2
static int __init timer_init_module(void);
static void __exit timer_exit_module(void);
module_init(timer_init_module);
module_exit(timer_exit_module);
```

定义定时器 my_timer1 的过期函数 my_timer1_function()，并在此函数中创建定时器 my_timer2：

```
void my_timer1_function(unsigned long data){
    printk(KERN_INFO "In the my_timer1_function\n");
    printk(KERN_INFO " my_timer1 will create my_timer2\n");
    unsigned long j=jiffies;
    init_timer(&my_timer2);//初始化定时器my_timer2
    my_timer2.expires=j+2*HZ;//设置定时器my_timer2的过期时间
    my_timer2.data=&my_timer2;
    my_timer2.function = my_timer2_function;

    //设置定时器my_timer2的到期执行的函数my_timer2_function
    add_timer(&my_timer2);
    printk(KERN_INFO "my_timer2 init.\n");
    struct timer_list *mytimer = data;
    del_timer(mytimer);//删除my_timer1
    printk(KERN_INFO "my_timer1 was deleted.\n");
}
```

定义定时器 my_timer2 的过期函数 my_timer2_function()：

```
void my_timer2_function(unsigned long data){
    printk(KERN_INFO "In the my_timer2_function\n");
    struct timer_list *mytimer = data;
    del_timer(mytimer);//删除my_timer2
    printk(KERN_INFO " my_timer2 was deleted.\n");
}
```

定义安装模块初始化函数：

```
/*安装模块*/
int timer_init_module(void)
{
    printk(KERN_INFO "my_timer1 will be created.\n");
    unsigned long j = jiffies;
    init_timer(&my_timer1);//初始化定时器my_timer1
    my_timer1.expires = j + 1*HZ;//设置定时器my_timer1的过期时间
```

```
    my_timer1.data = &my_timer1;

    //设置定时器my_timer1的到期执行的函数my_timer1_function
    my_timer1.function = my_timer1_function;
    add_timer(&my_timer1);
    printk(KERN_INFO " my_timer1 init.\n");
    return 0;
}
```

定义退出模块函数：

```
/*退出模块*/
void timer_exit_module(void)
{
    printk(KERN_INFO "Goodbye  timer_mod_test\n");
}
```

17.3.2 编写 Makefile

编写编译模块的 Makefile 文件：

```
ifneq ($(KERNELRELEASE),)
obj-m +=timer_mod_test.o
else
PWD  := $(shell pwd)
KVER ?= $(shell uname -r)
KDIR := /lib/modules/$(KVER)/build
all:
    $(MAKE) -C $(KDIR) M=$(PWD)
clean:
    rm -rf *.o *.mod.c *.ko *.symvers
endif
```

17.3.3 编译及运行结果

在终端下运行 make 命令，编译后文件夹下多了一个 timer_mod_test.ko 文件，然后执行 insmod 命令进行插入模块，并用 lsmod 命令查看模块是否安装成功。安装成功如图 17.4 所示。

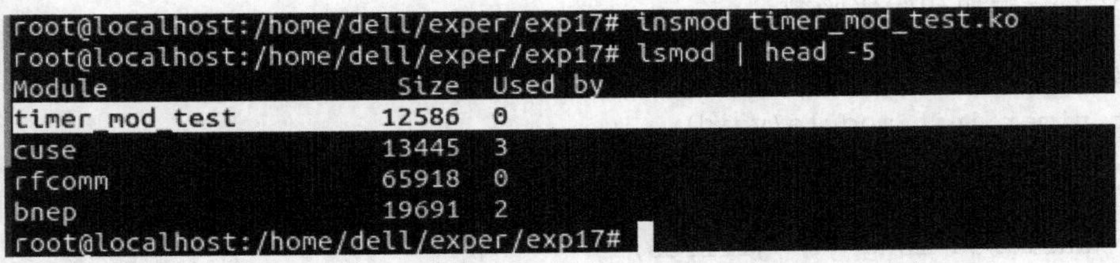

图 17.4 插入 timer_mod_test 模块

模块安装成功后,用 dmesg 命令查看系统信息,如图 17.5 所示。

```
root@localhost:/home/dell/exper/exp17# dmesg | tail -8
[ 4072.674257] <0> my_timer1 will be created.
[ 4072.674259] <0> my_timer1 init.
[ 4073.673173] <0> In the my_timer1_function
[ 4073.673185] <0> my_timer1 will create my_timer2
[ 4073.673188] <0> my_timer2 init.
[ 4073.673189] <0> my_timer1 was deleted.
[ 4075.677113] <0> In the my_timer2_function
[ 4075.677123] <0> my_timer2 was deleted.
root@localhost:/home/dell/exper/exp17#
```

图 17.5　插入 timer_mod_test 模块后系统输出信息

17.4　思考与练习

(1) 在 80x86 体系结构下,与内核时钟相关的硬件有哪几种?

(2) 在 Linux 内核启动过程中,要对所有定时机制所用到的软硬件资源进行初始化,分析内核源代码,说出都包括哪些初始化?

(3) Linux 内核对软定时器进行动态管理与维护,分析软定时器的组织结构,并分析 struct tvec_base 结构具体成员项的含义。

(4) 针对 Linux 时钟管理机制,设计测试实例,用模块的方式实现 5 个定时器,延时时间分别为 10×HZ、20×HZ、30×HZ、40×HZ、50×HZ。

第 18 章　设备驱动程序的编写

学习本章要达到的目标：
（1）了解 Linux 下设备驱动程序的原理。
（2）学习 Linux 3.19.3 内核下设备驱动程序编写方法。
（3）掌握用模块方式设计和加载驱动程序的方法。
（4）学会如何通过配置编译内核，将驱动添加进内核。

18.1　Linux 驱动程序

在 Linux 操作系统内核中，对设备的管理机制与文件的管理机制相同。设备驱动程序为相应的硬件提供应用程序的一组标准化接口，对于用户来说，它屏蔽了硬件设备工作的细节。应用程序通过标准化系统调用，进入 Linux 内核状态后，由内核调用相应的设备驱动程序实现对实际硬件设备的读、写、控制等操作。

18.1.1　驱动程序分类

Linux 系统的设备分为 4 种类型，分别是字符设备（Charater Device）、块设备（Block Device）、网络接口（Network Interface）、总线设备（Bus Device）。

1．字符设备

字符设备包括那些使数据成为数据流的设备，一般不使用缓存技术。在 Linux 系统下，字符设备驱动程序可以写成文件结构的形式，一般要实现打、关闭、读和写等系统调用的形式。典型的字符设备有串行接口和音频设备等。

2．块设备

块设备是可寻址的以块为单位访问的设备，一般使用缓存技术。一个块设备可以是一个文档系统。该类设备和字符设备一样，块设备与文档设备的差异在于其可被随机访问。也就是说，用户可查找在块设备中的任意位置。磁盘驱动器和光盘驱动器都是块设备，它们内部的文件指针可以指向设备内部的任何位置。当块设备通过文档系统来访问时，该应用接口也和字符设备相似。另外，块设备支持挂载（Mount）文件系统，如光驱或移动存储的挂载等。

3．网络接口

Linux 内核支持强大的网络功能，网络接口是其重要的一部分。网络接口是一个数据的中转站，每一个网络任务都经过一个网络接口形成，能够和其他主机进行数据交换。典型的网络接口有网卡设备。网络接口设备一般具有唯一命名，而且不能通过文件结构的形式来访问。在实际中,用户级应用程序能够访问内核网络堆栈,但不能直接访问网络接口设备。相应的通过维护内核网络堆栈,实现对网络接口的管理。

4. 总线设备

在 Linux 系统设备中,还有一类总线驱动程序,如 I2C、AMBA、PCI 等总线驱动程序,这些总线接口与上面的设备类型是有区别的,因为它们都有自己的协议和标准时序,在设计驱动时要与设备的标准严格对应。

18.1.2 驱动程序开发的注意事项

第 13 章描述了内核程序开发的注意事项,对于驱动程序开发不仅要遵守规则,而且要遵循以下规则:

- 名字空间。在 Linux 设备驱动程序开发时,要注意自己所定义的标号不要与全局内核名字空间中的命名发生冲突。一般情况下,设备驱动程序中所要导出的函数名前面加上驱动程序的名字或有一定含义的区别字符串,并且只导出将会被其他驱动程序使用的函数和变量。对于编程来说,养成良好的命名习惯,会便于以后的代码维护。
- 设备号。在 linux 内核下的设备都有一定的编号形式,一般由主设备号和次设备号组成。主设备号用来表明这是哪种设备,而次设备号表明这是哪个具体的设备。它们组成了设备的 ID,一个设备要有唯一主设备编号,主设备编号可以在程序开发时指定,也可以由操作系统来动态的分配。同一主设备号下面的次设备号是不同的,不同的主设备号下的次设备号可以相同。

18.1.3 设备目录

在 Linux 系统中驱动程序是以模块的形式体现出来的。关于模块的知识,在第 13 章中已经详细描述,所以这里不再介绍。

这些设备都以文件的形式存放在/dev 目录下,通过以下命令可以看到详细的信息。

```
ls -l /dev
```

执行上面的命令后,输出如图 18.1 所示。从图中可以看出字符设备用 c 来标识,块设备用 b 标识。第 1 列为设备文件权限;第 2 列为链接数即使用该设备的用户数;第 3 列当前用户;第 4 列为用户组;第 5 列为设备号,分为主设备号和次设备号,主设备号用来表明这是哪种设备,而次设备号表明这是哪个具体的设备,在这一列中,主设备号在前,次设备号在后,用逗号隔开;最后一列为设备名称。

新的专用设备文件节点是用 mknod 系统调用创建的,该系统调用可由同名工具命令来调用。语法如下:

```
mknod name type major minor
```

注意:只有 root 用户才有执行这个命令的权限。

```
user@localhost:~$ ls -l /dev
总用量 0
crw-rw-rw-   1 root root     14,  12  4月   6 14:36 adsp
crw-------   1 root root     10, 235  4月   6 14:35 autofs
drwxr-xr-x   2 root root         740  4月   6 14:35 block
drwxr-xr-x   2 root root          60  4月   6 14:35 bsg
crw-------   1 root root     10, 234  4月   6 14:35 btrfs-control
drwxr-xr-x   3 root root          60  4月   6 14:35 bus
drwxr-xr-x   2 root root        3800  4月   6 14:36 char
crw-------   1 root root      5,   1  4月   6 14:35 console
lrwxrwxrwx   1 root root          11  4月   6 14:35 core -> /proc/kcore
drwxr-xr-x   2 root root          60  4月   6 14:35 cpu
crw-------   1 root root     10,  60  4月   6 14:35 cpu_dma_latency
crw-------   1 root root     10, 203  4月   6 14:36 cuse
drwxr-xr-x   5 root root         100  4月   6 14:35 disk
drwxr-xr-x   2 root root         100  4月   6 14:35 dri
crw-rw-rw-   1 root root     14,   3  4月   6 14:36 dsp
crw-------   1 root root     10,  61  4月   6 14:35 ecryptfs
crw-rw----   1 root video    29,   0  4月   6 14:35 fb0
lrwxrwxrwx   1 root root          13  4月   6 14:35 fd -> /proc/self/fd
crw-rw-rw-   1 root root      1,   7  4月   6 14:35 full
crw-rw-rw-   1 root root     10, 229  4月   6 14:35 fuse
crw-------   1 root root    249,   0  4月   6 14:35 hidraw0
```

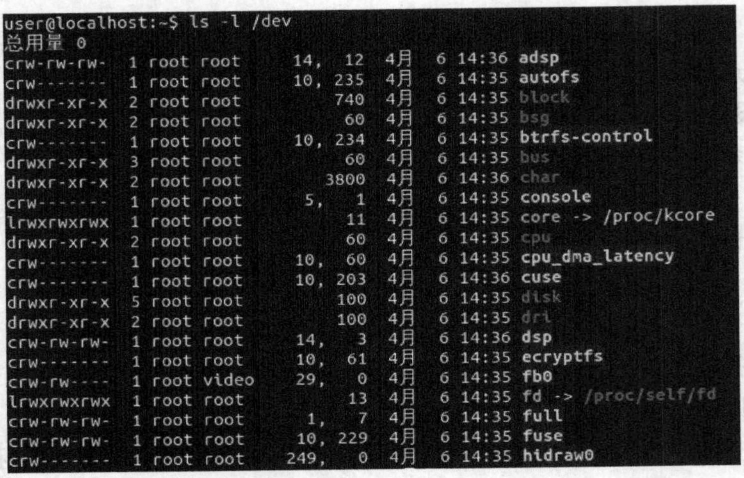

图 18.1　设备详细清单

18.2　Linux 驱动数据结构分析

18.2.1　Linux 驱动核心结构体

在 Linux 系统中，由于设备是以文件的形式进行管理的，所以设备的访问都需要经过文件系统来处理，这与设备的具体类型是无关的。在实际的访问中，无论其是否与文件系统直接有关，就像对普通文件的访问一样。因此设备驱动程序也需要将自己的功能映射成为文件操作，而这个映射在 Linux 中通过一个结构 struct file_operations 来完成。其在系统中的位置如图 18.2 所示。

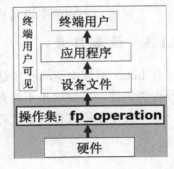

图 18.2　file_operations 在系统中的位置

下面是 Linux 3.19.3 内核中的 file_operations 结构体（路径 linux-3.19.3/include/linux/fs.h）所有可能的函数，但是一个驱动程序中并不是必须完成所有函数的映射，可以有选择的进行使用。

```
struct file_operations {
    struct module *owner;
    loff_t (*llseek) (struct file *, loff_t, int);
    ssize_t (*read) (struct file *, char __user *, size_t, loff_t *);
    ssize_t (*write) (struct file *, const char __user *, size_t, loff_t *);
    ssize_t (*aio_read) (struct kiocb *, const struct iovec *, unsigned long,
    loff_t);
    ssize_t (*aio_write) (struct kiocb *, const struct iovec *, unsigned
    long, loff_t);
    ssize_t (*read_iter) (struct kiocb *, struct iov_iter *);
```

```c
    ssize_t (*write_iter) (struct kiocb *, struct iov_iter *);
    int (*iterate) (struct file *, struct dir_context *);
    unsigned int (*poll) (struct file *, struct poll_table_struct *);
    long (*unlocked_ioctl) (struct file *, unsigned int, unsigned long);
    long (*compat_ioctl) (struct file *, unsigned int, unsigned long);
    int (*mmap) (struct file *, struct vm_area_struct *);
    void (*mremap)(struct file *, struct vm_area_struct *);
    int (*open) (struct inode *, struct file *);
    int (*flush) (struct file *, fl_owner_t id);
    int (*release) (struct inode *, struct file *);
    int (*fsync) (struct file *, loff_t, loff_t, int datasync);
    int (*aio_fsync) (struct kiocb *, int datasync);
    int (*fasync) (int, struct file *, int);
    int (*lock) (struct file *, int, struct file_lock *);
    ssize_t (*sendpage) (struct file *, struct page *, int, size_t, loff_t
        *, int);
    unsigned long (*get_unmapped_area)(struct file *, unsigned long,
    unsigned long, unsigned long, unsigned long);
    int (*check_flags)(int);
    int (*flock) (struct file *, int, struct file_lock *);
    ssize_t (*splice_write)(struct pipe_inode_info *, struct file *, loff_t
        *, size_t, unsigned int);
    ssize_t (*splice_read)(struct file *, loff_t *, struct pipe_inode_info
        *, size_t, unsigned int);
    int (*setlease)(struct file *, long, struct file_lock **, void **);
    long (*fallocate)(struct file *file, int mode, loff_t offset,
            loff_t len);
    void (*show_fdinfo)(struct seq_file *m, struct file *f);
};
```

关于这个结构中，写驱动时最常用的几项说明如下：

```c
struct module *owner;
```

这个域是用来设置指向"拥有"该结构的模块指针，内核使用该指针维护模块的使用计数。

```c
ssize_t (*read) (struct file *, char __user *, size_t, loff_t *);
```

read 调用用来从设备中读数据，需要提供字符串指针。从设备中读取数据时，成功返回所读取的字节数，read 等于 NULL 时，将导致调用失败，并返回-EINVAL。

```c
ssize_t (*write) (struct file *, const char __user *, size_t, loff_t *);
```

write 调用用来向字符设备写数据，需要提供所写指针内容。当向设备写入数据时，成功返回实际写入的字节数，write 等于 NULL 时，将导致调用失败，并返回-EINVAL。

```c
int (*ioctl) (struct inode *, struct file *, unsigned int, unsigned long);
```

ioctl 域用来设置控制设备的方式，提供用户程序对设备执行特定的命令的方法，可以完成设置设备驱动程序内部参数和控制设备操作特性的操作等，如控制光盘的弹出。需要提供符合设备预先定义的命令字。调用成功返回非负值。

```
int (*open) (struct inode *, struct file *);
```

open 调用用来打开设备，并初始化设备，准备进行操作。如果该方法没有实现，系统调用 open 也会成功的，但驱动程序得不到任何打开设备的通知。在实现中，可以给出一定的提示信息。

```
int (*release) (struct inode *, struct file *);
```

release 调用用来关闭设备，释放设备资源。当且仅当结构 struct file 释放时被调用，用来关闭一个文件或设备。

关于 file_operations 结构体中的其他域，本书没有介绍，请读者查阅相关的书籍进行学习。

file_operations 结构代表一个打开的文件，每一个打开的文件都对应一个 file_operations 结构。通常情况下，在内核中由 open 系统调用创建，由 close 系统调用关闭。

例如，一个简单的函数映射的格式：

```
struct file_operations xxxxx_fops = {
    read: xxxxx_read,
    write: xxxxx_write,
    open: xxxxx_open,
    release:xxxxx_release,
};
```

其中，xxxxx 表示用户自定义的命名字符串。

18.2.2 设备的内核操作函数

在 Linux 3.19.3 内核中使用 struct cdev 结构体来记录字符设备的信息，其定义格式如下：

```
struct cdev {
    struct kobject kobj;
    struct module *owner;
    const struct file_operations *ops;
    struct list_head list;
    dev_t dev;
    unsigned int count;
};
```

这个结构体包含了描述字符设备需要的全部信息。

- kobj：用来描述设备的引用计数，在终端中，可以通过 lsmod 命令显示模块相关的信息，其中包括引用计数。

- owner：描述模块的从属关系，指向拥有这个结构模块的指针，这个描述符只有对编译为模块方式的驱动才有意义。一般赋值为 THIS_MODULE。
- ops：描述字符设备的操作函数指针，也就是对应着前面所讲的 file_operations 结构体。
- list：描述与 cdev 对应字符设备文件 inode->i_devices 的链表表头。
- dev：描述字符设备的设备号。
- count：指定设备编号范围的大小。

Linux 内核提供了一些操作 struct cdev 对象的内核调用函数，内核编程时可以通过这些函数来操作字符设备，如设备的申请、设备内容的初始化、设备的添加、设备的删除等。这些函数定义在 linux3.19.3/linux/cdev.h 文件中，主要常用到的函数如下：

```
void cdev_init(struct cdev *, const struct file_operations *);
```

cdev_init：用于初始化一个静态分配的 cdev 结构的变量。初始化后，这个结构变量就可以被其他对象所用了。

```
struct cdev *cdev_alloc(void);
```

dev_alloc：用于动态申请并分配一个新字符设备 cdev 结构的变量，并对这个结构变量进行初始化。采用 cdev_alloc 分配的 cdev 结构变量还需初始化 cdev->owner 和 cdev->ops 对象。采用函数 cdev_init 会自动初始化 cdev->ops 对象，因此在应用程序只需要给 cdev->owner 对象赋值就可以了。另外，函数 cdev_init 初始化一个已经存在的 cdev 结构变量，而对于函数 cdev_alloc 来说，cdev 结构变量是之前不存在的，需要进行动态地申请。

```
int cdev_add(struct cdev *, dev_t, unsigned);
```

cdev_add：向 Linux 内核系统中添加一个新 cdev 结构的变量所描述的字符设备，并且使这个设备立即可用。

```
void cdev_del(struct cdev *);
```

cdev_del：从 Linux 内核系统中移除 cdev 结构的变量所描述的字符设备。如果字符设备是由函数 cdev_alloc 动态申请得到的，则会释放这段内存空间。

另外，Linux 内核还提供了一些建立设备文件的内核调用函数，内核编程时可以通过这些函数来操作字符设备，如设备逻辑类的建立、删除、设备目录的建立与删除等。这些函数的声明在 linux3.19.3/linux/device.h 中，主要常用到的函数如下：

```
#define class_create(owner, name)       \
({                                      \
    static struct lock_class_key __key; \
    __class_create(owner, name, &__key);\
})
```

class_create：是内核 API，用来创建设备的逻辑类。

```
void class_destroy(struct class *cls);
```

class_destroy：是内核API，用来删除设备的逻辑类。

```
struct device *device_create(struct class *cls, struct device *parent, dev_t
devt, void *drvdata, const char *fmt, ...);
```

device_create：是内核API，将逻辑设备(class_device)添加到*cls所代表的设备类中。在*cls所在目录下，建立代表逻辑设备的目录。

```
void device_destroy(struct class *cls, dev_t devt);
```

device_create：是内核API，将*cls所代表的设备类中的逻辑设备(class_device)删除，也就是删除在*cls设备类下的逻辑设备目录。

18.3　驱动程序实例训练

18.3.1　以模块的方式加载驱动程序

（1）首先创建头文件driver_insmod.c源文件，并编写代码。
① 声明文件包含、宏定义及变量定义。

其中，MEM_MAJOR是一个主设备号，这里采用静态获取主设备号，如果在当前的Linux系统下，主设备号246已经被某一个设备占用，需要重新选择一个其他的主设备号。

```
/*文件包含*/
#include <linux/module.h>
#include <linux/init.h>
#include <linux/kernel.h>
#include <linux/slab.h>
#include <linux/vmalloc.h>
#include <linux/fs.h>
#include <linux/cdev.h>
#include <asm/uaccess.h>
#include <linux/types.h>
#include <linux/moduleparam.h>
#include <linux/pci.h>
#include <asm/unistd.h>

MODULE_LICENSE("GPL");              //声明模块的许可证
#define MEM_MALLOC_SIZE    4096     //定义申请内存字节数
#define MEM_MAJOR          246      //定义主设备号
#define MEM_MINOR          0        //定义次设备号
char *mem_spvm;                     //定义内存指针mem_spvm
struct cdev *mem_cdev;              //定义设备对象mem_cdev
```

```c
struct class *mem_class;              //定义设备类mem_class
```

② 声明模块安装初始化和退出函数并定义设备驱动文件结构体。

```c
/*声明模块安装初始化和退出函数*/
static int  __init  driver_init_module (void);
static void __exit  driver_exit_module (void);
module_init(driver_init_module);
module_exit(driver_exit_module);

/*声明文件结构体中所用的域函数*/
static int mem_open(struct inode *ind, struct file *filp);
static int mem_release(struct inode *ind, struct file *filp);
static ssize_t mem_read(struct file *filp, char __user *buf, size_t size,
loff_t *fpos);
static ssize_t mem_write(struct file *filp, const char __user *buf, size_t
size, loff_t *fpos);

/*定义设备驱动文件结构体*/
struct file_operations mem_fops =
{
    .open = mem_open,
    .release = mem_release,
    .read = mem_read,
    .write = mem_write,
};
```

③ 编写模块的安装操作函数,主要包括将 mem_spvm 指向内核虚拟内存空间,并将其加载到内核系统设备中。

```c
int __init driver_init_module (void)
{
    int res;
    int devno = MKDEV(MEM_MAJOR, 0);
    mem_spvm = (char *)vmalloc(MEM_MALLOC_SIZE);
    if (mem_spvm == NULL)
        printk(KERN_INFO"vmalloc failed!\n");
    else
        printk(KERN_INFO"vmalloc successfully! addr=0x%x\n", (unsigned
int)mem_spvm);

    /*动态分配一个新的字符设备对象mem_cdev */
    mem_cdev = cdev_alloc();
    if (mem_cdev == NULL)
    {
        printk(KERN_INFO"cdev_alloc failed!\n");
        return 0;
```

```
    }

    /*初始化字符设备对象mem_cdev */
    cdev_init(mem_cdev, &mem_fops);
    mem_cdev->owner = THIS_MODULE;
    mem_cdev->ops = &mem_fops;

    /*向内核系统中添加一个新的字符设备mem_cdev */
    res = cdev_add(mem_cdev, devno, 1);
    if (res)
    {
        cdev_del(mem_cdev);
        mem_cdev = NULL;
        printk(KERN_INFO"cdev_add error\n");
    }
    else
    {
        printk(KERN_INFO"cdev_add ok\n");
    }

    /* 建立一个系统设备类 mem_class */
    mem_class = class_create(THIS_MODULE, "myalloc");
    if(IS_ERR(mem_class)) {
        printk("Err: failed in creating class.\n");
        return -1;
    }

    /* 注册设备文件系统，并建立设备节点 */
    device_create(mem_class, NULL, MKDEV(MEM_MAJOR,0), NULL, "myalloc");
    return 0;
}
```

④ 编写模块的退出操作函数，其中主要包括删除设备结构、设备文件及设备节点，将 mem_spvm 所指向内核虚拟内存空间释放。

```
void __exit driver_exit_module (void)
{
    if (mem_cdev != NULL)
        cdev_del(mem_cdev);          //从内核中将设备删除
    printk(KERN_INFO"cdev_del ok\n");
    device_destroy(mem_class, MKDEV(MEM_MAJOR, 0));  //删除设备节点及目录
    class_destroy(mem_class);        //删除设备类
    if (mem_spvm != NULL)
        vfree(mem_spvm);
```

```
        printk(KERN_INFO"vfree ok!\n");
}
```

⑤ 编写设备文件结构中的打开设备操作函数。

```
int mem_open(struct inode *ind, struct file *filp)
{
    printk(KERN_INFO"open vmalloc space\n");
    try_module_get(THIS_MODULE);      //模块使用计数加1
    return 0;
}
```

⑥ 编写设备文件结构中的读设备操作函数，读取内核存储空间，然后将内核空间的内存内容复制到用户空间。

```
ssize_t mem_read(struct file *filp, char *buf, size_t size, loff_t *lofp)
{
    int res = -1;
    char *tmp;
    struct inode *inodep;
    inodep = filp->f_dentry->d_inode;
    tmp = mem_spvm;
    if (size > MEM_MALLOC_SIZE)
        size = MEM_MALLOC_SIZE;
    if (tmp != NULL)
        res = copy_to_user(buf, tmp, size);//将内核空间的内存内容复制到用户空间
    if (res == 0)
        return size;
    else
        return 0;
}
```

⑦ 编写设备文件结构中的写设备操作函数，将用户空间的内存内容复制到内核空间。

```
ssize_t mem_write(struct file *filp, const char *buf, size_t size, loff_t
*lofp)
{
    int res = -1;
    char *tmp;
    struct inode *inodep;
    inodep = filp->f_dentry->d_inode;
    tmp = mem_spvm;
    if (size > MEM_MALLOC_SIZE)
        size = MEM_MALLOC_SIZE;
    if (tmp != NULL)
        res = copy_from_user(tmp, buf, size);   //将用户空间的内存内容复制到
```

内核空间
```
    if (res == 0)
        return size;
    else
        return 0;
}
```

⑧ 编写设备文件结构中的释放设备操作函数，给出提示信息，使模块使用计数减1。

```
int mem_release(struct inode *ind, struct file *filp)
{
    printk(KERN_INFO"close vmalloc space\n");
    module_put(THIS_MODULE);      //模块计数减1
    return 0;
}
```

（2）编写 makefile 如下：

```
ifneq ($(KERNELRELEASE),)
obj-m += driver_insmod.o
else
PWD := $(shell pwd)
KVER := $(shell uname -r)
KDIR := /lib/modules/$(KVER)/build
all:
    $(MAKE) -C $(KDIR) M=$(PWD)
clean:
    rm -rf *.o *.mod.c *.ko *.symvers *.order *.markers *~
endif
```

（3）编译并安装模块，安装后用 lsmod 命令查看安装的模块，如图 18.3 所示。

```
make
sudo insmod driver_insmod.ko
```

```
user@localhost:~/exper/exp18/driver_insmod$ lsmod
Module                  Size    Used by
driver_insmod           12738   0
cuse                    13445   3
rfcomm                  65918   0
bnep                    19691   2
bluetooth               411172  10 bnep,rfcomm
binfmt_misc             13939   1
i915                    898379  3
snd_hda_codec_hdmi      48094   1
snd_hda_codec_realtek   71545   1
snd_hda_codec_generic   57250   1 snd_hda_codec_realtek
```

图 18.3　driver_insmod 模块安装成功

执行上面的命令，查看设备文件是否建立成功，如图 18.4 所示，可以看到 myalloc 就是所建立的设备文件。

    ls /dev

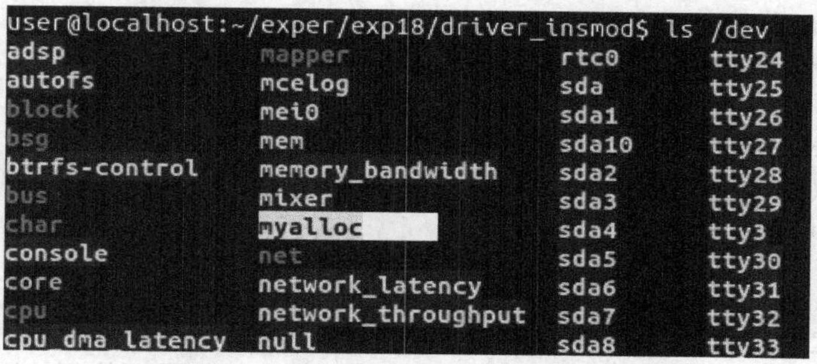

图 18.4 设备文件 myalloc 建立成功

18.3.2 测试驱动程序

编写测试函数对内存设备进行测试。
编写 driver_test.c 源程序：

```c
/* driver_test.c */
#include <unistd.h>
#include <stdio.h>
#include <stdlib.h>
#include <linux/fcntl.h>
int main(int argc, char **argv)
{
    int fd, cnt;
    char buf[256];
    printf("driver testing.\n");
    fd = open("/dev/myalloc", O_RDWR);  //以读写的方式打开设备
    if (fd == 0)
    {
        printf("File cannot be opened.\n");
        return 1;
    }
    cnt = read(fd, buf, 256);    //读取256字节
    buf[255] = '\0';
    if (cnt > 0)
        printf("Read: %s\n", buf);
    else
        printf("Read: >>Error<<\n");

    printf("Write: ");
    scanf("%s", buf);    //输入要写入的字符
    cnt = write(fd, buf, 256);
```

```
    if (cnt == 0)
        printf("Write Error!\n");
    cnt = read(fd, buf, 256);           //读出上面写入的字符
    if (cnt > 0)
        printf("Read: %s\n", buf);
    else
        printf("Read: >>Error<<\n");
    close(fd);
    return 0;
}
```

编译 driver_test.c，编译成功后执行 driver_test，其输出如图 18.5 所示。可以看出，读写的内存都是正常的。注意，执行程序时，必须要在 root 权限下执行，因为创建的设备文件/dev/myalloc 只有 root 用户拥有可读可写权限。

```
root@localhost:/home/dell/exper/exp18/driver_test# ./driver_test
driver test
Read: dsdsd
Write: Drivertesting
Read: Drivertesting
root@localhost:/home/dell/exper/exp18/driver_test#
```

图 18.5 驱动测试

18.4 编译时向内核添加新设备

18.3 节介绍模块的方式动态地将驱动加入内核，但这种方式加入的驱动程序，当系统重新启动时，还需要重新用模块的方式进行插入，如果系统内常用的设备驱动采用这种方式进行加载，就会很不方便。本节将介绍在内核编译时就把驱动加入内核。

设备驱动源程序编写以后，需要把它编译进内核。当用户需要打开设备时，还需要一个在/dev 目录的设备文件名称，这样驱动程序才能工作起来。下面分步介绍把驱动程序编译进内核及创建设备文件名称。关于内核的下载及编译内核的方法，请读者参考第 12 章的内容。

（1）首先在/usr/src/linux-3.19.3/drivers/目录下建立一个名称为 drivertest 的新目录，并设计驱动源程序 driver_kernel.c，为了方便，采用与 18.3 节相同的源程序。

（2）在新建的/usr/src/linux-3.19.3/drivers/drivertest 目录下建立一个新的配置文件 Kconfig 和工程管理 makefile 文件。

工程管理 makefile 文件根据 CONFIG_DRIVER_VMALLOC 宏来决定是否编译源文件，并输出目标模块文件。脚本内容如下：

```
#
# Makefile for the driver-myalloc.
#
obj-$(CONFIG_DRIVER_VMALLOC)     += driver_kernel.o
```

在 Kconfig 文件中，主要为内核配置提供选择开关；并定义 DRIVER_VMALLOC 宏，作为是否包含 myalloc 驱动的选项。myalloc 的配置文件 Kconfig 内容如下：

```
#
# DRIVER test subsystem configuration
#

menu "DRIVER KMALLOC support"
    config DRIVER_VMALLOC
    tristate "Driver_test is supported"
    ---help---
    Driver_test use vmalloc .
endmenu
```

（3）把 myalloc 设备驱动程序源文件 driver_kernel.c 放到新建的/usr/src/linux-3.19.3/drivers/drivertest/目录下，使步骤（2）建立的 Kconfig 文件、Makefile 文件和源文件同在一目录下，如图 18.6 所示。

（4）修改/usr/src/linux-3.19.3/drivers/Kconfig 文件，如图 18.7 所示，增加一行把 myalloc 配置作为驱动的一个选项，所添加的内容如下：

```
source "drivers/drivertest/Kconfig
```

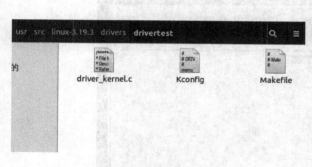

图 18.6 drivertest 目录

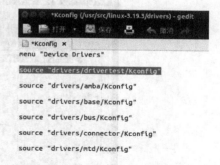

图 18.7 配置 drivers/Kconfig

（5）修改/usr/src/linux-3.19.3/drivers/Makefile 文件，在文件的最后，添加如下脚本：

```
obj-$(CONFIG_DRIVER_VMALLOC)    += drivertest/
```

这样使在编译 Linux 内核驱动时，能把 drivertest/ 目录包含进去。这里，使用了宏定义为 CONFIG_DRIVER_VMALLOC 判断是否包含，如图 18.8 所示。

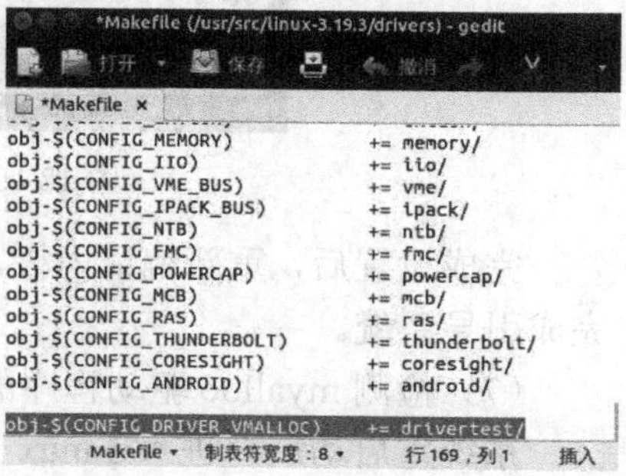

图 18.8 配置 drivers/Makefile

（6）完成以上修改后，make menuconfig 重新配置内核，包括加载新设备 myalloc，具体设置方法是：从 Device Drivers 中选择添加 myalloc

设备，其中 Device drivers 目录如图 18.9 所示。

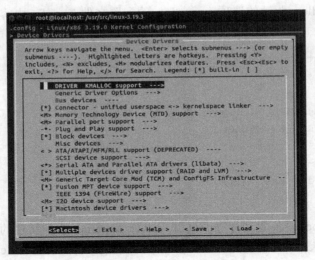

图 18.9　Device drivers 目录

在 Device Drivers 目录中，选择 DRIVER KMALLOC support 项，展开后如图 18.10 所示。按空格键，出现<*>，表示选择该驱动。

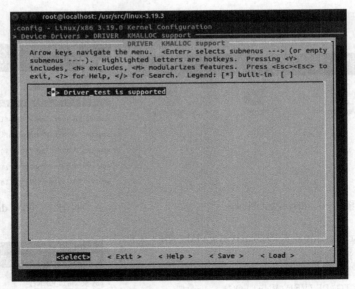

图 18.10　DRIVER KMALLOC support 目录

完成设置后，重新编译内核，生成映象文件 bzImage，按照第 12 章介绍的步骤安装并完成引导系统。

（7）检测 myalloc 驱动程序的安装。

系统重启动后，进入 Linux 3.19.3 启动选项。Linux 系统正确运行后，通过以下命令查看 myalloc 驱动程序安装结果：

```
ls -l /dev
```

如图 18.11 所示，在例表中找到 myalloc 则表示设备已添加进内核中。

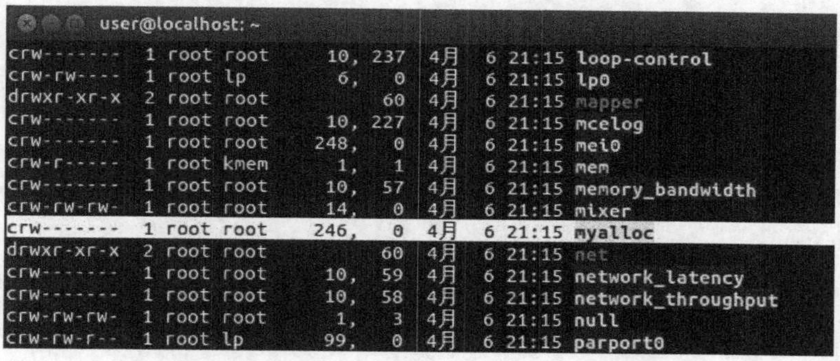

图 18.11 /dev 目录下设备文件列表

（8）测试 myalloc 驱动程序的正确性。

采用测试程序，进行测试，如图 18.12 所示，起初设备文件中没有内容，输出乱码，第一次测试输入 Driver_kernel_testing，读出 Driver_kernel_testing。第二次测试输出 Driver_kernel_testing，为原始内容，输出 Driver_kernel_testing_1，读取 Driver_kernel_testing_1，说明驱动是正确的。

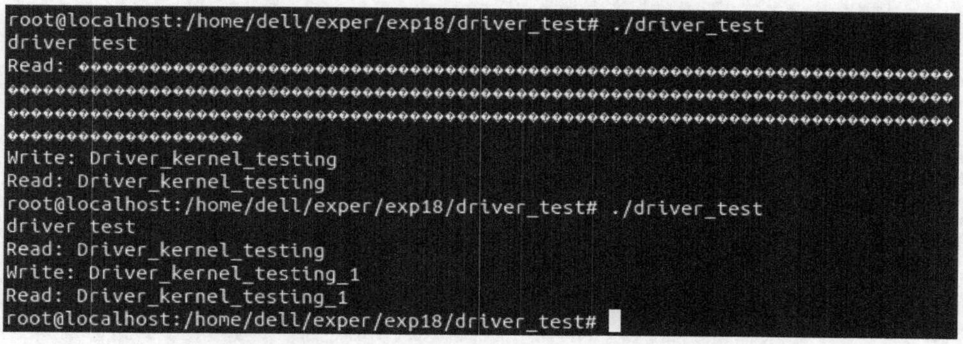

图 18.12 测试 myalloc 驱动的正确性

18.5 思考与练习

（1）Linux 操作系统下设备驱动程序分为哪几类？它们之间有什么区别？
（2）Linux 操作系统设备驱动程序是如何管理的？
（3）Linux 操作系统如何查看主设备号？
（4）分析 Linux 内核，说明 file_operations 结构体的功能，以及各个选项的含义。
（5）学习 Linux 3.19.3 内核下设备驱动程序编写方法，如何动态加载驱动程序到内核？
（6）下载 Linux 3.19.3 内核，将第（5）题编写的驱动程序编译进入内核。设计一个测试程序，验证其正确性。

第 4 部分　高级编程篇

图形界面、数据库操作、网络操作是当前应用程序常用的主流高级编程技术,在很多面向用户的应用程序中广泛运用。Linux 作为一种常用的操作系统,也支持这些编程技术。这一部分将介绍在 Linux 进行这些高级编程。

这里,完全可以不必为"高级"两个字所吓倒。所谓高级,并非完全指程序代码的复杂程度,而主要表示所使用的开发库是用来完成如图形界面、数据库、网络等高层应用编程。在进行高级编程之前,需要认真学习这些常用的高级编程模型。你需要熟悉这些模型的结构,掌握它们的思想,明白这些模型是怎样驱动高层基础应用的。通常,直接使用操作系统的操作接口会使编程非常复杂,本书采用了跨平台的开发库 QT 作为开发平台。本部分主要讲解以下内容:

- 第 19 章介绍图形界面的开发方法,这是进行高级编程的基础,目前几乎所有的民用应用程序都具有图形界面。
- 第 20 章介绍基于数据库程序的开发方法,数据库在目前的网络应用程序中被广泛使用。
- 第 21 章介绍 TCP 网络编程,介绍了以 CS 模式 Socket 模型进行的开发,Socket 模型被广泛应用在 CS 架构中。

第 19 章　Qt 图形界面设计

学习本章要达到的目标：
(1) 了解 Linux X-Windows。
(2) 掌握 Linux Qt 信号-Slot 机制。
(3) 熟悉 Qt5.4 编程，实现如图 19.1 所示单位转换工具。
(4) 熟练利用 Qt5.4 Creator 设计图形界面应用程序。

19.1　X-Windows 概述

图形化界面给用户带来了良好的体验，因此在面向个人日常使用的计算机系统中，图形界面变得越来越不可缺少。目前比较成熟的图形界面系统主要包括 Apple 公司的 Mac OS X 系统、Microsoft 公司的 Windows 系统和 IBM 的 OS/2 系统。在 UNIX 体系下，使用 X-Windows 作为图形界面系统。X-Windows，简称 X，最初由麻省理工学院开发，目前主要由开源社区的编程人员进行维护。X 是一种采用鼠标和键盘操作的桌面式图形系统，具有桌面、窗口、按钮、选择框、输入框等丰富的图形界面组件。

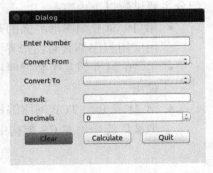

图 19.1　单位转换工具

X-Windows 环境采用了一种客户端/服务器的模型进行窗口图形界面的管理。图形界面启动过程中，会启动一个 X 服务器，该服务器进程作为 X-Windows 的守护进程，在 X-Windows 存续期间一直在运行，用来进行窗口的管理、通信的调用、界面的渲染等工作。当启动一个图形化界面的程序时，其实是打开了一个 X-Windows 的客户端，客户端连接到服务器上。X 服务器对其中所有注册的窗口进行管理，包括数据通信、界面渲染等。

X-Windows 的设计充分地考虑到了第三方应用开发的需求，提供了一套较为完整标准开发接口，这些开发接口屏蔽了硬件之间的不一致性。上层开发人员在一个通用的平台上进行图形界面的应用设计，而不需要考虑硬件。

19.2　Qt 编程

19.2.1　概述

Qt 是一套跨平台的图形界面开发框架，最早由挪威的 TrollTech 公司于 1992 年进行开发。2008 年 6 月，Nokia 公司获得了 Qt 的开发权，继续对 Qt 框架进行开发。2012 年，Qt

被 Digia 公司收购。2014 年 4 月，跨平台集成开发环境 Qt Creator 3.1.0 正式发布，实现了全面支持 iOS、Android、WP。Qt 图形界面开发框架可进行嵌入式系统应用程序和桌面系统应用程序的开发，支持 Windows、Linux/X11、Mac OS X 等操作系统。

Qt 采用 C++语言，包含了丰富的 C++ 类，包括窗口界面设计的接口、IO 控制接口、绘图接口、多媒体接口、数据库操作接口、网络通信接口、XML 接口、模块测试接口等丰富的开发接口。软件研发人员通过使用这些接口，可以方便、高效地完成应用的设计与开发。由于采用 C++语言，Qt 具有较高的执行效率。此外，不同平台间的 Qt 开发接口是相同的，因此，可以有效地降低 Qt 应用程序跨平台开发的移植成本。

Qt 不仅仅是一个图形界面开发类库，还是一套拥有相对完整开发工具的开发环境。Qt 提供了丰富的开发工具，以提高应用设计开发人员的工作效率和设计体验。这些工具包括界面设计工具 Qt Designer 等。在 Qt 4.5 版本中还加入了 Qt 程序开发的 IDE 环境 Qt Creator，以及与其他开发工具的扩展插件，可以支持 Visual Studio 和 Eclipse 等常用开发工具。本章将从一个 Qt 较新的版本 5.4 入手，进行 Qt 开发的学习。

19.2.2　Qt Creator

Qt Creator 是 Qt 程序的可视化开发工具。Qt Creator 可以方便地完成 Qt 工程的建立与管理，Qt 窗体程序的界面设计、Qt 程序的调试等完整的 Qt 应用开发流程。Qt Creator 具有所见即所得的界面开发环境，可以通过鼠标拖曳的方式完成界面的设计。Qt Creator 将较为烦琐的开发过程转化为大量的图形化操作，使得程序开发人员更加关注应用的逻辑设计，有效地提高应用的设计效率。Qt Creator 界面如图 19.2 所示。

19.2.3　Qt 信号与 Slot 机制

1．概述

Qt 中采用了一种全新的对象和方法的关联与通信机制，也称为信号与槽机制。信号和槽机制是独立于标准 C++编译器的，在编译之前需要经过 Qt 的专门预处理工具 MOC（Meta Object Compiler，元组建编译器）对代码进行预处理后才能进行 C++代码的编译。MOC 会将 Qt 应用程序中特有的代码自动转化为相应的标准 C++语法代码。

信号和槽的概念是 Qt 编程中最有代表性的特点之一。通常，GUI 编程中使用回调函数进行事件的处理。回调函数通常是一个函数指针，不同的事件、不同的对象都有着各自的回调函数。当事件到来时，系统会通过调用回调函数，完成相应的处理。Qt 引入了信号和槽机制取代回调函数。凡是继承自 QObject 的类都可以具有信号和槽成员，并可以使用它们。信号和槽的使用可以有效地减少函数指针的使用，程序代码清晰简洁，对于事件响应管理更加容易。此外，信号和槽没有严格地规定函数的类型，因此在调用过程中是安全的。

信号和槽的使用可以实现信息封装，增加程序的灵活性。信号和槽都采用函数作为其存在形式。在 Qt 程序初始化或运行的过程中，可以静态或动态地将信号和槽相关联。当某一事件到来时，信号会被发射，但是发射后，它并不需要关心信号的处理者是谁。当槽函数被触发时，说明与其关联的信号被接收，但它不需要了解谁发出了信号，只需要负责进行相应的处理即可。

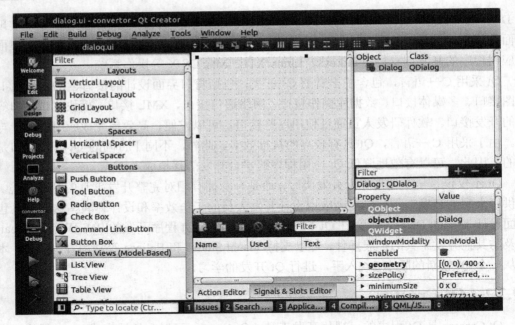

图 19.2 Qt Creator 界面

2. 信号

信号是 Qt 中对事件的一种抽象，当一个事件到来时，信号会被发射。所谓的信号被发射，就是通过 Qt 中特有的通信机制，调用和信号相关的各个槽函数。因此，当信号被发射时，与其关联的槽函数会被执行。信号采用函数的形式，当所有与信号关联的函数全部返回后，信号函数才会返回。信号函数在形式上与标准 C++中的虚函数类似，信号函数只有头文件中函数的声明，而没有函数的定义（即函数体）。信号的声明形式如下：

```
signal:
    void MySignal();
    void MySignal(int x);
    void MySignalParam(int x, int y);
```

信号的声明与普通的 C++函数无异，它不限制参数的个数与参数的类型，同时它支持重载。不过信号的返回只要求必须为 void 型，因为事件是一种中断，对于突发性的中断，不可能期望它有什么返回值。

3. 槽

槽是 Qt 中负责信号处理的实体，当有信号发出时，与信号关联的所有槽会依次执行。槽也采用函数的形式，不过槽需要有实际的函数定义，相当于在标准 C++中对虚函数的多态实现。槽函数的声明形式如下：

```
public slot:
    void MySlot();
    void MySlot(int x);
    void MySlotParam(int x, int y);
```

与信号相同，槽函数的定义同普通的 C++函数无异，支持 C++函数的一些特性。同时，槽函数可以采用标准 C++函数的使用方式，在代码中直接调用。槽函数具有访问权限的标识，它们同 C++类的成员函数的标识相同，分别为 public、protected 和 private。public 说明该槽函数可以被其他类的信号所关联，protected 说明只能被类本身和其子类的信号所关联，private 说明该槽函数只能被类本身的信号所关联。

在 Qt 的基类 QObject 中有一个成员函数用来完成信号和槽的映射，函数的原型如下：

```
#include <QObject>
static bool QObject::connect (const QObject *sender, const char *signal,
const QObject *receiver, const char *member);
```

其中，sender 和 receiver 分别指定了被关联的信号和槽的发送者和接受者；signal 是信号，Qt 要求必须使用宏 SINGAL 将信号函数指针转化为指定的类型；member 是槽，Qt 要求必须使用宏 SLOT 转化函数指针。宏 SINGAL 和 SLOT 的参数形式如下：

```
SIGNAL(funname(param_type_1, param_type_2, …))
SLOT(funname(param_type_1, param_type_2, …))
```

其中，funname 是函数名；param_type_x 是函数中对应参数的类型。

19.3　Qt 安装方法

1. 选择下载类型

Qt 5.4 分为免费版、专业版和企业版三种版本，其中免费版是开源软件，可以从 Qt 网站上直接下载。首先，打开 Qt 下载的网页，网址为 http://qt-project.org 或 http://www.qt.io/download，如图 19.3 所示。

图 19.3　Qt 的下载类型选择页面

2. Qt 下载

选择页面中 Community 下的 Download 链接，会看到页面左下方是 Qt 推荐的下载链接，单击下方 View All Downloads 可以查看能下载的所有版本，如图 19.4 所示。其中包括 Qt

开发库、Qt 开发 IDE 和 Qt 开发工具等。为了安装方便，下载完整开发包。这里根据系统的实际情况选择下载 32 位 Linux 安装包或 64 为 Linux 安装包。本书以 32 位为例，选择 Qt5.4.1 for Linux 32-bit (546 MB)，弹出下载页面，如图 19.5 所示。

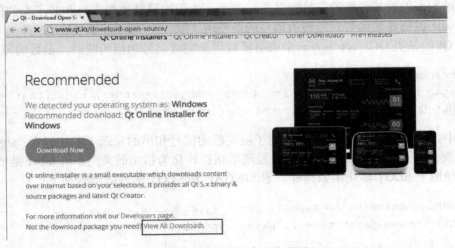

图 19.4　Qt 免费版本下载页面

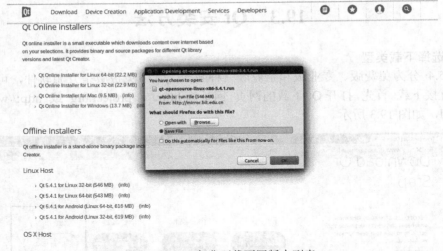

图 19.5　Qt 免费下载不同版本列表

3．Qt 安装

下载完毕后，将该文件复制到 /tmp 目录下，然后打开终端，输入以下命令进行安装（安装前最好切换到 root 用户下）。

```
su
root用户的密码
cd /tmp
./qt-opensource-linux-x86-5.4.1.run
```

稍等片刻，系统会弹出安装界面，如图 19.6 所示。

接下来所有的安装过程将会使用图形界面完成，这个过程相对简单。

单击 Next 按钮进入 Installation Folder（选择安装路径）页面，如图 19.7 所示，这里可以改变安装路径，建议用户使用默认路径。

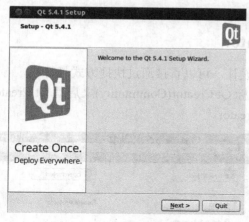 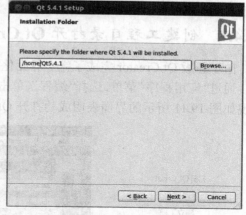

图 19.6　Qt 5.4 安装界面　　　　　　图 19.7　安装路径选择

单击 Next 按钮进入 Select Component（选择组件）页面，如图 19.8 所示，可以选择安装的组件，可供选择的组件有"Qt 开发库"。这里使用默认的选项，将所有组件全部安装。

单击 Next 按钮进入 License Agreement（协议许可确认）页面，如图 19.9 所示。在阅读许可协议之后，选择 I have read and agree to the terms contained in the license agreeements 单选按钮，如果选择另一项则退出安装。

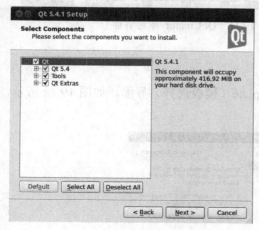 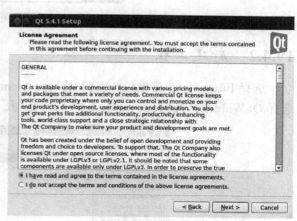

图 19.8　选择组件　　　　　　图 19.9　Qt 5.4 许可协议确认

单击 Next 按钮进入确认安装页面，该页面没有选项，用来提示用户下一步将要进行安装。如果用户有需要修改的选项，可以单击 Back 按钮回到之前的页面进行修改。单击 Next 按钮开始安装，安装会持续一段时间。当系统提示安装结束后便可以退出 Qt 5.4 的安装界面。至此，Qt 5.4 的环境安装结束。

Qt5.4 较之前的版本进行了优化，不再需要进行 qmake 的连接。

19.4 应用实例训练

实例开发总体步骤如图 19.10 所示。

19.4.1 创建工程目录打开 Qt Creator

由于新版 Qt Creator 完成了完全界面化的设计，可以直接通过快捷方式打开它，通过"应用程序"菜单，选择"编程"、单击图标 Qt Creator(Community)来启动 Qt Creator。出现如图 19.11 所示的界面表明成功打开 Qt Creator。

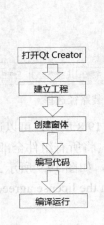

图 19.10 实例开发总体步骤

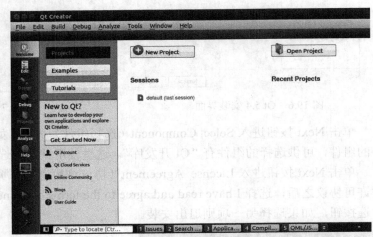

图 19.11 Qt Creator 欢迎界面

19.4.2 新建工程

选择 File→New 菜单项，出现 Choose a template（模板选择）界面，如图 19.12 所示，选择 Qt Widgets Application，单击 Choose 按钮。

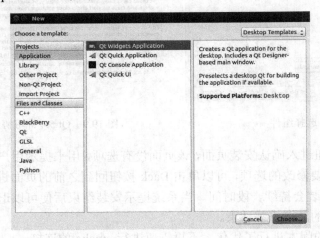

图 19.12 Choose a template 设置

在 Introduction and Project Location（介绍和项目选址）页面，单击 Next 按钮，如图 19.13 所示。

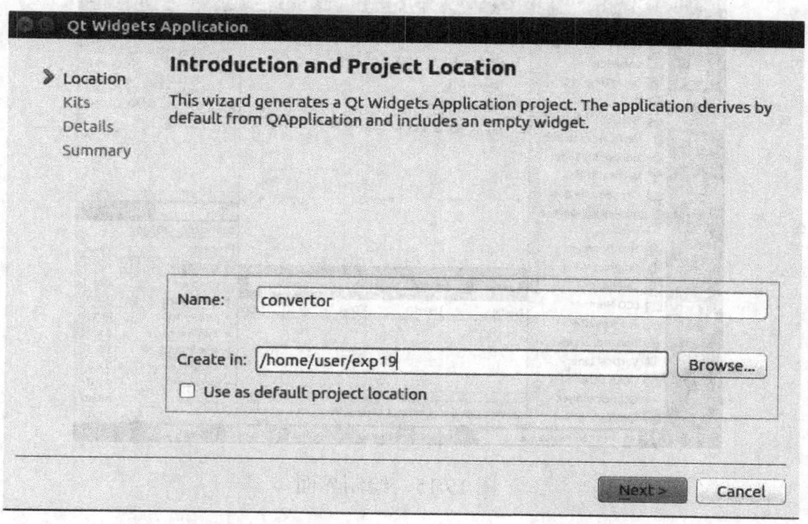

图 19.13　Introduction and Project Location 设置

出现 Class Information（类信息）页面，单击 Next 按钮，如图 19.14 所示。

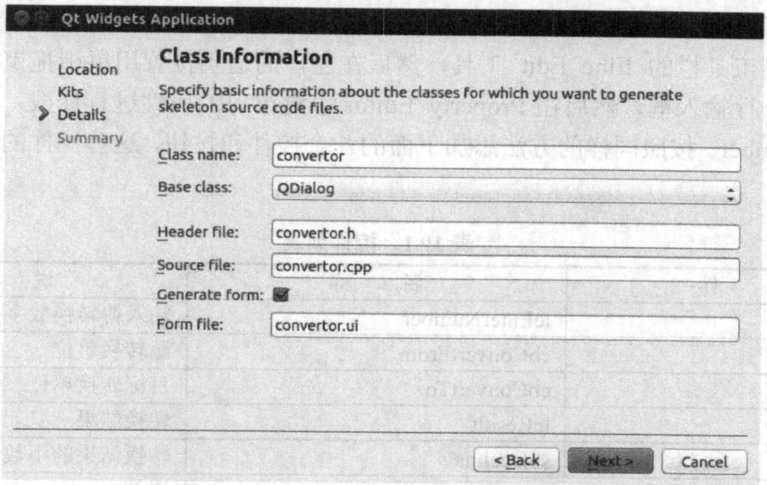

图 19.14　Class Information 设置

后面的选项全部选择默认设置即可创建新工程。

19.4.3　绘制窗体

1. 绘制窗体

按照之前的步骤建立工程后，单击 Edit 菜单，选择 Forms→Convertor.ui，这时 Qt 打开设计界面，如图 19.15 所示。在 Property 中对窗口的属性进行修改，修改 Name 项为 frmMain；修改 Caption 项为"单位换算"。至此一个窗体就创建完毕，可以拖曳屏幕上窗体的边框来改变窗体的大小，让它更适于设计。

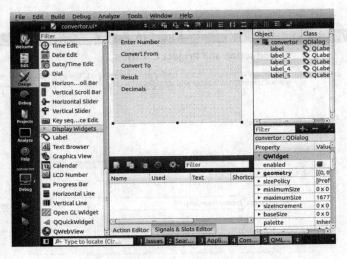

图 19.15 绘制界面

下面向窗体中添加控件。添加控件的方法非常简单，采用拖曳的方式即可。从屏幕左侧的工具栏选择 Text Label，然后在窗口的适当位置用鼠标拖曳出一个标签。双击标签，弹出 Text Editor 窗口，输入 Enter Number 然后单击 OK 按钮返回主窗口，窗口中的标签已经被修改成了 Enter Number。按照同样的方法添加其他几个标签。

选择左侧工具栏的 Line Edit 工具，然后在窗口的适当位置用鼠标拖曳出一个行输入框。选中这个行输入框，然后在 Property Editor 中对窗口的属性进行修改，修改 Name 项为 leEnterNumber。按照同样的方法添加下面的几个控件和按钮，这些控件的说明如表 19.1 所示。

表 19.1 控件列表

控 件	名 称	说 明
LineEdit	leEnterNumber	输入待转换数字文本框
ComboBox	cbConvertFrom	源转换单位
ComboBox	cbConvertTo	目标转换单位
LineEdit	leResult	转换结果
SpinBox	sbDecimals	转换结果的小数位数
PushButton	pbClear	清楚
PushButton	pbCalculate	开始转换
PushButton	pbQuit	退出

最终窗体的效果如图 19.16 所示。

2. 向组合框（Combo Box）添加选项

右击 cbConvertFrom 和 cbConvertTo，选择 Edit，打开"编辑组合框"对话框，如图 19.17 所示。添加要转换的单位。对 cbConvertFrom 添加 KiloMeters、Meters、CentiMeters、MilliMeters，同理对 cbConvertTo 添加 Miles、Yards、Feet、Inches。

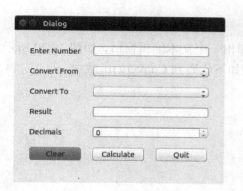
图 19.16 绘制窗体

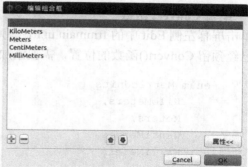
图 19.17 添加 ComboBox 的选项

到此，整个窗口的绘制工作结束。可以使用 Preview 菜单项来浏览所绘制的窗口。

19.4.4 编写代码

1．添加槽处理函数

选择 Edit 菜单中的 Slot 选项，弹出 Edit Slots 对话框，在这个对话框中添加槽函数。单击对话框中的 New Function 按钮，在 Function 中填写 convert()，其他选项保持默认值，如图 19.18 所示。这样，就添加了槽函数 convert。

2．建立信号-槽的映射

通过菜单项 Tools→Connect Signal/Slots 打开信号-槽的映射窗口。单击窗口右侧的 New 按钮，在 Connections 中出现了一个新行。依次在这个行各个列的下拉列表中选择相应的内容。例如，在 Sender 中选择 pbClear，在 Signal 中选择 clicked()，在 Receiver 中选择 cbConvertFrom，在 Slot 中选择 clears()。它的含义是当 pbClear 发出 clicked 信号（即用户单击 Clear 按钮时），执行 cbConvertFrom 的 clear()操作。按照同样的方法添加其他映射。所有的映射添加完毕后，窗口如图 19.19 所示。

图 19.18 添加槽函数

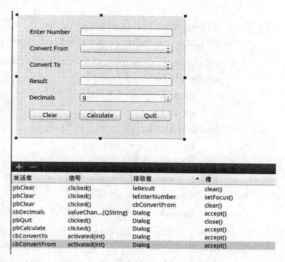
图 19.19 建立信号-槽映射

3. 编辑 Convert 函数

单击屏幕左侧 Edit 中的 frmmain.ui.h，会弹出一个文本编辑窗口，如图 19.20 所示。窗口中已经预留 Convert()函数的位置，需要添加如下代码到 Convert()函数中。

```cpp
enum MetricUnits {
    KiloMeters,
    Meters,
    CentiMeters,
    MilliMeters
};
enum OldUnits {
    Miles,
    Yards,
    Feet,
    Inches
};
double input = leEnterNumber->text().toDouble();
double scaledInput = input;
// internally convert the input to millimeters
switch ( cbConvertFrom->currentItem() ) {
case KiloMeters:
    scaledInput *= 1000000;
    break;
case Meters:
    scaledInput *= 1000;
    break;
case CentiMeters:
    scaledInput *= 10;
    break;
}
//convert to inches
double result = scaledInput * 0.0393701;
switch ( cbConvertTo->currentItem() ) {
case Miles:
    result /= 63360;
    break;
case Yards:
    result /= 36;
    break;
case Feet:
    result /= 12;
    break;
}
int decimals = sbDecimals->value();
leResult->setText( QString::number( result, 'f', decimals ) );
leEnterNumber->setText( QString::number( input, 'f', decimals ) );
```

图 19.20 代码编辑窗口

4. 为项目添加 C++主文件

选择 File 菜单中的 New 选项,然后选择 C++ Source File,如图 19.21 所示。单击 Choose 按钮,名字命名为 main.cpp,这个文件提供程序的入口函数。在添加过程中,Qt 提示选择主窗口,这里选择 frmMain 即可。

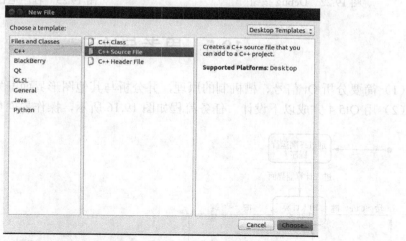

图 19.21 添加 C++文件

main.cpp 文件如下:

```
#include <qapplication.h>
#include "frmmain.h"

int main( int argc, char ** argv )
{
    QApplication a( argc, argv );
    frmMain w;
    w.show();
```

```
        a.connect( &a, SIGNAL( lastWindowClosed() ), &a, SLOT( quit() ) );
        return a.exec();
}
```

19.4.5 编译运行

在 Qt Creator 中，单击左下角 Debug 编译，程序编译后，绿色运行按钮显示程序结果。Debug 按钮及绿色运行按钮如图 19.22 所示。

程序运行界面如图 19.23 所示。在 Enter Number 文本框中输入数字 1000，在 Result 框中就会出现转换后的结果。

图 19.22　Debug 按钮

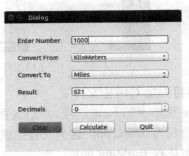

图 19.23　程序运行界面

19.5　思考与练习

（1）简要分析 Qt 信号、槽机制的原理，并分析与其他图形界面开发工具的区别。

（2）用 Qt5.4 完成以下设计。任务流程如图 19.16 所示，操作界面如图 19.17 所示。

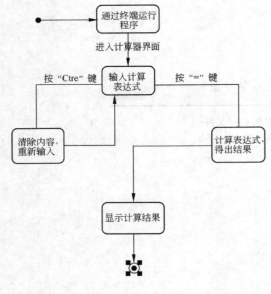

图 19.24　任务流程

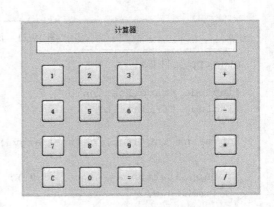

图 19.25　操作界面

第 20 章　MySQL 数据库设计与编程

本章利用 MySQL 数据库和 Qt 联合开发了一个火车站点查询程序。
学习本章要达到的目标：
（1）熟悉 QT SQL 编程，熟练运用 Qt SQL 类库创建数据库应用。
（2）通过开发如图 20.1 所示的数据库应用程序，掌握 MySQL 的基本使用方法。
（3）学会用 MySQL 创建小型或中型数据库，并实现数据库管理。

图 20.1　火车时刻表查询系统

20.1　MySQL 的特性

MySQL 是当前非常流行的关系型数据库管理系统，由瑞典 MySQL AB 公司开发，目前属于 Oracle 公司的子公司。相对于其他数据库产品，MySQL 具有许多明显的优点。这些优点提高了基于 MySQL 应用的开发效率和数据存取的效率，有效地提高了系统的性能，降低了数据库开发和维护的成本。

1．数据类型

MySQL 支持多种数据类型，包括整型、浮点型、十进制、字符串、日期时间等。各种类型的数据支持多种数据长度。此外，MySQL 还支持变长数据。MySQL 支持枚举（ENUM）和集合（SET）类型，枚举类型用来表示单选择数据，集合用来表示多选择数据。

通过合理地分配内存，MySQL 可以采用较少的存储空间对这些数据进行存储。多样而又灵活的数据类型支持，使 MySQL 能够更好地进行数据的表达和存储。

2．功能强大

对于数据类型的支持是作为一个优秀的数据库软件的基础，作为一个优秀的数据库还必须具有强大的功能以满足应用的需求。MySQL 虽然是一款小型数据库，但仍旧包含了一些强大的特性。

在数据存储方面，MySQL 支持表和索引的分区、分散内存缓冲、超高速加载工具等多种功能，这些特性在后台自动工作，对用户透明，极大地提高了 MySQL 数据存储的效率。

在 SQL 语句的执行方面，MySQL 支持高速的数据查询和高速的数据插入操作。此外，针对 Web 应用，MySQL 还在数据的全文检索方面做了特殊处理，可以高效地进行全文检索。

对于应用开发人员来说，MySQL 还提供了多种多样的开发接口。MySQL 除了支持标准的 SQL 语句外，还支持一些 MySQL 自己的特性，这些特性结合 MySQL 的特点，可以获得更高的效率。MySQL 还支持当代大多数数据库应用开发过程中用到的一些数据库技术，包括存储过程、触发器、视图、函数、指针等。此外还可以向 MySQL 数据库中添加插件库，使得数据库更加靠近应用逻辑，简化应用的开发。

3．数据安全

MySQL 具有较强的数据保护机制，可以使数据得到安全的保护。MySQL 具有强大的用户认证机制，只有获得许可的用户和主机才可以访问特定的数据。此外，对于远程的数据库操作者，MySQL 采用 SSH 和 SSL 等安全的通信协议，可以防止数据被截获。此外，MySQL 自身包含了强大的数据加密和揭秘算法，以提供给用户使用。

除了在信息安全方面 MySQL 具有较高的安全性，在系统本身的稳定性方面，MySQL 也表现不俗。MySQL 具有良好的稳定性，极低的宕机率，使得数据的健壮性和应用的可靠性得到了保证。

4．简便的开发与维护

MySQL 非常适合于小型系统的使用，一方面是因为其占用资源较小；另一方面，MySQL 的配置、开发与维护都相对简单。为了减少基于 SQL 的任务对资源的消耗，MySQL 采用了一种自动调度器来减少 SQL 语句的处理。此外，MySQL 易于安装，从下载到安装完毕，只需要很短的时间。

5．提高效率，节约成本

当代软件的开发追求效率，较高的效率可以使软件更早的上市从而占领先机获得更高的利润。MySQL 操作简便灵活，可以提高系统维护人员和应用开发人员的工作效率，这在很大程度上可以降低软件的开发成本。Sun 公司和开源社区都对 MySQL 产品提供了翔实的技术支持，提供 7×24 技术支持。这些技术支持，使系统维护人员和软件开发人员在遇到问题时可以得到更快的解决方法。另外，MySQL 是开源软件，由开源社区负责维护，因此可以减少软件许可证的费用。此外，MySQL 对于硬件的要求不高，可以降低计算机硬件成本。

同样，MySQL 也不可避免具有一些缺点。由于 MySQL 是针对于小型数据库和 PC 而设计的，因此，MySQL 对于大量数据的存储计算的效果并不好。MySQL 所提供的数据存储的技术和支持也不及 Oracle 等大型数据库。

然而，在 PC 应用和小型应用开发方面，MySQL 以其小巧、高效、开源等特点赢得了广泛的用户群体，在很多应用领取取得了良好的效果。

20.2 数据库编程概述

几乎所有的数据库应用的开发都需要用到 4 个类：Connection、Statement、ResultSet 和 DataSet。这是一种通用的开发模式，采用一种基于连接的操作。其中，每次数据库的操作都需要如下的一系列操作。

需要使用 Connection 来连接数据库，连接数据库时要提供所要连接数据库所在的服务器、端口号、用户名、密码、数据库名等信息。这个步骤是用户和数据库通信的前提，连接在用户和数据库之架起了一座通信的"桥梁"。建立连接以后，用户就可以和数据库进行通信了。

用户和数据库之间的通信主要是用户发出数据库操作命令，数据库将数据送回给用户。命令通过 Statement 进行传送，命令的概念包括 SQL 语句、存储过程等。通常，随同命令进行传送的还包括命令所需要的参数。命令送到数据库内部后，数据库开始工作，进行 SQL 语句的解读及相应的数据查询或更新操作。Statement 就像是在用户和数据库之间"桥梁"上的"车"，将任务从用户发送到数据库。

数据库的数据通过 ResultSet 或 DataSet 传回。数据分为在线数据和离线数据两种，所谓在线数据就是数据并非真正传回，而仅仅传回一个数据句柄，主要采用 ResultSet 完成。当用户需要读取具体的数据时，通过操作这个句柄再从服务器端获得相应的数据。这种方式在数据操作完成之前是不能关闭数据库连接的，否则将无法从服务器获得具体的数据。离线数据则直接将所查询到的所有数据一并传回，主要采用 DataSet 完成。这样在读取数据后就可以直接关闭与数据库的连接，然后再对数据库进行相应的操作。这种方式的缺点在于，如果某次查询返回的数据量过大，可能会对网络通信造成负担。此外，在真实的网络环境下很可能会遇到大量数据多次重复传输的情况，这对于网络会造成较大的负担。另外，大量数据驻留内存也会影响系统运行的性能。因此，要根据应用的情况，进行合理分析后，再根据应用的特点选用在线或离线数据。

20.3 Qt 中的数据库编程

Qt 数据库编程采用常规的数据库编程模型，即采用基于连接的模式。本节主要介绍 Qt 中的数据库编程所要用到的类和这些类中主要的方法。

在 Qt 中，所有和数据库编程相关的类都归到命名空间 QSql 中，这些类主要包括数据库驱动 QSqlDriver、数据库 QSqlDatabase 和数据库在线操作 QSqlQuery。

20.3.1 QSqlDriver

定义头文件：QSqlDriver。

说明：QSqlDriver 是一个纯虚类，该类主要面向不同的数据库，实现不同的数据库存取方法，并向上层代码提供一个统一的界面。该类通常不需要应用开发人员进行编写，在安装相应的数据库驱动程序包后，直接利用程序包中的代码。

20.3.2 QSqlDatabase

定义头文件：QSqlDatabase。

说明：QSqlDatabase 用来完成与数据库的连接。

主要的方法与说明如下：

1．addDatabase

```
static QSqlDatabase addDatabase(const QString &type, const QString
&connectionName = QLatin1String(defaultConnection));
static QSqlDatabase addDatabase(QSqlDriver *driver, const QString
connectionName = QLatin1String(defaultConnection));
```

说明：从指定的数据库驱动程序获得一个数据库。

参数：type 和 driver 是指定的驱动程序，其中 type 是采用字符串形式表示驱动程序。connectionName 是连接名，该参数不会影响程序的操作，仅仅是对连接的一种标识。

返回值：获取到的数据库。

2．isDriverAvailable

```
static bool isDriverAvailable(const QString &name);
```

说明：查看指定的驱动程序是否可用。

参数：数据库驱动名称。

返回值：驱动是否可用。

3．removeDatabase

```
static void removeDatabase(const QString &connectionName);
```

说明：删除数据库列表中的一个数据库。删除时应该保证该数据库没有活跃的查询操作，否则会引起错误。

参数：数据库名称。

返回值：无。

4．setHostName

```
void setHostName(const QString &host);
```

说明：设置数据库的主机名，用来告知数据库所在的地址。

参数：主机名或主机的 IP 地址。

返回值：无。

5．setPort

```
void setPort(int port);
```

说明：设置数据库的服务器端通信端口。

参数：服务器端通信端口号。
返回值：无。

6. setDatabaseName

```
void setDatabaseName(const QString &name);
```

说明：设置数据库名称。
参数：数据库名称。
返回值：无。

7. setUserName

```
void setUserName(const QString &name);
```

说明：设置数据库操作的用户名。
参数：用户名。
返回值：无。

8. setPassword

```
void setPassword(const QString &password);
```

说明：设置数据库操作用户名的密码。
参数：密码。
返回值：无。

9. open

```
bool open();
bool open(const QString &user, const QString &password);
```

说明：打开数据库的连接。在打开连接之前需要先对数据库的各个参数进行配置。
参数：user 是操作数据库的用户名，password 是密码。
返回值：是否连接成功。

10. exec

```
QSqlQuery exec(const QString &query = QString()) const;
```

说明：执行 SQL 语句进行查询。
参数：查询语句。
返回值：查询后的 QSqlQuery 实例，通过它可以在线获取数据。

11. close

```
void close();
```

说明：关闭数据库连接。
参数：无。
返回值：无。

12. transaction

```
bool transaction();
```

说明：启动一个数据库操作任务。
参数：无。
返回值：启动是否成功。

13. rollback

```
bool rollback();
```

说明：任务回滚。使数据库回到任务开始前的状态。
参数：无。
返回值：回滚是否成功。

14. commit

```
bool commit();
```

说明：任务提交。任务提交后，数据操作被写回到数据库中，不能再进行回滚。
参数：无。
返回值：提交是否成功。

20.3.3 QSqlQuery

定义头文件：QSqlQuery。
说明：QSqlQuery 是进行 SQL 语句数据查询、数据处理的用户接口。
主要的方法与说明如下：

1. QSqlQuery（构造函数）

```
QSqlQuery(const QString &query = QString(), QSqlDatabase db = QSqlDatabase());
QSqlQuery(QSqlDatabase db);
```

说明：构造函数。
参数：query 是查询语句，默认为空语句。db 为数据库连接。
返回值：无。

2. prepare

```
bool prepare(const QString &query);
```

说明：设置将要执行的 SQL 语句。
参数：指定的 SQL 语句。
返回值：设置是否成功。

3. exec

```
bool exec();
```

```
bool exec(const QString &query);
```

说明：执行默认的或指定的 SQL 语句。
参数：指定的 SQL 语句。
返回值：执行是否成功。

4．isActive

```
bool isActive() const;
```

说明：查看当前查询是否处于激活状态，所谓激活状态是指 SQL 语句被运行过。
参数：无。
返回值：是否处于激活状态。

5．first

```
bool first();
```

说明：移动到查询结果的第一条记录。
参数：无。
返回值：移动是否成功。

6．last

```
bool last();
```

说明：移动到查询结果的最后一条记录。
参数：无。
返回值：移动是否成功。

7．next

```
bool next();
```

说明：移动到查询结果的下一条记录。
参数：无。
返回值：移动是否成功。

8．previous

```
bool previous();
```

说明：移动到查询结果的上一条记录。
参数：无。
返回值：移动是否成功。

9．seek

```
bool seek(int index, bool relative = false);
```

说明：移动到指定的记录处。
参数：index 是移动的目标。

返回值：移动是否成功。

10．isValid

```
bool isValid() const;
```

说明：判断当前记录是否为有效记录。
参数：无。
返回值：判断结果。

11．isNull

```
bool isNull(int field) const;
```

说明：判断当前数据记录中的某个列的数据是否为空。
参数：列的编号。
返回值：判断结果。

12．size

```
int size() const;
```

说明：获取查询结果的数据数目。
参数：无。
返回值：结果数据的数目，如果查询失败或运行的 SQL 语句为非 SELECT 语句则返回-1。

13．value

```
QVariant value(int index) const;
```

说明：获取当前数据记录的某列的数据。
参数：列的编号。
返回值：数据值，可以使用 QVariant 中的相应函数，获取其用基本数据类型表示的值。

20.4　应用实例训练

实验总体分为两部分：一是 MySQL 数据库的建立，与数据输入；二是 Qt 应用程序的建立。

20.4.1　数据库的建立

首先介绍 MySQL 的安装过程，本实验至少需要安装一个 MySQL 的服务器端和一个 MySQL Workbench 的图形界面客户端。MySQL 服务器端用来完成数据库的各种操作，实现数据存储，MySQL Workbench 用来完成和用户的交互，实验中，主要使用它完成数据库的建立工作。

在安装 MySQL 之前，可以从 Sun 公司的官方网站上下载相关的文件（MySQL 已经被 Sun 公司收购，成为了 Sun 公司的产品）。本书中选择当前较新的版本 MySQL 5.5，MySQL 官方下载地址是 http://dev.mysql.com/downloads/mysql/5.5.html。在一般情况下，可以进入 root 用户，通过如下命令完成编译和安装。整个编译和安装的过程可能会比较漫长。

```
# ./configure
# make
# make install
```

如果使用的 Linux 是 Ubtuntu，可以采用一些简单的办法，安装过程方便快捷。安装 MySQL 的服务器端，使用如下命令：

```
$ sudo apt-get install mysql-server
```

如果，安装源足够快，那么几分钟后 MySQL 的服务器就会安装到系统中。在安装的过程中，安装程序会要求输入管理员（用户名为 root）的密码，这个密码一定要记住，这是以后进行数据库操作所必备的。

接着，需要安装 MySQL Workbench（MySQL 工作台）。在 Ubuntu 软件中心的所有软件一栏检索 mysql 选择安装"MySQL 工作台"（如图 20.2 所示）。

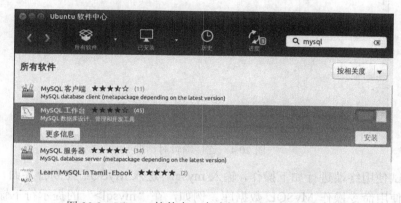

图 20.2　Ubuntu 软件中心中选择 MySQL Workbench

安装之后打开出现 MySQL Workbench 的主界面如图 20.3 所示。

图 20.3　MySQL Workbench 对话框

MySQL Workbench 对话框中选择新建会提示用户输入服务器、端口、用户名、密码。Stored Connection 中记录了一些经常使用的连接。此外它还包括另外三个选项：last connection 用来表示上次登录的信息；Save this connection 用来保存下面所输入的信息，当再次使用 MySQL Workbench 时就不用再次输入这些信息了，而直接从这个列表中选择即可；Open Connection Editor 打开一个如图 20.4 的连接编辑对话框，在这个对话框里，可以对 Stored Connection 列表中的连接和历史记录的连接做出详细的设定。

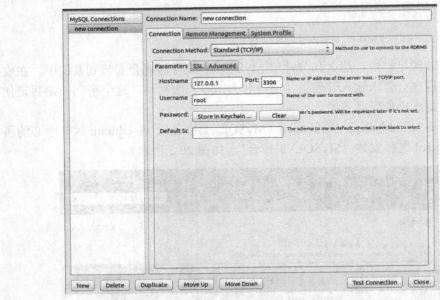

图 20.4　连接编辑对话框

可以尝试使用终端进行如下操作，输入 mysql，进入 MySQL 控制台界面，在控制台模式下，可以使用命令操作 MySQL 数据库。例如，在"mysql>"的提示符下输入 status 回车，查看 MySQL 登录信息，如图 20.5 所示。为了便于操作，本实验不采用控制台操作，而采用图形化界面的 MySQL Workbench 进行，有兴趣的读者可以自行对控制台界面的操作进行研究。

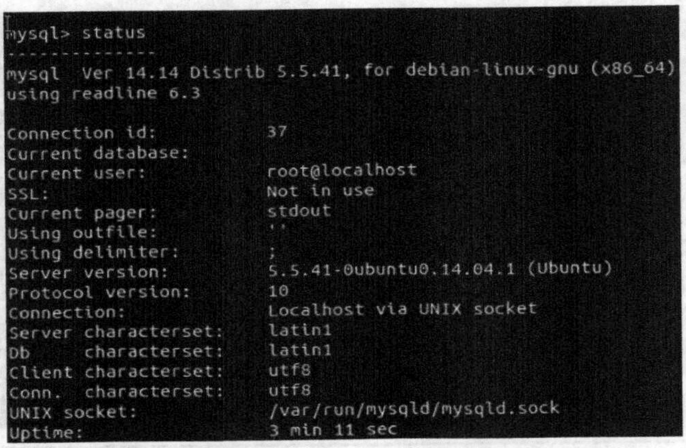

图 20.5　在 MySQL 控制台界面下查看基本信息

MySQL 数据库已经成功地安装到了系统中，下面创建数据库。打开 MySQL Workbench，登录进入到 MySQL Workbench 的主界面。选择菜单栏 File→New Module，创建一个新的数据库模型，然后单击"+"添加一个新的数据库，单击 category 选项，新的数据库命名为 StationHelper，创建数据库 StationHelper，如图 20.6 所示。

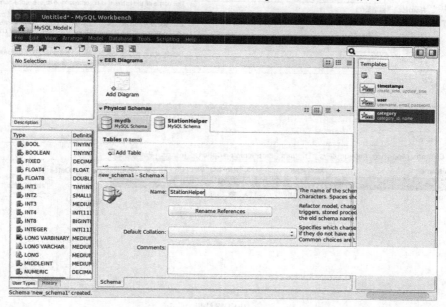

图 20.6　数据库建立

双击 Add Table 添加一个新的表，如图 20.7 所示。表添加完成之后，需要对其进行编辑，编辑对话框位于页面的下方，如图 20.8(a)所示。参考表 20.1 中信息，对表进行设计编辑。在 Name 文本框中输入 stations，在表的创建过程中表的类型要选择 InnoDB 类型，只有这样创建的数据库才支持外键等属性。选择 Columns 属性，对表的列属性进行编辑，参考表 20.1，编辑结果如图 20.8(b)所示。

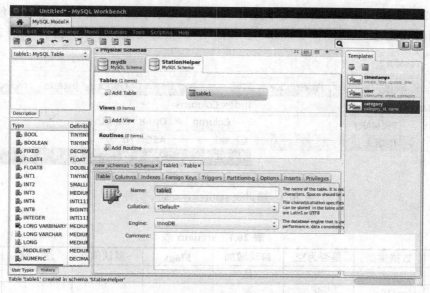

图 20.7　向数据库中添加新的表

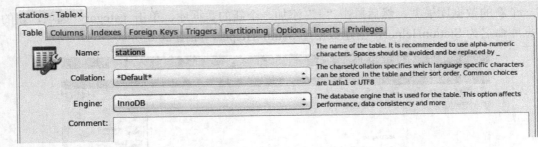

(a)设置

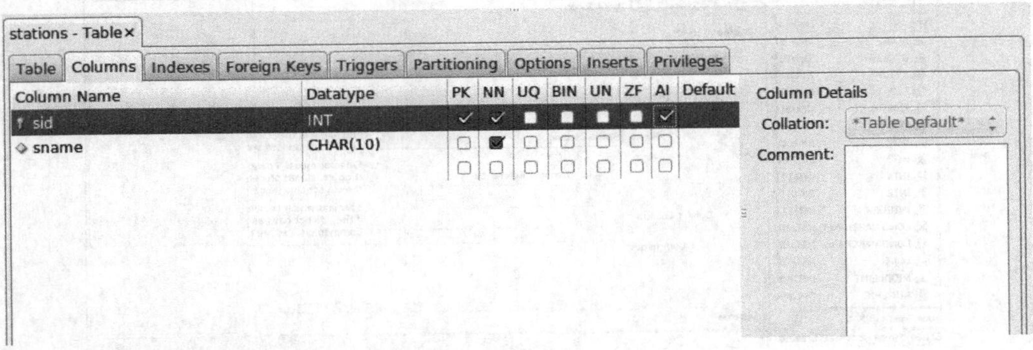

(b)编辑结果

图 20.8　编辑表 stations 属性

本章实例中需要创建的表及相关属性如表 20.1～表 20.4 所示。按照上面所述的方法，依次建立其余的表。其中，表 stations 用来存储车站的相关属性；trains 用来存储列车的属性；station_trains 用来存储某一个车站所属的列车；stations_train_pass 用来存储某一趟列车走过的车站以及时间等相关属性。

在表 20.1 中，列信息 sname 是非主键，由于此项要与后面的表 20.4 中的列信息 sname 表项相关联，所以要在此表中为 sname 建立索引，其设置在 indexes 选项中，如图 20.9 所示。

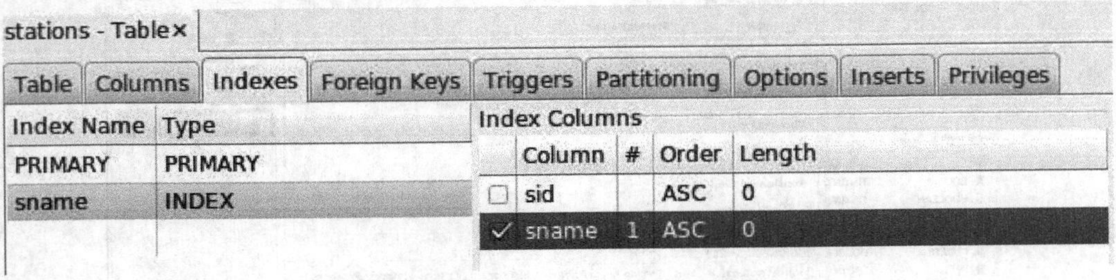

图 20.9　编辑表 stations，sname 为外键

表 20.1　stations 表

列名	数据类型	是否为空	自动增加	Flags	默认值	注释	备注
sid	Integer	否	是				主键
sname	char(10)	否	否				非主键

表 20.2 trains 表

列名	数据类型	是否为空	自动增加	Flags	默认值	注释	备注
tid	Integer	否	否				主键
tname	char(20)	否	否				非主键
ttype	char(10)	否	否				非主键,与 tid 联合使用表示一趟列车
startstation	Integer	否	否				外键,始发站 id
endstation	Integer	否	否				外键,终点站 id

表 20.3 station_trains 表

列名	数据类型	是否为空	自动增加	Flags	默认值	注释	备注
sid	Integer	否	否				外键,车站 id
tid	char(10)	否	否				外键,列车 id

表 20.4 stations_train_pass 表

列名	数据类型	是否为空	自动增加	Flags	默认值	注释	备注
tid	Integer	否	否				主键
sid	Integer	否	否				主键
time	char(20)	否	否				非主键,用来表示列车到达某一站的时间
sname	char(10)	否	否				外键,列车名字
seq	Integer	否	否				非主键,某一站的次序
starttime	char(20)	否	否				非主键,用来表示列车在某一站的发车时间

在表 20.2 中,列信息 startstation 和 endstation 是外键,由于这两项要与 stations 表中的 sid 表项相关联,因此要对 Foreign Key 选项进行设置,如图 20.10 所示。

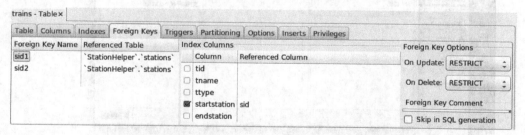

图 20.10 设置表 trains、startstation 和 endstation 的外键

在表设计完毕以后,可以想表中添加一些原始的数据,MySQL Workbench 已经融合了这些功能,使用非常方便。向表 stations 中添加数据如图 20.11 所示。

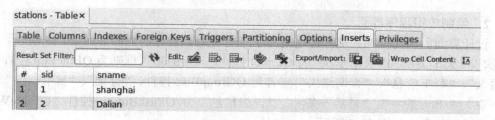

图 20.11 向表 stations 中添加数据

如果使用命令行模式添加数据，需要以 root 用户进入 MySQL 数据库。然后使用 use 命令打开 StationHelper 数据库。使用 INSERT 语句插入数据。用户可以通过 SELECT 语句检查插入是否成功。一些示例语句如下：

```
$ MySQL -uroot -p<密码>
MySQL> use StationHelper
MySQL> INSERT INTO stations VALUES(1, 'Dalian');
MySQL> SELECT * FROM stations;
```

20.4.2 应用程序的建立

1．新建应用程序

下面正式地开始程序的开发。首先打开终端，在用户的 home 目录下创建工程目录 exp20，使用如下命令：

```
$ mkdir exp20
```

使用 cd exp20 进入工程目录，输入"designer &"打开 Qt 设计器。通过菜单 Projects→Application 创建一个 Qt Widgets Application 类型的工程，选择完毕后单击 Choose 按钮完成操作，如图 20.12 所示。

图 20.12 新建工程

2．绘制应用程序界面

设计界面所用的空间大部分在之前章节中有说明。设计的界面如图 20.13 所示，其中"车次"、"火车类型"、"火车车次"为 QLabel 控件，其后的输入框则为 QLineEdit 控件，"信息输入"、"列车信息"、"查询结果"三者为 QGroupBox 控件，"查询"、"|<第一条"、"<<前一条"、"下一条>>"、"最后一条>|"、"详细信息"为 QPushButton 控件。QTableWidget 控件的详细信息，如表 20.5 所示。

图 20.13 列车时刻表设计界面

表 20.5 控件列表

控 件 类 型	Name	说　明
QPushButton	pushButton	查询
QPushButton	pushButton_2	|<第一条
QPushButton	pushButton_3	<<前一条
QPushButton	pushButton_4	下一条>>
QPushButton	pushButton_5	最后一条>|
QPushButton	pushButton_6	详细信息
QGroupBox	groupBox	信息输入
QGroupBox	groupBox_2	列车信息
QGroupBox	groupBox_3	查询结果
QLabel	Label	车次
QLabel	Label_2	所有列车信息
QLabel	Label_3	火车类型
QLineEdit	Tra_Num_Line	输入火车车次
QLineEdit	Ttype_LineEdit	显示火车类型
QLineEdit	Tid_LineEdit	显示火车车号
QTableWidget	tableWidget	显示火车详细信息

3．添加代码

主界面编辑完成之后，进行信号与槽函数的编辑连接，现在选中"查询"按钮，右击，选择"转到槽"选项，出现对话框选择 clicked()选项，单击 OK 按钮，就会跳转到槽函数编辑区，而同时在对应的.h 文件里自动声明槽函数，具体可以参考代码，其他按钮同样操作即可，如图 20.14 所示。

经过以上步骤，已经将界面与文件创建完毕，下面为相应的文件逐一添加需要的代码。

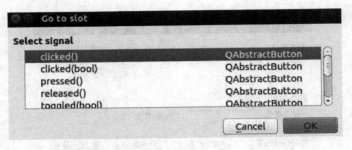

图 20.14 创建槽函数

(1) 工程文件 trainhelper.pro 代码如下：

```
QT+= core gui
QT+= sql
greaterThan(QT_MAJOR_VERSION, 4): QT += widgets

TARGET = trianhelper
TEMPLATE = app


SOURCES += main.cpp\
        mainwindow.cpp

HEADERS+= mainwindow.h

FORMS+= mainwindow.ui
```

(2) 文件 main.cpp 代码如下：
  文件头：

```
#include "mainwindow.h"
#include <QApplication>

#include <QDebug>
#include <QSqlDatabase>
#include<QSqlError>
```

  连接数据库：

```
static bool creatConnection()
{
    QSqlDatabase db=QSqlDatabase::addDatabase("QMYSQL");
        db.setUserName("root");
        db.setPassword("123");
        db.setHostName("localhost");
        db.setDatabaseName("StationHelper");
        db.setPort(3306);
        if(!db.open())
```

```
        {
            qDebug()<<"open
failed\n"<<db.lastError().driverText()<<"\n";
            return false;
        }
        else
        {
            qDebug()<<"open database success\n";
        }
        return true;
}
```

主函数：
```
int main(int argc, char *argv[])
{
    QApplication a(argc, argv);
    if(!creatConnection())
        return 0;

    MainWindow w;
    w.show();

    return a.exec();
}
```

(3) 文件 mainwindows.h 代码如下：

```
#ifndef MAINWINDOW_H
#define MAINWINDOW_H

#include <QMainWindow>
#include<QSqlTableModel>
#include<QSqlRelationalTableModel>
#include<QSqlQuery>
namespace Ui {
class MainWindow;
}

class MainWindow : public QMainWindow
{
    Q_OBJECT

public:
    explicit MainWindow(QWidget *parent = 0);
    ~MainWindow();

private slots:
```

```cpp
        void on_pushButton_clicked();
        void on_pushButton_2_clicked();
        void on_pushButton_3_clicked();
        void on_pushButton_4_clicked();
        void on_pushButton_5_clicked();
        void on_pushButton_6_clicked();
    private:
        Ui::MainWindow *ui;
        QSqlRelationalTableModel *model;
        QSqlQuery query;
};

#endif // MAINWINDOW_H
```

(4) 文件 mainwindows.cpp 代码如下:

文件头:

```cpp
#include<QMessageBox>
#include "mainwindow.h"
#include "ui_mainwindow.h"
```

构造与析构函数:

```cpp
MainWindow::MainWindow(QWidget *parent) :
    QMainWindow(parent),
    ui(new Ui::MainWindow)
{
    ui->setupUi(this);
    model=new QSqlRelationalTableModel(this);
    model->setTable("stations_train_pass");
    model->setEditStrategy(QSqlRelationalTableModel::OnManualSubmit);
    model->setRelation(1,QSqlRelation("stations","sid","sname"));
    model->select();
    ui->pushButton_2->setEnabled(false);
    ui->pushButton_3->setEnabled(false);
    query.exec("select * from trains");
    if(query.next())
    {
        ui->Ttype_LineEdit->setText(query.value(1).toString());

        ui->Tid_LineEdit->setText(query.value(0).toString());
    }
}

MainWindow::~MainWindow()
{
    delete ui;
}
```

查询按钮的函数:

```cpp
void MainWindow::on_pushButton_clicked()
{
    QString tid =ui->Tra_Num_Line->text();
    QSqlQuery query;
    ui ->tableWidget->removeRow(0);
    query.exec("select * from trians where tid ="+tid);
    if(query.next())
    {
        QString  ttype = query.value(1).toString();
        QString startStation=query.value(2).toString();
        QString endStation=query.value(3).toString();
        QString startStationName,endStationName;
        query.exec("select sname from stations where sid = "+startStation);
        if(query.next())
        {
            startStationName=query.value(0).toString();
            query.exec("select sname from stations where sid = "+endStation);
         if(query.next())
         {
             endStationName=query.value(0).toString();
            ui->tableWidget->insertRow(0);
            ui->tableWidget->setItem(0,0,new QTableWidgetItem(tid));
            ui->tableWidget->setItem(0,1,new QTableWidgetItem(ttype));
            ui->tableWidget->setItem(0,2,new QTableWidgetItem(startStationName));
            ui->tableWidget->setItem(0,3,new QTableWidgetItem(endStationName));
         }
        }
    }
}
```

第一条按钮的函数:

```cpp
void MainWindow::on_pushButton_2_clicked()
{
    query.first();
    QString tid = query.value(0).toString();
    QString type = query.value(1).toString();
    ui->Ttype_LineEdit->setText(type);
    ui->Tid_LineEdit->setText(tid);

    ui->pushButton_2->setEnabled(true);
    ui->pushButton_3->setEnabled(true);
    ui->pushButton_4->setEnabled(false);
    ui->pushButton_5->setEnabled(false);
}
```

前一条按钮的函数:

```cpp
void MainWindow::on_pushButton_3_clicked()
{
    if(query.previous())
    {
        QString tid=query.value(0).toString();
        QString type=query.value(1).toString();
        ui->Ttype_LineEdit->setText(type);
        ui->Tid_LineEdit->setText(tid);
    }
    else
    {
        ui->pushButton_2->setEnabled(false);
        ui->pushButton_3->setEnabled(false);
        query.next();
    }
    ui->pushButton_4->setEnabled(true);
    ui->pushButton_5->setEnabled(true);
}
```

下一条按钮的函数:

```cpp
void MainWindow::on_pushButton_4_clicked()
{
    if(query.next())
    {
        QString tid=query.value(0).toString();
        QString type=query.value(1).toString();
        ui->Ttype_LineEdit->setText(type);
        ui->Tid_LineEdit->setText(tid);
    }
    else
    {
        ui->pushButton_4->setEnabled(false);
        ui->pushButton_5->setEnabled(false);
        query.previous();
    }
    ui->pushButton_2->setEnabled(true);
    ui->pushButton_3->setEnabled(true);
}
```

最后一条按钮的函数:

```cpp
void MainWindow::on_pushButton_5_clicked()
{
```

```
    query.last();
    QString tid = query.value(0).toString();
    QString type = query.value(1).toString();
    ui->Ttype_LineEdit->setText(type);
    ui->Tid_LineEdit->setText(tid);

    ui->pushButton_2->setEnabled(false);
    ui->pushButton_3->setEnabled(false);
    ui->pushButton_4->setEnabled(true);
    ui->pushButton_5->setEnabled(true);
}
```

详细信息按钮的函数：

```
void MainWindow::on_pushButton_6_clicked()
{
    QString name=ui->Tra_Num_Line->text();
    model->setFilter(QObject::tr("tid='%1'").arg(name));
    model->select();
    if(model->rowCount()==0)
    {
        QMessageBox::warning(this,tr("error"),tr("not found!"));
    }
    else
    {
        QTableView *view = new QTableView;
        view->setModel(model);
        view->show();
    }
}
```

单击 Save 按钮，保存所有的修改，然后退出，整个程序设计工作结束。

4. 编译及运行

代码编辑完成后，保存文件，构建项目，如果有错误，可以利用调试按键进行调试，直到项目完善。之后单击 Qt 界面左下角运行按键，编译运行程序。

20.4.3 运行结果

在数据库中增加数据的指令：

```
insert into stations values(1, 'Daliani')
insert into stations values(2, 'Tangshan')
insert into stations values(3, 'Nanjing')
insert into stations values(4, 'Shanghai')
```

图 20.15 Qt 的运行、调试与构建项目按键

```
insert into trains values(131, 'T131', 'T', 4, 1)

insert into station_trains values(1, 131)
insert into station_trains values(2, 131)
insert into station_trains values(3, 131)
insert into station_trains values(4, 131)

insert into station_train_pass values(131, 1, '12:21', 'Daliani',29, '12:2')
insert into station_train_pass values(131, 2, '21:16', 'Tangshan',19, '21:19')
insert into station_train_pass values(131, 3, '09:22', 'Nanjing',15, '09:30')
insert into station_train_pass values(131, 4, '12:49', 'Shanghai',01, '12:49')
```

打开终端，进入工程目录，在提示符下输入"./trainhelper"，按 Enter 键，运行程序，查询 T131 次列车的情况。在车次一栏中输入 T131，火车类型输入 T，火车车次输入 131，单击"查询"按钮后出现了查询结果，如图 20.16 所示。

图 20.16　查询界面

单击窗口下方的"详细信息"按钮可以查看 T131 列车的详细情况，如图 20.17 所示。

	tid	sname	seq	time	starttime
1	131	Dalian	1	12:21	12:21
2	131	Tangshan	2	21:16	21:19
3	131	Nanjing	3	09:22	09:30
4	131	Shanghai	4	12:49	12:49

图 20.17　T131 列车经过站点

20.5　思考与练习

（1）为什么数据库采用连接的方式进行操作？这样做的优点有哪些？还有哪些应用程序开发是采用连接方式的？

（2）开发一个个人账本应用程序，用来记录每天的花销。除基本的记录功能以外，还可以添加一些有趣的功能，如可以图形化显示花销情况。根据最近的花销情况以及收入情况对消费做出一个评价。

（3）开发一个图书信息管理系统，作为一个简易的图书馆应用程序，使用 MySQL+Qt5。管理员可以通过它来查看图书信息、图书管理、查看借书记录、出版社管理和黑名单管理；普通用户可以通过它来查看自己的借书记录和借书历史等信息。

第 21 章　网络通信高级编程

学习本章要达到的目标：
(1) 了解网络通信的基本知识。
(2) 熟悉 TCP 协议的 Socket 工作原理。
(3) 掌握 Qt 5.4 的网络通信操作接口。
(4) 学会在 Qt 5.4 下进行网络通信程序的编写方法。

21.1　网络编程概述

目前，使用的计算机网络绝大多数采用的是 ISO 模型 7 层模型衍生的 TCP/IP 模型。学习过计算机网络基础知识的人都知道，在 ISO 模型中，网络被划分为从底到顶的 7 层，分别为物理层、数据链路层、网络层、传输层、会话层、表示层、应用层。其中，物理层可以理解为网络传输的信号时序；数据链路层实现了两台直接连通的计算机之间的通信；网络层实现了不同网络间的计算机通信；传输层实现了两个进程间的通信（无论这两个进程是否在同一台计算机上）；会话层可以理解为对进程间通信的封装；表示层赋予这种封装以一定的含义；应用层实现了网络的各种应用，可以面向用户提供服务。TCP/IP 协议对 ISO 的 7 层模型进行了归纳，形成了数据链路层、网络层、传输层、应用层 4 层模型。数据链路层是实现网络通信的基础，完成直连在同一网络中的不同计算机之间的通信，它采用 MAC 地址进行通信，MAC 地址是网络硬件设备在生产时固定的地址。网络层实现了网络上任意两台计算机之间的通信，一般采用可以方便路由的 IP 地址作为通信地址，并通过 ARP 协议同 MAC 地址进行转换。传输层实现了两个进程之间的通信，主要采用 TCP 协议和 UDP 协议，它采用 IP 地址与端口号进行通信。应用层是在 TCP 和 UDP 协议之上实现的不同的协议，在这一层上根据不同的应用存在有很多协议，如 HTTP、FTP、DNS、SSH 等。

通过上面的讲解，可以很容易地理解，其实网络编程的实质就是在传输层之上利用 TCP 协议或 UDP 协议实现一种新的协议，这种协议应用到一种应用中；或直接利用现有的应用层协议实现一种应用。通常 CS 模式（客户端 1 服务器模式）常采用前者，这 BS 模式（浏览器 1 服务器模式）常采用后者。TCP 和 UDP 都是封装比较好的协议。TCP 采用连接方式和流传输模型，使得网络操作抽象成对网络流的读写控制，使得编程方式类似于文件操作。此外，TCP 协议本身提供了各种传输控制，并且保证传输的正确性，这使得 TCP 编程操作非常简便。UDP 协议比较适合于小规模的数据传输，但不提供正确性的担保，通常用于点对点的少量数据获取上。

21.2 Socket 编程模型

套接字（Socket）编程模式是最常用的网络编程模型之一。Socket 是一个 IP 地址和一个端口的组合，由操作系统分配，是一个通信句柄。在进行网络通信的过程中，首先应用程序会申请一个 Socket，之后应用程序通过申请得到的 Socket 进行网络通信，通信结束后应用程序关闭 Socket，操作系统会做相应的资源回收。

在 TCP 协议中，通常采用服务器客户端的通信方式。TCP 协议是一种基于连接通信的协议，通信之前需要通信双方首先建立 TCP 连接，通信结束后需要断开 TCP 连接。在连接时需要客户端主动发起连接，往往假设服务器端永不关机，并且每时每刻都在检测网络连接情况。这就像是光临糖果商店，总是客户上门去选购糖果一样。在进行 Socket 编程的时候，首先要建立一个服务器，并设置服务器侦听的端口号。当服务器被启动后，服务器就像一个门童一样站在端口等候客户端的连接。客户端需要与服务器建立连接时，首先要向操作系统申请一个 Socket，并说明需要连接的目标 IP 和端口号，然后发起连接。当服务器端发现有连接请求以后，服务器端如果接受连接请求，会生成一个 Socket，这样服务器和客户端会通过各自的 Socket 完成通信。这里，可以把客户端的 Socket 看成是一个客户，当客户找到商店以后，门童会为他指定一个导购人员进行购物，而服务器端的 Socket 就是一个导购人员。显然，一个时间段内不可能要求服务器只为一个客户服务，服务器端需要同时对多个客户提供服务，因此服务器段的软件同行是多线程的。当服务器发现一个新的连接以后，通常会产生一个子线程，并将连接产生的 Socket 交给该线程进行处理，直到该 Socket 对应的客户离开。

21.3 Qt 网络编程中用到的类和方法

下面介绍使用 Qt 进行网络编程常用的类及其方法，这里只介绍一些常用的函数。有兴趣的读者可以阅读 Qt 5.4 的帮助手册，获得更多的函数介绍。

21.3.1 QTcpSocket

定义头文件：QTcpSocket（注意，没有 h 后缀）。
说明：QTcpSocket 很好地实现了 TCP 协议的面向连接和流传输等特性。
主要的方法与说明如下：

1. connectToHost

void connectToHost(const QString &hostName, quint16 port, OpenMode openMode = ReadWrite);
void connectToHost(const QHostAddress &address, quint16 port, OpenMode openMode = ReadWrite);

功能：连接到服务器。
参数：hostname 和 address 指定了连接的目标；port 是目标的服务端口；openMode 是

数据传输的方式，包括只读、只写、读写等，默认为读写，具体参见 Qt 5.4 的帮助手册。

返回值：无。

2. disconnectFromHost

```
void disconnectFromHost();
```

功能：与服务器中断连接。

参数：无。

返回值：无。

3. state

```
SocketState state() const;
```

功能：获取 Socket 连接状态。

参数：无。

返回值：返回连接状态，SocketState 是枚举类型，包括未连接、连接中、已连接、侦听等等，具体请参见 Qt 5.4 的帮助手册。

4. localAddress / localPort

```
QHostAddress localAddress() const;
quint16 localPort() const;
```

功能：获取本地地址和端口。

参数：无。

返回值：本地地址和端口号。

5. peerAddress / peerName / peerPort

```
QHostAddress peerAddress() const;
QString peerName() const;
quint16 peerPort() const;
```

功能：获取目标机的地址、名称和端口。

参数：无。

返回值：目标机的地址、名称和端口号。

6. localAddress/localPort

```
QHostAddress localAddress() const;
quint16 localPort() const;
```

功能：获取本地地址和端口。

参数：无。

返回值：本地地址和端口号。

7. waitForReadyRead

```
bool waitForReadyRead(int msecs = 30000);
```

功能：等待数据到达。该函数为阻塞函数。

参数：msecs 等待的时间，单位为 ms，当 msecs 的值为1 时，表示无穷等待。

返回值：当发现数据到达后返回 true，超时或出现错误返回 false。

8．getChar

```
bool getChar(char *c);
```

功能：从缓冲流中读取一个字符。

参数：读取字符的存放空间。

返回值：读取是否成功，当缓冲流中没有数据时返回 false。

9．putChar

```
bool putChar(char c);
```

功能：向缓冲流中写入一个字符。

参数：欲写入的字符，该字符将会被发送到目标机。

返回值：写入是否成功。

10．read / readAll

```
qint64 read(char *data, qint64 maxSize);
QByteArray read(qint64 maxSize);
QByteArray readAll();
```

功能：从缓冲流中读取一段数据。其中，第一个函数是将数据不加以封装的存储到一个缓冲区中；第二和第三个函数分别获取了一个被 Qt 封装的字节阵列中。

参数：data 是读取到的数据所存放的缓冲区，maxSize 是要读取的最大尺寸，读取数据的操作不能逾越这个尺寸。

返回值：第一个函数返回读取到的数据的实际尺寸，第二和第三个函数返回读取到的被 Qt 封装的字节阵列。

11．write

```
qint64 write(char *data, qint64 maxSize);
qint64 write(char *data);
qint64 write(const QByteArray &byteArray);
```

功能：向缓冲流中写入数据。其中，第一个函数用来写入指定大小的数据，第二个函数用来写入一个以 '\0' 结尾的字符串，第三个函数用来写入一个被 Qt 封装的字节阵列。

参数：data 是要发送数据的缓冲区，maxSize 是要数据的尺寸。byteArray 是要发送的被 Qt 封装的字节阵列。

返回值：实际写入到缓冲流中的数据尺寸。

21.3.2　QTcpServer

定义头文件：QTcpServer（注意，没有 h 后缀）。

说明：QTcpServer 提供了 TCP 协议下的服务器侦听、分配服务器 Socket 等功能。

主要的方法与说明如下：

1．listen

```
bool listen(const QHostAddress &address = QHostAddress::Any, quint16 port
 = 0);
```

功能：启动服务器侦听。

参数：address 为侦听地址，默认为所有地址。port 为侦听端口。

返回值：启动侦听是否成功。

2．close

```
void close();
```

功能：关闭服务。

参数：无。

返回值：无。

3．isListen

```
bool isListen() const;
```

功能：获取当前服务器是否在侦听。

参数：无。

返回值：若服务器处于侦听状态则返回 true，否则返回 false。

4．serverAddress / serverPort

```
QHostAddress serverAddress() const;
quint16 serverPort() const;
```

功能：获取服务器的地址和端口。

参数：无。

返回值：服务器的地址和端口号。

5．waitForNewConnection

```
bool waitForNewConnection(int msecs = 0, bool *timeout = NULL);
```

功能：等待新连接。该函数为阻塞函数

参数：msecs 为最大等待时间，单位为 ms，当 msecs 的值为-1 时表示永远等待。timeout 用来返回是否由于 timeout 引起等待失败。

返回值：当在最大等待时间内出现新的连接，则返回 true；未出现新的连接或发生错误返回 false。

6．hasPendingConnections

```
virtual bool hasPendingConnections() const;
```

功能：是否存在等待处理的连接。该函数可以认为是 waitForNewConnection 的非阻塞版本。

参数：无。

返回值：若当前存在等待连接则返回 true，否则返回 false。

7. nextPendingConnection

```
virtual QTcpSocket *nextPendingConnection();
```

功能：获取一个等待处理的连接的 Socket。该函数用来接受一个客户端的链接，并启动与该客户端的通信。

参数：无。

返回值：与等待处理的连接进行通信的 Socket。

21.3.3 QThread

定义头文件：QThread（注意，没有 h 后缀）。

说明：QThread 用来实现多线程。使用时需要继承 QThread 类，并重写 run 函数。当需要启动多线程时，使用 start 函数启动线程，并开始运行 run 函数。

主要的方法与说明如下：

1. run

```
virtual void run();
```

功能：线程所要执行的代码。该函数为保护函数，不能被外界直接调用。

参数：无。

返回值：无。

2. start

```
void start();
```

功能：启动线程。新的线程运行 run 函数的代码。

参数：无。

返回值：无。

3. exec

```
void exec();
```

功能：线程空闲函数，当 run 函数处理结束后，调用此函数，此函数会等待退出信号。

参数：无。

返回值：无。

21.4 应用实例训练

本次实例需要完成一个简单的 P2P 网络聊天软件。P2P 网络聊天软件可以不使用服务器，将两个聊天软件所在的主机直接互连即可通信。通信前需要知道对方的 IP 地址。

本章采用 Qt 5.4 作为开发环境，安装部分参见 19.3 小节。下面就来利用 Qt 5.4 设计 P2P 聊天软件。

21.4.1 建立工程

1. 创建工程

选择 File→New 选项，然后弹出 New Project 对话框，如图 21.1 所示。选择 Qt Widgets Application，然后单击 Choose 按钮。

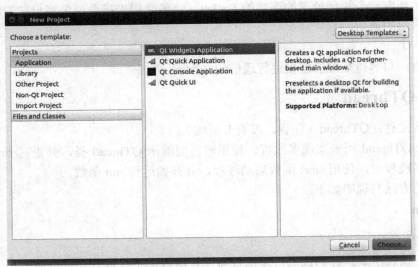

图 21.1 "New Project" 对话框

2. 填写应用程序名称和存储位置

之后出现 Qt Weights Application（新建 Qt 图形界面应用程序）向导。如图 21.2 所示，需要填写应用程序的名称和存储位置。为程序取名为 P2PChat，存储位置默认即可，不要轻易改变文件位置，否则会找不到文件。

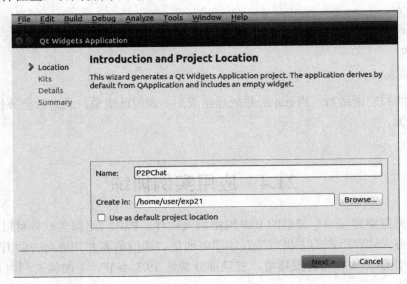

图 21.2 存储位置设置

3. 选择相应类型库

单击 Next 按钮,页面如图 21.3 所示。这一步需要选择应用程序所需的类库。因为需要开发网络应用程序,这里默认即可。

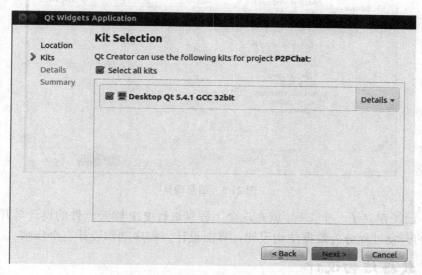

图 21.3　应用程序所需要的类库

4. 设计启动窗口的信息

单击 Next 按钮,如图 21.4 所示。这一步设置启动窗口的信息,包括设置启动窗口的名称和使用的文件等。通常直接使用默认设置,这里不做任何修改。

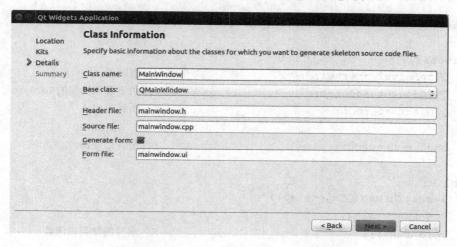

图 21.4　设置启动窗口的信息

5. 确认完成

单击 Next 按钮,进入到新建工程的最后一步,这一步没有设置选项,是信息确认步骤,如图 21.5 所示。如果信息无误,直接单击 Finish 按钮,新建工程并退出该向导。如果信息需要修改,可以单击 Back 按钮回到相应的步骤进行修改。

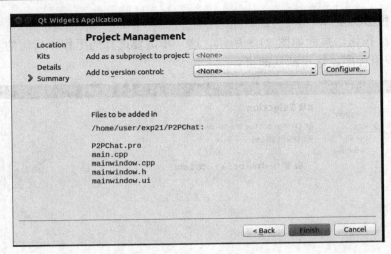

图 21.5　信息确认

这里，已经建立了一个工程，就在这个工程里进行 P2P 聊天软件的设计与开发。将 P2P 聊天软件的开发过程分为数据结构设计、界面设计、程序动作设计三个步骤。

21.4.2　数据结构设计

在设计软件之前，需要提供一个或多个数据结构，这些数据结构可以完成软件所需要的基本操作。经过分析，需要的基本操作有连接、侦听、发送数据、接收数据。因此，需要一个继承自 QThread 以实现多线程操作，这样可以实时地接收对方发送过来的数据并且也可以监听连接。连接和发送数据各自需要使用一个函数来实现。因此设计该类如下：

```cpp
class SocketThread : public QThread
{
private:
    QTcpServer *server;                         // 侦听器
    QTcpSocket *socket;                         // 负责聊天通信的Socket
    QObject *parent;                            // 所属窗口

    bool connectout;                            // 是否已连接

public:
    SocketThread(QObject *p);
    ~SocketThread();
    void run();                                 // 重写的父类虚函数

    bool Connect(const QHostAddress &addr);     // 主动连接到远端
    bool Send(const QString &str);              // 发送数据
};
```

这个类继承了 QThread，以便实现多线程操作。其中重写了 run 函数，用来完成侦听和接收对方发送的数据。类的成员有 server、socket、parent。其中，server 是服务器端，主要负责侦听连接；socket 用来负责通信，无论是侦听后被连接，还是主动连接；parent 是其所属窗口，在进行数据显示和消息传递时可以寻找到显示者。另外的两个函数，Connect 用来完成和对方主机进行连接；Send 用来完成发送数据。

下面进行代码的编写。首先创建一个类，选择 File→New 选项，打开 New Project 对话框，选择 Files and Classes。单击 Choose 按钮，出现 Define Class（类定义）页面，如图 21.6 所示。

（1）是输入类的基本信息，包括类名、父类名、使用的文件等。一般情况下，只需要填写类名和父类名即可，其他可以使用自动生成的默认值即可。设置 Class name 为 SocketThread，Base class 设置为 QThread。

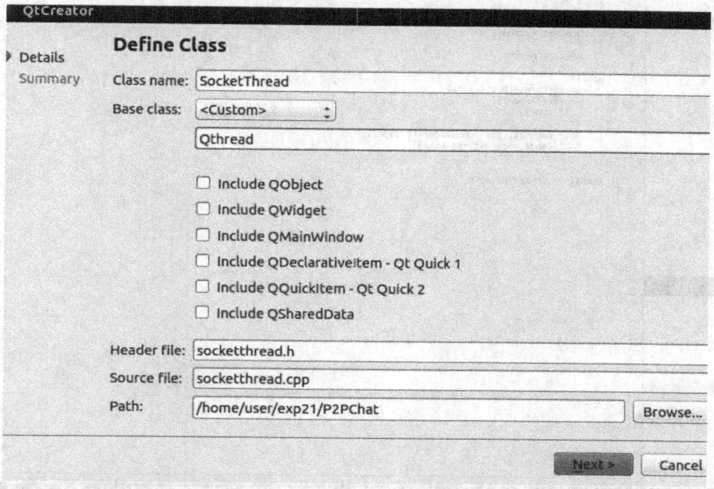

图 21.6 Define Class 页面

（2）单击 Next 按钮，页面如图 21.7 所示。这里，主要进行工程设置和信息的确认。工程设置可以设定新建的类所属的工程。通常情况下，保持默认值（加入到当前工程）即可。

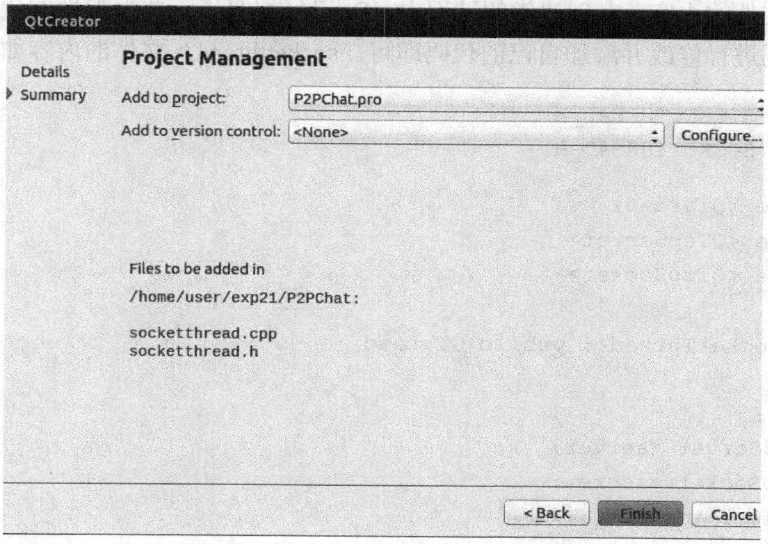

图 21.7 Project Management 页面

(3)单击 Finish 按钮,创建 SocketThread 类,建立所需要的文件,并将这些文件加入到工程 P2PChat 中。这时会发现工程的文件列表中会多出 socketthread.h 和 socketthread.cpp 两个文件,如图 21.8 所示。其中 socketthread.h 是类的定义,用来存放类的结构的声明;socketthread.cpp 存放了类中各个方法的具体实现代码。

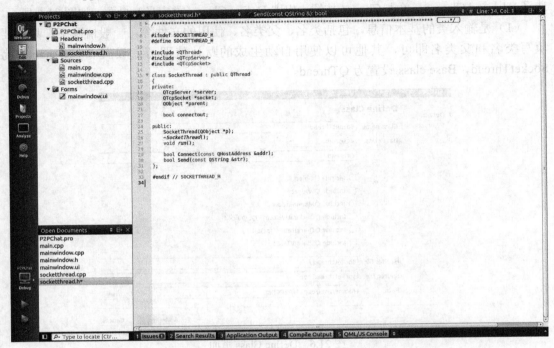

图 21.8 添加类后,工程文件列表中多出两个文件

(4)下面编写类的具体代码,双击工程文件列表中的 socketthread.h 文件,在编辑窗口中显示了该文件的内容。在创建类的过程中,Qt 已经编写了一些框架性的代码,用户只需要对框架代码进行修改并添加自己的代码即可。socketthread.h 文件的内容如下:

```
#ifndef SOCKETTHREAD_H
#define SOCKETTHREAD_H

#include <QThread>
#include <QTcpServer>
#include <QTcpSocket>

class SocketThread : public QThread
{
private:
    QTcpServer *server;
    QTcpSocket *socket;
    QObject *parent;

    bool connectout;
```

```cpp
public:
    SocketThread(QObject *p);
    ~SocketThread();
    void run();

    bool Connect(const QHostAddress &addr);
    bool Send(const QString &str);
};

#endif // SOCKETTHREAD_H
```

双击工程文件列表中的 **socketthread.cpp** 文件，然后输入如下内容：

```cpp
#include "socketthread.h"
#include "mainwindow.h"

// 构造函数
SocketThread::SocketThread(QObject *p)
{
    // 初始化成员
    parent = p;
    server = new QTcpServer();
}

// 析构函数
SocketThread::~SocketThread()
{
    // 关闭服务器，释放内存空间
    server->close();
    delete server;
}

// 多线程代码
void SocketThread::run()
{
    // 变量声明
    QByteArray buf;      // 接受数据的缓冲区

    // 如果尚未连接
    if (connectout == false)
    {
        // 启动服务器侦听，等待连接
        server->listen(QHostAddress::Any, 19862);
        server->waitForNewConnection(-1);
        // 发现新连接时，获取连接的Socket
        socket = server->nextPendingConnection();
```

```cpp
    // 设置主窗口的显示
    ((MainWindow *)parent)->SetPeerAddr(socket->peerAddress());
}

// 等待连接建立
while (socket->state() != QAbstractSocket::ConnectedState);

// 连接建立以后，进行反复监听接收
while (true)
{
    // 保证连接没有被对方关闭的情况
    if (socket->state() == QAbstractSocket::ConnectedState)
    {
        // 等待对方的数据
        socket->waitForReadyRead(-1);

        // 当有数据到达时，读取数据
        buf = socket->readAll();

        // 在窗口显示读取到的数据
        ((MainWindow *)parent)->AppendReceive(QString(buf));
    }
    // 若连接被对方关闭
    else
    {
        // 关闭自己的连接，并等待退出
        socket->close();
        exec();
    }
}
}

// 主动连接到远端
bool SocketThread::Connect(const QHostAddress &addr)
{
    // 建立一个通信的Socket
    socket = new QTcpSocket();

    // 申请连接
    socket->connectToHost(addr, 19862);

    // 设置类内的连接状态标志
    connectout = true;
    return true;
}
```

```
// 发送数据
bool SocketThread::Send(const QString &str)
{
    qint64 len;

    // 发送数据
    len = socket->write(str.toLocal8Bit());

    // 返回发送是否成功
    return (len > 0);
}
```

21.4.3　界面设计

下面来进行界面的设计，界面是用户的操作接口，通过界面的不同操作调用内部数据结构，以实现软件的功能。

在 Qt 5.4 中所有的界面设计都存于.ui 文件中，每个窗口类都挂载一个 ui 成员，该成员记录了窗口上所有的界面控件信息。双击工程文件列表中的 mainwindow.ui，打开 Qt 窗口设计界面，如图 21.9 所示。

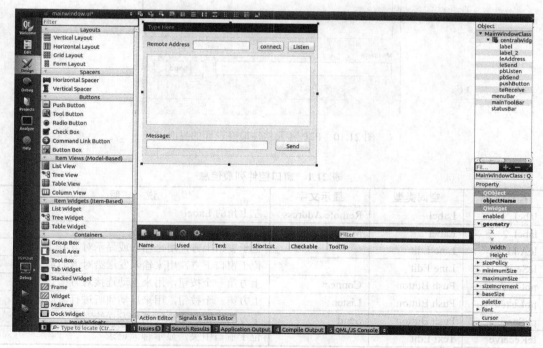

图 21.9　Qt 窗口设计界面

Qt 5.4 提供了一个所见即所得的窗口设计界面，整个界面包括了 5 个部分。左边一栏为可用控件列表，这里列出了所有当前可用的窗口控件，编程人员可以根据程序的需要将相应的控件拖曳到窗口上。中间一栏的上半部分为窗口编辑区域，编程人员不仅可以观察到窗口启动后的样子，还可以通过拖曳等方式对窗口上各个空间的位置等进行编辑。下半部分为触发器编辑器，这部分可以定义一些自定义的触发器。右边一栏的上半部分为窗口控件列表，其中列出了窗口中所有的空间及其类型，方便编程人员对窗口中的控件进行查找、编辑。下半部分为控件属性列表，该列表中列出了当前选中的控件的所有属性，编程人员可以对这些属性进行编辑实现对控件的复杂编辑。

首先在控件列表中找到 Display Widgets 下的 Label，然后拖曳到窗口上，并把它放到窗口的左上角的位置。双击这个 Label，编辑其显示内容为 Remote Address。然后再将 Input Widgets 下的 Line Edit 拖曳到 Label 的右边，调整它的大小，并在设计界面右边的窗口空间列表中找到该控件信息，双击它，修改空间名称为 leAddress。用同样的方法拖放其他的控件。最终设计窗口如图 21.10 所示。控件的说明如表 21.1 所示。

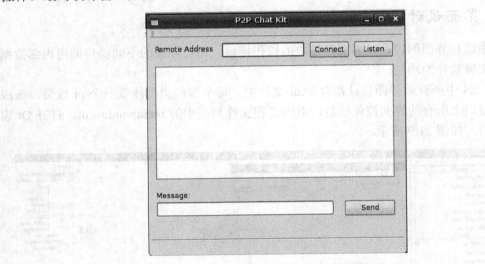

图 21.10　P2P 聊天软件最终设计的界面

表 21.1　窗口控件列表信息

控件名称	空间类型	显示文字	说　　明
label	Label	Remote Address	左上角的 Label
label_2	Label	Message:	左边靠下的 Label
leAddress	Line Edit		位于窗口上方，用来输入或显示对方 IP 地址
leSend	Line Edit		位于窗口下方，用来输入发送给对方的消息文字
pbConnect	Push Button	Connect	上方第一个按钮，用来主动连接对方
pbListen	Push Button	Listen	上方第二个按钮，用来启动侦听进行被动连接
pbSend	Push Button	Send	下方的按钮，用来将消息发送给对方
teReceive	Text Edit		位于窗口中央，显示聊天记录

21.4.4　动作设计

动作设计用来将用户界面与软件内部的实现逻辑进行连接。Qt 采用了槽机制（Slot）进行这种连接，当一个事件发生以后，Qt 会将事件转交给注册的槽函数进行处理。在槽函数中对内部逻辑进行调用，从而实现了这种连接。

首先，需要对 MainWindow 做出修改，以便其可以调用在 21.4.1 节所设计的类。在工程文件列表中选择 mainwindow.h 进行如下修改：

```
#ifndef MAINWINDOW_H
#define MAINWINDOW_H

#include <QMainWindow>
#include "socketthread.h"

namespace Ui
{
    class MainWindowClass;
}

class MainWindow : public QMainWindow
{
    Q_OBJECT

public:
    MainWindow(QWidget *parent = 0);
    ~MainWindow();

    void AppendReceive(const QString &str);
    void SetPeerAddr(const QHostAddress &addr);

private:
    Ui::MainWindowClass *ui;
    SocketThread *sockthrd;
};

#endif // MAINWINDOW_H
```

这里为 MainWindow 类增加了两个公开的方法：AppendReceive 和 SetPeerAddr。这两个方法主要供 SocketThread 使用，其中 AppendReceive 负责在收到对方的信息后，更新聊天记录；SetPeerAddr 负责在与对方进行连接以后，更新界面显示内容。在修改完文件 mainwindow.h 后，对 mainwindow.cpp 文件做出相应的修改。其修改内容如下：

```
#include "mainwindow.h"
#include "ui_mainwindow.h"

MainWindow::MainWindow(QWidget *parent)
    : QMainWindow(parent), ui(new Ui::MainWindowClass)
{
    ui->setupUi(this);
```

```cpp
    // 初始化后台服务线程类
    sockthrd = new SocketThread(this);
}

MainWindow::~MainWindow()
{
    delete ui;

    // 关闭后台服务线程，释放内存
    sockthrd->exit();
    delete sockthrd;
}

// 当收到数据时，用来把数据显示到窗口上
void MainWindow::AppendReceive(const QString &str)
{
    ui->teReceive->append("Peer: ");
    ui->teReceive->append(str);
    ui->teReceive->append("");
}

//当连接到远端后，用来把连接信息显示到窗口上
void MainWindow::SetPeerAddr(const QHostAddress &addr)
{
    ui->leAddress->setText(addr.toString());
    ui->leAddress->setEnabled(false);
    ui->pbConnect->setEnabled(false);
    ui->pbListen->setEnabled(false);
}
```

下面为窗口上的各个按钮添加动作。Qt 5.4 在槽机制的编辑上做出了简化，操作比 Qt 3 要方便。首先打开 mainwindow.ui，进入设计界面，右击按钮 Connect，在弹出的菜单中选择 Go to slot 项。这时弹出 Go to slot 对话框，如图 21.11 所示。其中列出了关于窗口的所有动作，这里选择 click()，即设置单击 Connect 按钮时的动作。单击 OK 按钮，系统会自动为选择的槽创建框架代码，并转到 mainwindow.cpp 文件，等待用户添加槽函数的内容。编辑槽函数的内容如下：

```cpp
// 单击Connect按钮后的操作
void MainWindow::on_pbConnect_clicked()
{
    // 变量声明
    QHostAddress addr;          // 远端地址
    bool res = false;           // 用来记录每一步操作的结果

    // 获取用户在窗口中输入的地址
```

```cpp
    res = addr.setAddress(ui->leAddress->text());
    if (res == false)
        return;

    // 连接远端服务器
    res = sockthrd->Connect(addr);
    if (res == false)
        return;

    // 在窗口上显示连接状态
    SetPeerAddr(addr);

    // 启动服务线程进行网络通信
    sockthrd->start();
}
```

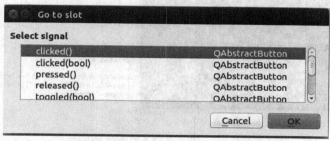

图 21.11 Go to slot 对话框

按照同样的方法,为按钮 Send 和 Listen 分别添加槽函数,并编写它们的槽函数如下:

```cpp
// 单击Send按钮后的操作
void MainWindow::on_pbSend_clicked()
{
    // 发送用户输入的数据
    if (sockthrd->Send(ui->leSend->text()))
    {
        // 如果发送成功,则在窗口上进行相应的显示
        ui->teReceive->append("Local: ");
        ui->teReceive->append(ui->leSend->text());
        ui->teReceive->append("");
        ui->leSend->clear();
    }
}

// 单击Listen按钮后的操作
void MainWindow::on_pbListen_clicked()
{
    // 启动服务线程,侦听网络连接
```

```
        sockthrd->start();
}
```

21.4.5 编译与运行

代码编写完毕后，需要对代码进行编译以生成可执行文件。选择 Build 菜单中的 Build All 或 Rebuild All 都可以完成这一功能。编译过程中导航栏会给出编译的进度，如果遇到错误会在界面上给出提示。如果编译成功，导航栏的进度条会变成浅色，如图 21.12 所示。

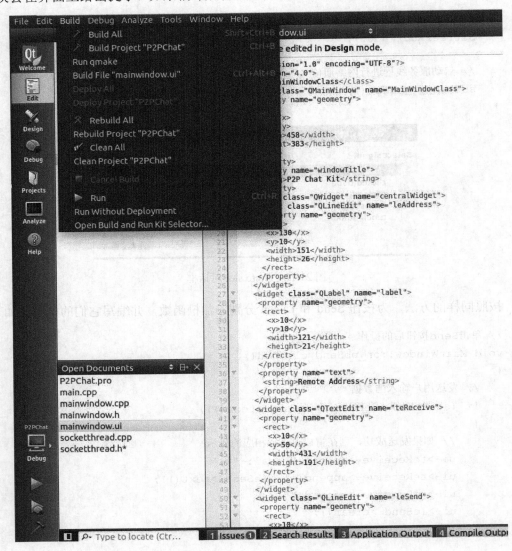

图 21.12 编译成功

通常测试程序可以直接在 Qt 5.4 中使用菜单命令 Build→Run 或 Debug Start→Debugging 进行非调试运行或调试运行。由于操作的是网络应用程序，需要同时启动两个进程，因此，不使用 Qt 的 IDE 环境，而是直接使用命令行进行操作，输入如下命令，建立两个该程序的进程。

```
cd ~/P2PChat
./P2PChat &
./P2PChat &
```

启动后屏幕显示如图 21.13 所示。

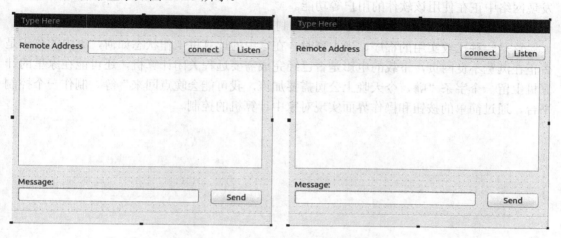

图 21.13　启动两个 P2P 聊天程序进程

这时两个 P2P 聊天程序的进程都未处于工作状态，需要将两个进程进行连接。首先在一个窗口上单击 Listen 按钮，进行侦听等待。然后再另一个窗口的 Remote Address 中输入 127.0.0.1。这是一个回环 IP 地址，其目标位本地计算机。然后单击 Connect 按钮。这时在正在侦听的窗口的 Remote Address 中出现了 127.0.0.1 这样的地址，这说明两个进程已经建立了网络连接。这时，在其中一个窗口的 Message 中输入一些文字，然后单击 Send 按钮，可以发现，对方可以收到数据；另一个窗口发送的消息，同样也会被收到，如图 21.14 所示。

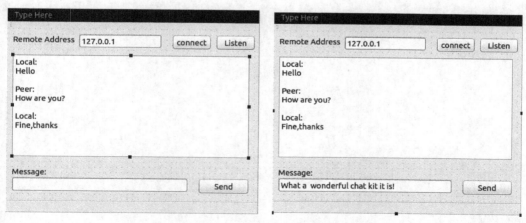

图 21.14　P2P 聊天程序正常运行

当然也可以在两台计算机上进行聊天测试。

21.5　思考与练习

（1）查阅关于 HTTP 协议的相关资料，理解 CS 开发模式和 BS 开发模式的不同之处。

（2）改善该 P2P 聊天软件，如可以继续加深实现三人以及多人聊天、文件传输、主动发现网络中正在使用该软件的用户等功能。

（3）选作：制作一款 CS 模式的远程控制平台。

这是一种比较实用的程序，当上班时，在家中的计算机工作状态如何，家中的孩子是否正在浏览不良网页，下载的电影是否已经完成需要远程关闭计算机，还可能在家里的计算机上留一个字条"嗨，今天晚上公司需要加班，我可能会晚点回来"等。制作一个控制平台，通过简单的按钮和操作界面实现对家中计算机的控制。

后　　记

当你读到此处时，已经跟着作者的思路完成了激动人心的 Linux 应用、编程、内核探索与高级开发之旅。在这个不长不短的旅途中，对于"应用"一路畅通，"编程"得心应手，"内核探索"引人入胜，"图形界面高级开发"带你走入一个精彩的世界。

写完本书最后一章，作者心情也变得轻松愉悦，回想本书的线索"Linux 应用→编程开发→内核源码与场景分析→图形界面高级编程"，一直指导和鼓励着作者不断努力，精细到场景的每一个细节，给读者提供一个可操作、可编程、可模拟、可深思的空间。

从本书的构思、讨论、创作、完善，共历时近一年半的时间，查找相关资料、理解并证实前辈的观点、设计典型实例，给 Linux 的广大爱好者提供一个可操作平台，成为作者创作的座右铭。可能为了解决最新的内核中的一个小问题，有多少个节假日的埋头调试，为了实现内核功能验证，不知多少次重新编译及安装内核……这些缩影充满本书写作过程的始终。

正如本书前言中所说"Linux 在众多的网络黑客的参与下，其内核版本和代码结构不断更新。"本书代码与实例是在 Linux 内核 3.19.3 及以前的版本中进行的调试，对于以后的版本可能稍有不同，这就要求我们做到典型实例重在"理解"，才能以"不变"应"万变"。读者在学习本书或开发程序中遇到的问题请及时发送到电子信箱 openlinux21@gmail.com，以便再版时更正。相信在我们共同的努力下，一定会在 Linux 的世界里游刃有余。

邱铁

2015 年 8 月

图书资源支持

感谢您一直以来对清华版图书的支持和爱护。为了配合本书的使用,本书提供配套的素材,有需求的用户请到清华大学出版社主页(http://www.tup.com.cn)上查询和下载,也可以拨打电话或发送电子邮件咨询。

如果您在使用本书的过程中遇到了什么问题,或者有相关图书出版计划,也请您发邮件告诉我们,以便我们更好地为您服务。

我们的联系方式:

地　　址:北京海淀区双清路学研大厦 A 座 707

邮　　编:100084

电　　话:010-62770175-4604

资源下载:http://www.tup.com.cn

电子邮件:weijj@tup.tsinghua.edu.cn

QQ:883604(请写明您的单位和姓名)

用微信扫一扫右边的二维码,即可关注清华大学出版社公众号"书圈"。

扫一扫
资源下载、样书申请
新书推荐、技术交流